DES

TRAVAUX PUBLICS

DANS LEURS RAPPORTS

AVEC

L'AGRICULTURE,

PAR

ARISTIDE DUMONT,

Ingénieur des Ponts-et-Chaussées, membre de la Commission instituée par le
Gouvernement pour l'Examen des Questions relatives à l'Endiguement
des Fleuves, Rivières et Torrents, etc.

Paris,

GUILLAUMIN ET Cⁱᵉ, LIBRAIRES-ÉDITEURS,

Du Journal des Économistes, de la Collection des principaux Économistes,
du Dictionnaire du Commerce et des Marchandises, etc.

RUE RICHELIEU, 14,

1847.

AVERTISSEMENT.

La plupart des lettres contenues dans cette brochure ont déjà
paru dans le journal la *Presse*. Elles avaient pour but d'appe-
ler l'attention publique sur la nécessité de quelques réformes
administratives qui sont encore à l'ordre du jour.

L'auteur espère que l'importance des matières qu'il a essayé
de traiter pourra faire excuser le défaut d'unité que présente
son travail et qui est une conséquence même de la manière dont
il a été conçu.

L'auteur saisit ici avec empressement l'occasion d'exprimer
sa reconnaissance à M. le rédacteur en chef de la *Presse*, pour
la bienveillance avec laquelle ce dernier lui a prêté l'appui de la
grande publicité dont il dispose.

DES
TRAVAUX PUBLICS
DANS LEUR RAPPORT
AVEC L'AGRICULTURE.

LETTRE PREMIÈRE.

Considérations générales.

Principe des sociétés modernes. — Ce que l'on doit entendre par intérêt matériel. — Quel est le véritable but des travaux publics. — La politique de l'avenir. — Quels sont les travaux publics les plus populaires.

La seule base logique de la politique actuelle c'est l'amélioration pacifique et continue du sort des classes populaires.

Ce n'est qu'à la condition d'émanciper peu à peu ces classes, de les moraliser, de les instruire, d'élever tout un système d'institutions qui les rende dignes du pouvoir politique que la bourgeoisie peut justifier sa puissance, éloigner de l'avenir les sombres nuages. Tel est aussi le seul ordre d'idées dans lequel il faut chercher selon moi la justification de ce que l'on appelle de nos jours *la doctrine des intérêts matériels*.

1

Si cette doctrine a soulevé contre elle bien des répulsions, si elle a indigné bien des nobles cœurs; je crois qu'il faut l'attribuer à ce que, présentée sous des formes trompeuses, elle n'a point été comprise toujours, et surtout à ce qu'elle a dégénéré en sophismes dangereux dans l'esprit des hommes qui ont voulu en faire une foi nouvelle.

Élever par l'instruction morale et religieuse tout ceux qui souffrent dans les bas fonds de cette société, leur assurer le pain de chaque jour, les délivrer de cette tyrannie impitoyable de la matière et des besoins physiques; y a-t-il un but plus noble et plus grand?

Or, ce problème a deux faces, si je puis m'exprimer ainsi : 1° la face spirituelle et morale; 2° la face matérielle, et quoique la première soit la plus brillante, la seconde ne saurait être négligée. Au sein de nos sociétés modernes, en effet, la vraie liberté ne se réalise pas seulement avec des principes et des mots.

Lorsque la bourgeoisie de 89 a renversé le vieil édifice féodal, qui ne sait qu'elle avait déjà conquis par un travail patient de sept ou huit siècles l'émancipation matérielle, qu'elle avait déjà terrassé la tyrannie des choses; il ne lui restait plus qu'à étendre la main pour prendre la couronne et la placer sur sa tête.

Mais les conditions sont bien différentes aujourd'hui pour les classes populaires, elles n'ont point de capital mais seulement des salaires incertains et variables; il leur manque généralement tout ce qui constitue l'aisance et la sécurité de la vie, tout ce qui procure ces nobles loisirs par lesquels l'esprit se cultive et s'élève. Or, si l'on veut que pour ces classes la liberté ne soit pas un vain mot, il est indispensable de réaliser tout cela pour elles.

Tel est, monsieur, suivant moi, le seul point de vue sous lequel il faut considérer ce que l'on a appelé bien à tort la doctrine des intérêts matériels. Ces mots ne sauraient convenir en effet à l'ordre d'idées que je viens d'expliquer, ordre d'idées qui ne peut se traduire qu'ainsi :

Réalisation pratique de la liberté !

Ainsi, en étudiant les questions de l'ordre matériel, je le ferai avec une sympathie profonde pour les classes populaires et avec l'espérance que l'avenir leur réserve les améliorations que leur sort actuel nécessite impérieusement.

Concluons de là que le seul but logique et moral que l'on puisse assigner à l'exécution des grands travaux publics qui seront une des gloires de ce siècle, est l'amélioration du sort du plus grand nombre.

Si Dieu a permis que la puissance de l'homme s'élevât à un dégré inconnu jusqu'ici par les grandes découvertes industrielles de l'ère moderne, que le temps et l'espace fussent conquis par l'admirable invention des chemins de fer, d'énormes masses déplacées sur les canaux à l'aide de faibles efforts, que les fleuves cessant d'être des instruments de dévastation et de ruine, puissent répandre par l'irrigation des eaux bienfaisantes sur des champs altérés ; c'est dans le seul but que toutes ces grandes choses, que toutes ces découvertes admirables, en accroissant la richesse des nations, diminueraient le nombre de ceux qui gémissent et qui souffrent.

L'ère industrielle à laquelle nous assistons, n'est donc que l'origine d'une phase nouvelle, dans laquelle les principes du christianisme vont se traduire dans les faits.

Je sais bien que ces présages consolateurs paraissent souvent démentis par le spectacle qui se déroule à nos yeux, car les nations qui de nos jours possèdent la plus grande puissance de production industrielle, sont celles aussi qui renferment le plus de misérables.

Voyez la Belgique ; quand le voyageur s'avance dans ses plaines fertiles, il est émerveillé de la richesse de cette contrée ; à la surface c'est une agriculture savante qui étend sur le sol ses moissons verdoyantes et ses gras pâturages, au-dessous dans les entrailles de la terre, ce sont des mines inépuisables d'où la baguette de l'industrie, pareille à celles des fées, fait surgir des mines de charbon et de fer, ces deux éléments de la force moderne ; et cependant que cette apparence trompeuse cache de douleurs et de larmes! le paupérisme n'étend-il pas de plus en plus son linceul sur ce pays ?

Qui croirait qu'à peu de distance des Docks et du port de Londres, de cette moderne Carthage, renfermant en son sein plus de richesses que n'en possèdent des nations entières, il existe des quartiers maudits, de véritables *ghetto*, où toutes les misères, toutes les hontes humaines croupissent au fond d'antres inconnus.

Serait-ce que la misère s'accroît en raison directe de la richesse, et que les conquêtes de l'industrie doivent profiter seulement à un petit nombre d'hommes? Non, non, cela n'est point possible, car s'il en était ainsi, il faudrait nier Dieu, nier le progrès, et, dédaignant ces conquêtes menteuses, revenir à la simplicité de nos Pères.

Il faut donc organiser l'industrie, et faire en sorte que toutes ses conquêtes tournent au profit de la liberté réelle. Loin de maudire ce qu'on nomme les intérêts matériels, il faut considérer leur développement comme une des bases essentielles de la politique de l'avenir, de cette politique qui réalisera la liberté non pas au profit de quelques hommes seulement, mais au profit de tous. Nos pères ont conquis les principes de la liberté au prix de leur sang, c'est à nous de les appliquer. Cette œuvre est difficile et longue, sans doute, mais, disons-le franchement, c'est l'unique foi de cette génération et de ce siècle.

Si la Providence permettait que l'ère de paix et de travail à laquelle nous assistons ne fût point troublée de sitôt, que le rôle de la France pourrait être glorieux et utile! Puisque c'est elle qui, par son éternelle révolution, a conquis les principes et émancipé moralement l'humanité, ne serait-ce pas à elle aussi à marcher la première dans la voie du travail en organisant l'industrie, en appliquant pour le bien de tous les conquêtes de la science moderne? Il y a là une gloire plus durable que celle des batailles; il y a là un élément incalculable de puissance et de force.

Je n'hésite pas à le dire, l'avenir appartient tout entier aux hommes qui pousseront la patrie dans cette voie féconde.

Parmi les travaux publics que l'on peut exécuter sur le territoire de la France, il n'en est pas de plus immédiatement utiles et de plus populaires que ceux qui se rapportent directement à l'agriculture. Tels sont les routes et les chemins vicinaux, par lesquels la circulation se répand dans les coins les plus reculés du territoire, les irrigations qui fécondent le sol, les endiguements qui protégent les récoltes contre les inondations terribles, les dessèchements qui conquièrent à la culture des champs fertiles et font disparaître la fièvre, ce triste fléau qui ravage encore quelques-unes de nos campagnes, les reboisements enfin, qui peuvent utiliser des surfaces improductives en maîtrisant les cours d'eau.

Ces travaux représentent un ensemble d'intérêts dont on n'aperçoit pas à l'origine toute l'importance, mais que l'analyse dévoile bientôt. La viabilité, l'habitation, l'industrie, l'agriculture, la santé des populations des campagnes tiennent à l'état du chemin vicinal et du cours d'eau. Ces deux instruments sont presque toujours le prétexte des procès, des discussions, des jalousies locales, et l'on peut dire que leur organisation importe plus à un grand pays agricole comme la France que tous les autres travaux d'utilité publique.

C'est sur cette œuvre modeste, mais si utile, que je me propose, monsieur, de porter exclusivement votre attention ; et nous étudierons les irrigations, les endiguements, les chemins vicinaux, les reboisements, parce que ce sont là les travaux publics essentiellement populaires.

LETTRE II.

L'organisation des cours d'eau.

Projets de loi présentés sur l'endiguement et l'irrigation. — Nécessité d'aborder sérieusement les travaux publics agricoles. — C'est un droit pour l'agriculture. — Importance au point de vue économique de l'endiguement et de l'irrigation. — Nécessité d'une statistique des cours d'eau. — Surfaces intéressées à l'endiguement. — Surfaces intéressées à l'irrigation. — Augmentation dont les surfaces arrosées sont susceptibles. — Exemple du département du Var. — Il faut imiter cet exemple.

Depuis longtemps déjà les questions relatives à l'endiguement (1) et à l'irrigation, ont été soumises à l'étude ; plusieurs propositions furent faites à cet égard dans les sessions de 1835, 1837 et 1838, mais elles n'amenèrent aucun résultat. En 1842, l'administration porta devant la chambre des pairs un projet de loi sur l'encaissement des cours d'eau. Ce projet était fort bien conçu et renfermait des prin-

---

(1) Il faut prendre ici et dans toute l'étendue de ce volume, le mot endiguement dans son sens le plus général. Dans notre pensée ce mot ne signifie pas seulement des digues insubmersibles ou non, mais bien l'ensemble de tous les travaux défensifs que l'on peut exécuter sur les rives des cours d'eau quelle que soit d'ailleurs la forme et la nature de ces travaux.

cipes nouveaux et féconds ; mais la chambre haute, par une susceptibilité peut-être un peu trop grande, crut y voir une atteinte grave au principe de la propriété et le rejeta. Depuis cette époque une commission a été instituée par M. le ministre des travaux publics pour étudier de nouveau ces questions si difficiles et si controversées. Enfin, on se souvient du projet de loi spécial aux irrigations que M. d'Angeville est parvenu à faire admettre dans la session de 1845.

Vous voyez, monsieur, que depuis douze années les tentatives ont été nombreuses, et il faut que le besoin d'une bonne loi réglant surtout l'endiguement et l'irrigation soit bien réel, pour que l'attention de tous les pouvoirs publics ait été appelée si souvent sur ce point.

Non-seulement le besoin est réel, évident ; mais on peut le dire encore sans exagération, les intérêts publics et particuliers engagés dans les questions d'irrigation et d'endiguement sont immenses.

Aujourd'hui ce serait presque un lieu commun que d'insister sur les admirables résultats de l'irrigation ; grâce aux efforts de quelques hommes intelligents et dévoués, l'opinion publique a fait à cet égard de grands progrès. Mais il ne suffit pas d'admettre un principe ; le moment est enfin venu de sortir des généralités, d'aborder les faits, d'agir en un mot.

Profitons de ce que l'horizon politique est calme. Il est beau, sans doute, de sillonner un grand territoire, comme celui de la France, de routes, de canaux et de chemins de fer ; mais il faut encore que l'activité sociale se porte sur ces travaux agricoles qui décuplent la valeur du sol et répandent l'aisance dans les cantons les plus reculés.

Si les industries manufacturières et commerciales, si les centres importants de population et de richesse, demandent à grands cris l'exécution des voies ferrées, l'agriculture a bien quelques droits, en France surtout, à réclamer son lot. N'occupe-t-elle pas près de vingt millions d'habitants à ses modestes, à ses utiles travaux? N'est-ce pas elle qui recrute notre armée, qui supporte la plus lourde charge de l'impôt, qui étend sur le sol le fondement de notre puissance et de notre force? Aujourd'hui porter l'activité sociale sur l'exécution des grands travaux agricoles, c'est une justice et une nécessité. Je dirai plus, c'est une haute pensée politique. Il faut, en effet, que les masses, en s'éclairant se pénètrent de cette vérité : Que les bienfaits d'une paix profonde sont inépuisables ; que lorsque, par la sagesse du gouvernement, le pays est tranquille, nulle limite ne saurait être tracée aux grandes améliorations morales et matérielles. A peine une œuvre est-elle en voie d'exécution qu'une autre commence aussitôt. N'est-ce pas le meilleur argument à opposer à ces esprits rétrogrades qui s'obstinent à ne pas voir le progrès dans l'admirable mouvement d'industrie, dans l'activité productive qui feront la gloire de ce siècle?

Cela dit, et pour sortir des généralités, j'essayerai de vous exposer l'importance au point de vue économique des grands travaux d'irrigation et d'endiguement, ou, pour parler avec plus de simplicité, d'*organisation des cours d'eau.*

L'organisation des cours d'eau est destinée à exercer sur l'agriculture une influence du même ordre que les chemins de fer sur l'industrie. Mais pour apprécier cette influence, il serait nécessaire de posséder une statistique suffisamment détaillée de tous les cours d'eau de France, de connaître quelle est la superficie intéressée à leur organisation ; telles que les surfaces actuellement arrosées, celles qu'il serait possible d'irriguer avantageusement par de nouveaux canaux, l'étendue à conquérir ou à défendre par des digues. Je crois cette statistique indispensable pour servir de base aux mesures nouvelles. Malheureusement, ce travail préparatoire n'existe pas encore ; je suis donc réduit à citer des chiffres qui ne seront, il est vrai, qu'une légère approximation, mais qui cependant pourront donner une certaine idée de l'état des choses.

Voici de quelle manière on peut évaluer la surface intéressée à l'endiguement.

D'après la statistique publiée en 1837 par M. le ministre du commerce et des travaux publics, les fleuves et rivières de la France se divisent en 39 bassins, dont les principaux sont, comme chacun sait, ceux du Rhin, de la Loire, de la Garonne, du Rhône, de la Seine, de la Meuse, de l'Escaut; dans ces 39 bassins, la longueur totale de la navigation est de 8,255 kilomètres. Ce n'est certes pas faire une hypothèse exagérée que d'admettre que la zone de terrain qui, sur chaque fleuve ou rivière, est ou peut être, directement soumise au régime de l'endiguement, présente une largeur moyenne de 1,000 mètres sur les deux rives; il en résulterait une surface de 825,500 hectares latéralement aux cours d'eau navigables seulement. Mais cette surface doit être bien plus considérable encore sur cette multitude de rivières, de ruisseaux et de torrents où la navigation n'est point établie. Sans se tromper beaucoup, ou plutôt en se tenant bien au-dessous de la vérité, on peut évaluer à 3,000,000 d'hectares au moins la surface du pays directement intéressée à l'endiguement : c'est près du dixième de la surface cultivée.

En regard du chiffre précédent, il faut placer celui qui exprime l'étendue de tous les marais susceptibles d'être avantageusement desséchés; cette étendue n'est rien moins que de 800,000 hectares.

Essayons de nous faire une idée de l'importance de l'irrigation.

On distingue en France deux grandes zones irrigables : l'une s'étend au pied des Pyrénées dans les départements de la Haute-Garonne, des Hautes et Basses-Pyrénées, de l'Ariége, de l'Aude, des Pyrénées-Orientales, du Gers ; et l'autre au pied des Alpes dans les départements de Vaucluse, de la Drôme, des Bouches-du-Rhône, de l'Isère, des Hautes et Basses-Alpes et du Var. Ces deux zones puisent une partie des eaux qu'elles utilisent dans les glaciers qui couronnent les sommets des Alpes et des Pyrénées. Ces glaciers sont ainsi d'admirables réservoirs qui deviennent d'autant plus généreux et féconds que la chaleur est plus forte et plus continue. En matière d'irrigation, il est un principe qu'il ne faut jamais oublier, c'est que les cours d'eau qui ont leur source dans les hautes montagnes, et reçoivent en été le produit de la fonte des neiges et des glaces, ont une inestimable valeur. Seuls en effet ils offrent cette permanence de volume qui est indispensable pour assurer le succés des canaux d'irrigation grands et petits. C'est précisément là ce qui fait la richesse du Piémont et de la Lombardie ; car ces deux contrées sont sillonnées par une foule de cours d'eau, dont le volume est surtout abondant par les fortes chaleurs. Outre les glaciers qui alimentent leurs sources, ces cours d'eau ont encore au pied des Alpes de magnifiques lacs pour réservoirs naturels.

La situation de notre sol est sans doute, au point de vue de l'irrigation, moins heureuse que celle du Piémont ou de la Lombardie; cependant nous sommes bien loin d'utiliser encore toutes les richesses que nos cours d'eau emportent inutilement dans la mer.

M. Nadault de Buffon, dont le nom fait à juste titre autorité en matière d'irrigation, évalue à 34,906 hectares la superficie totale de la zone actuellement irriguée qui s'étend au pied des Pyrénées, et à 62,700 hectares celle qui s'étend au pied des Alpes. Total, 94,660 hectares pour le midi de la France.

Je pense que cette superficie pourrait être facilement quintuplée.

Le Piémont, dont la surface n'est pas le dixième de celle de la France, renferme 110,200 hectares irrigués, et la Lombardie 315,000 ; total pour le nord de l'Italie, dont l'étendue est à celle de la France dans le rapport de 6 à 25 seulement, 425,200 hectares, c'est-à-dire plus de quatre fois ce que nous possédons. On estime que les canaux de la Lombardie et du Piémont, sans compter les importants services qu'ils rendent à la navigation et aux usines, donnent naissance annuellement, par le seul fait des arrosages, à une valeur de plus de 37 millions de francs.

Voyons quelles richesses pourrait créer en France une irrigation intelligente et bien entendue.

Je disais tout-à-l'heure que pour apprécier l'importance économique de l'organisation des cours d'eau, une statistique exacte serait nécessaire; il est un département, un seul il est vrai jusqu'à ce jour, pour lequel ce travail important a été fait, au moins en ce qui touche l'irrigation, c'est celui du Var. L'honorable M. Teisser, préfet de ce département, comprenant tout le bien qu'il pourrait réaliser en popularisant la pratique des arrosages, a pris l'initiative dès 1842, et, secondé par son conseil-général, il a fait dresser, dès cette époque, par M. Bosc, géomètre en chef du cadastre, une statistique complète des cours d'eau. M. Bosc s'est acquitté de sa mission avec beaucoup de zèle et d'intelligence; il a exploré avec le plus grand soin jusqu'aux moindres filets, jusqu'aux plus petites sources; il a mesuré la longueur, la pente, le débit à l'étiage de chaque cours d'eau, la surface des terrains arrosés; il a enfin arrêté l'avant-projet de tous les nouveaux canaux qu'il est possible de creuser.

Les résultats de l'exploration laborieuse de M. Bosc sont consignés dans un rapport adressé au préfet, rapport qui va nous faire connaître pour le département du Var, en particulier, les avantages aussi admirables qu'inattendus qu'on pourrait procurer au pays par l'irrigation.

Ce département, qui est largement doté en eaux courantes, présente 34 cours d'eau permanents, débitant en totalité, à l'étiage, c'est-à-dire, à l'époque des plus grandes sécheresses, 69 mètres cubes d'eau par seconde. Ce volume se divise de la manière suivante :

1° Volume des sources coulant dans l'intérieur du département, 31 mètres cubes d'eau par seconde; 2° volume du Var à l'étiage, 28 mètres cubes; 3° volume du Verdon, 10. — Total égal, 69 mètres cubes.

Sur ces 69 mètres cubes, *treize* seulement sont aujourd'hui utilisés sur le volume des sources, et ils sont employés avec si peu d'économie et d'intelligence qu'ils n'arrosent que 6.000 hectares, tandis que s'ils étaient bien distribués ils pourraient en irriguer 19,000 au moins. Avec le seul volume des sources qu'on laisse perdre inutilement dans la mer, savoir 18 mètres cubes, il serait possible de répandre le bienfait des arrosages sur une superficie de près de 27,000 hectares. Total de la surface irrigable, sans compter ni le Var ni le Verdon, 46,000 hectares.

M. Bosc estime que la plus-value moyenne que donne l'irrigation dans le département, est de 144 fr. 50 c. de revenu net par hectare, et en adoptant pour plus-value un revenu de 100 fr. répondant à 4 pour 100, à un capital de 2,500 fr., on est au-dessous de toutes les données fournies par les évaluations cadastrales. D'après cela, en organisant les seules sources du département, de manière à arroser 46,000 hectares, on donnerait naissance à une valeur énorme de 115 millions de francs, et à un revenu annuel de près de cinq millions.

M. Bosc a dressé l'avant-projet de dix nouvelles dérivations capables d'arroser en totalité 18,000 hectares. La dépense que nécessiterait la création de ces canaux ne s'élèverait pas au-dessus de 2 millions de francs, et la plus-value qui en résulterait pour le département serait au moins de 45 millions en capital, et de près de 2 millions de revenu net.

Qu'on juge, d'après ces résultats, si la création des travaux d'irrigation n'ouvre pas un champ aussi vaste que magnifique à l'esprit d'industrie et de spéculation.

Je ne saurais assez le répéter, monsieur, il est à désirer que la louable initiative prise par le préfet et le conseil-général du Var soit imitée par tous les départements méridionaux. Il ne s'agit pas ici de faire une grande dépense, d'organiser un personnel nombreux ; il suffit de trouver dans la localité quelques hommes spéciaux, intelligents et dévoués, et de les charger de la rédaction d'un travail statistique analogue à celui que M. Bosc vient de terminer. On découvrira, je n'en doute pas, des richesses ignorées jusqu'ici, et l'on ne tardera pas à exploiter cette mine féconde.

Les frais de toute nature, faits depuis 1842 dans le département du Var, pour la rédaction de la statistique des cours d'eau, s'élèvent seulement à la somme de 24,381 francs; est-il possible d'hésiter en face d'un chiffre aussi minime?

J'essaierai d'indiquer une autre fois quels sont les principes qui devront être adoptés dans la rédaction de ces travaux statistiques; comment ils pourront être coordonnés par bassins de fleuves ou de rivières en vue d'un système général. Mais sans empiéter sur ce que je dois dire à ce sujet, je n'hésite pas à avancer dès à présent que la zone irrigable du midi de la France est au moins de 500,000 hectares, tout en conservant à la navigation et à l'industrie le volume qu'elles pourront raisonnablement exiger.

En adoptant la moyenne de la plus-value du département du Var, on pourrait donner naissance à une valeur immobilière de plus d'un milliard et à un revenu annuel d'au moins quarante millions.

Les grands travaux agricoles nous offrent donc pour l'avenir un magnifique champ de recherches et d'activité. S'il appartient aux chemins de fer d'effacer en quelque sorte les distances, de consolider l'union des peuples, de nous étonner, en un mot, par leurs magiques résultats, c'est aux travaux agricoles surtout que sera dévolue la mission d'enrichir le sol, de développer la production, de faire pénétrer l'aisance jusque dans les couches inférieures de la société.

LETTRE III.

L'organisation des cours d'eau. (Suite).

———

Division des travaux d'endiguement et d'irrigation en deux classes. — Importance des travaux privés. — Objets sur lesquels la statistique ou l'enquête des cours d'eau devrait porter. — Organisation du service des cours d'eau dans le département de la Sarthe. — Statistique faite dans la Haute-Garonne au point de vue de l'endiguement. — Résultats. — Détails sur la zone irrigable des Pyrénées. — Canaux d'Alarie, de la Gespe, canal de Perpignan, Robine de Narbonne, canal du Bazer. — Projet de la Neste.

———

Les travaux d'endiguement et d'irrigation peuvent se diviser en deux grandes classes.

Les uns, tels que les curages des petits cours d'eau, la défense de leurs rives par des ouvrages peu coûteux, l'exécution des canaux d'irrigation ou de desséchement pour des zones limitées, n'exigent qu'une faible dépense et sont accessibles aux propriétaires intéressés, soit isolés, soit réunis en association.

Les autres, au contraire, beaucoup plus considérables, ne sauraient être abordés que par l'état ou de puissantes compagnies.

Les travaux de la première classe, analogues en quelque sorte à ceux des chemins vicinaux, acquièrent une grande importance par leur multiplicité même. Ils couvrent le territoire entier comme d'un vaste réseau qui embrasse un nombre presque infini d'intérêts. Vous en jugerez, monsieur, par le document suivant.

M. le ministre de l'intérieur avait prescrit, par une circulaire du 10 décembre 1837, de faire dresser par MM. les sous-préfets et les maires un état général des cours d'eau ni navigables ni flottables. Ce travail, qui n'est pas complet, n'a pu être publié officiellement. Voici cependant quelle conséquence on peut en tirer : Il résulte du dépouillement que dans 73 départements, formant ensemble une étendue superficielle de plus de 45 millions d'hectares, il existe 26,403 cours d'eau, ayant un développement de 158,952 kilomètres, traversant 26,011 communes et mettant en jeu 54,444 usines. L'étendue des prairies arrosées ou inondées par les eaux est de 1,540,704 hectares.

Ces chiffres viennent à l'appui de ce que je disais dans ma lettre précédente sur l'étendue de la surface intéressée à l'endiguement.

Pour apporter de l'ordre et de l'harmonie dans les intérêts si multiples qui se rapportent à l'organisation des cours d'eau, j'ai émis l'opinion qu'une des mesures les plus urgentes était la rédaction d'une statistique ou d'une enquête complète et détaillée par département. Permettez-moi, monsieur,

d'entrer à cet égard dans quelques détails indispensables.

J'ai déjà cité un travail de cette nature qui
vient d'être dressé dans le département du Var au
point de vue exclusif de l'irrigation, et qui a conduit à des résultats aussi beaux qu'inattendus. Mais
quel que soit le mérite de ce travail, il n'est point
complet, et il eût été à désirer qu'on n'eût pas séparé l'étude relative à l'irrigation de celle qui se
rapporte à l'endiguement ou au desséchement ; car
tout est solidaire en matière de cours d'eau.

Les conseils-généraux n'ont qu'à le vouloir pour
organiser de suite dans chaque département une
enquête complète et détaillée ; il suffit pour cela de
dépenses minimes, et n'ont-ils pas sous la main
une foule d'agents capables et actifs ?

Voici d'ailleurs les objets sur lesquels ces enquêtes
devraient porter : il serait nécessaire de lever pour
chaque cours d'eau un plan et un nivellement bien
exacts qui serviraient à le limiter et à le définir ;
d'arrêter un système d'endiguement ou de curage
qui deviendrait obligatoire pour les intéressés ; de
déterminer les nouvelles digues à construire suivant
un plan d'alignement déterminé ; d'organiser des
associations de propriétaires ou des syndicats ; d'é-
tudier de quelle manière le volume du cours d'eau
est utilisé pour l'irrigation ou pour l'industrie ; de
dresser, quand il y aurait lieu, de nouveaux projets

de canaux d'irrigation qui pourraient être exécutés soit par le gouvernement, soit par l'industrie privée, soit le plus souvent par des propriétaires réunis en association ; de faire enfin pour les canaux de desséchement des études analogues.

Chaque cours d'eau aurait ainsi son plan d'alignement et son règlement de curage ; les propriétaires ne construiraient plus au hasard, comme ils le font aujourd'hui, des ouvrages défensifs, le plus souvent irrationnels, nuisibles à leurs voisins et qui engendrent d'interminables procès. Au sein du moindre village, bâtit-on à l'aventure ? Non, sans doute, les rues ont un alignement déterminé d'avance et que chacun doit suivre. Eh bien, pour un cours d'eau il devrait en être de même ; toutes les fois qu'il traverse plusieurs propriétés, qu'il compte sur ses bords un grand nombre de riverains, il ne devrait pas être permis à l'un d'eux d'ériger un ouvrage défensif dont la direction ne serait point conforme à un système rationnel de défense arrêté, étudié d'avance.

Munie de ces enquêtes, l'administration pourrait agir ; car ce qui a paralysé jusqu'ici son action ce n'est pas qu'elle ne soit armée de pouvoirs suffisants que lui accorde la loi du 12-20 août 1790. Celle du 14 floréal an XI peut même lui procurer des ressources financières pour le curage et l'endiguement des petits cours d'eau en particulier ; mais ce qui lui manque, c'est un plan général, ce sont les moyens de s'éclairer sur les mesures à prendre, c'est un crédit, en un mot, pour des études préliminaires, crédit que jusqu'ici aucune décision n'a pris soin de lui fournir.

C'est précisément là ce que disait l'année dernière M. le préfet de la Sarthe à son conseil-général, en lui proposant la création d'un service spécial pour procéder à une enquête semblable dans son département. Voici les propres paroles de ce rapport, que je me plais à vous citer ici ; car il exprime nettement l'état de choses en matière de cours d'eau.

« On peut donc ordonner, on peut exécuter, disait M. le préfet (en vertu des lois de 1790 et du 14 floréal an XI) ; il ne manque que le moyen de préparer le travail par des études préliminaires, et c'est ce que je vous demande. Aujourd'hui il ne se donne pas un coup de pioche sur un chemin vicinal que préalablement des études soigneusement exécutées n'en aient démontré la convenance et l'utilité ; à plus forte raison ces études doivent précéder les travaux lorsqu'il s'agit de cours d'eau, où il faut des nivellements, des curages, des redressements, des règlements de hauteur d'eau , lorsqu'il s'agit enfin d'ouvrages où une fausse manœuvre peut entraîner de graves inconvénients. Il faut que chaque cours d'eau soit étudié sous tous les points de vue, de manière à ce que les travaux soient dirigés de telle sorte, qu'en faisant disparaître toutes les causes de débordement, de stagnation, si funestes aux propriétés riveraines, et quelquefois à la salubrité publique, ils conservent autant que possible les forces motrices nécessaires à l'industrie et les moyens d'irrigation à l'agriculture. »

Le conseil-général de la Sarthe s'est empressé d'entrer dans des vues si sages et si élevées, et il a voté, pour l'organisation du personnel, le crédit de 4,800 francs qui lui était demandé. Ce personnel se compose d'un agent principal, qui dirige toutes les opérations, et qui est M. l'ingénieur des mines du département, de deux agents-géomètres, enfin d'un certain nombre d'agents spéciaux, appelés *garde-rivières*, lorsque l'exigera l'importance des cours d'eau.

Vous voyez, monsieur, que dans le département de la Sarthe le service des cours d'eau a été pris en dehors de celui des chemins vicinaux; devrait-on faire toujours ainsi et ne point utiliser les 2,500 agents-voyers qui existent aujourd'hui dans les départements? Certes, c'est là un personnel nombreux et qui offre beaucoup de ressources On ne doit pas se dissimuler cependant que s'il est des départements où ces nouvelles fonctions pourraient être remplies par les agents vicinaux, il en est d'autres où ces derniers peuvent à peine suffire à la rude tâche dont ils sont déjà chargés. Il est donc difficile d'émettre, à cet égard, une opinion générale ; c'est aux conseils-généraux et aux préfets à voir ce qu'il est convenable de faire dans chaque cas particulier.

Les études relatives à l'organisation d'un vaste système de cours d'eau présentent, d'ailleurs, des difficultés nombreuses, et soulèvent des questions délicates au point de vue de l'art et de la législation ; il semble difficile que MM. les agents-voyers, quels que soient d'ailleurs leur zèle et leur capacité, puissent traiter ces questions d'une manière complète et satisfaisante. Peut-être pourrait-on obtenir de bons résultats en créant, dans chaque département, une commission analogue aux magistratures d'eau d'Italie. Cette commission serait composée d'un petit nombre de personnes spéciales ; elle serait éclairée par les lumières et les conseils des ingénieurs de l'État, et si elle avait besoin d'agents actifs, elle pourrait les trouver dans le personnel des chemins vicinaux, ou dans une organisation particulière, analogue à celle de la Sarthe. Le résumé des travaux de chaque commission serait ensuite rendu public, et il deviendrait possible de coordonner en un vaste ensemble, par bassins de rivières et de grands fleuves, tous les projets d'endiguement, d'irrigation et de desséchement. Vous voyez que, pour un semblable travail, on ne saurait s'entourer de trop de lumières, et que le concours des ingénieurs de l'État serait indispensable ;

mais ce n'est pas ici le lieu d'insister sur ces questions : l'essentiel, c'est que l'initiative prise déjà par les départements du Var et de la Sarthe ait bientôt de nombreuses imitations ; que l'impulsion soit donnée sur chaque point ; qu'on appelle de toutes parts l'attention publique sur ces travaux si intéressants et si productifs. Cette attention une fois éveillée, on ne tardera pas à découvrir le meilleur moyen d'éclairer l'administration et le pays.

Lorsque les grandes cités s'unissent par de magnifiques voies de communication, qu'une activité fébrile s'empare de toutes les parties de cette société industrieuse et pacifique, les modestes cantons qui ne sont appelés qu'à prendre une part indirecte dans toutes ces belles créations voudraient-ils négliger les travaux plus modestes, mais non moins utiles, capables d'accroître leur richesse, et de fertiliser leur territoire ?

L'exécution des chemins vicinaux, l'organisation des cours d'eau conçue sur une vaste échelle, telles sont les deux grandes compensations qu'il semble juste d'offrir aux campagnes pour rétablir entre elles et les grandes villes un juste équilibre.

Je ne puis résister au désir de vous citer un troisième exemple qui montre mieux que tous les raisonnements l'importance des intérêts qui se rattachent à cette matière.

Dans le courant de l'année dernière, M. le préfet

de la Haute-Garonne a fait faire un travail statistique sur tous les cours d'eau non navigables de son département au point de vue spécial de l'endiguement.

En voici les principaux résultats; ils sont, dans leur genre, aussi remarquables que ceux auxquels M. Bosc est arrivé pour les irrigations du département du Var.

489 cours d'eau ont été vérifiés et mesurés; on les a divisés en quatre classes.

Dans la première, on a classé les cours d'eau qui inondent annuellement plus de mille hectares; ils sont au nombre de neuf.

Dans la seconde, ceux qui inondent de 500 à 1,000 hectares; cette classe se compose de huit cours d'eau.

La troisième classe se compose de 50 cours d'eau inondant de 100 à 500 hectares seulement.

La quatrième classe, enfin, qui est la plus nombreuse, comprend 422 ruisseaux ou torrents de peu d'importance, et dont les frais de réparation n'intéressent qu'un très-petit nombre de propriétaires.

Les trois premières classes réunies offrent une longueur totale de 1,418 kilomètres, et inondent une superficie qui s'élève jusqu'à 38,000 hectares; c'est le seizième environ de la surface du département. On a évalué que cette surface inondée éprouvait par cela même une perte annuelle de 60 francs par hectare. C'est un revenu de plus de deux millions de francs que 67 cours d'eau enlèvent au département de la Haute-Garonne.

Les dépenses nécessaires pour l'endiguement de ces 67 cours d'eau sont évaluées à 5,600,000 fr. Ce chiffre serait sans doute dépassé; mais, quoi qu'il en soit, le bénéfice résultant des travaux serait toujours très-considérable, puisqu'en sacrifiant un capital de 6 à 7 millions on assurerait au pays un revenu annuel de 2 millions répondant à 4 pour 100 à un capital de 50 millions de francs.

Ainsi : qu'on considère soit l'irrigation, soit l'endiguement, on arrive toujours à cette conséquence que l'accroissement de la fortune publique par l'organisation des cours d'eau peut être très-considérable.

En l'absence d'une statistique générale, d'une enquête qui seule pourra faire apprécier à leur juste valeur les travaux agricoles et donner une mesure de leur importance économique, étudions avec quelques détails ceux que la France possède déjà ou qui sont à l'état de projet. Commençons par l'irrigation.

J'ai déjà dit que la zone actuellement irrigable du midi de la France était environ de 31,960 hectares au pied des Pyrénées, et de 62,700 hectares au pied des Alpes. J'ai, de plus, émis l'opinion que cette superficie pourrait être facilement portée à 500,000 hectares par la construction de nouveaux canaux ; il importe de développer cette double proposition.

Dans la région des Pyrénées, les deux tiers environ des irrigations se font à l'aide d'une multitude de petits canaux particuliers appartenant à des propriétaires isolés ou réunis en association ; l'autre tiers seulement a lieu à l'aide de cinq canaux dont la longueur varie entre 12 et 40 kilomètres. Voici à cet égard quelques indications que je ne crois pas inutile de donner.

Parmi ces cinq canaux, deux prennent naissance dans la partie supérieure du bassin de l'Adour, aux environs de Tarbes et de Bagnères, ce sont les canaux d'Alaric et de la Gespe ; un troisième est alimenté par les eaux de la Tet, dans les environs de Perpignan ; un quatrième par celles de l'Aude, c'est la Robine de Narbonne ; le dernier, enfin, celui du Bazer, qui est à peine terminé, puise son volume dans la Garonne supérieure, près de Saint-Gaudens. Le canal d'Alaric a été construit vers la fin du v⁰ siècle, sa longueur est de 40 kilomètres, sa portée de 3 mètres cubes d'eau par seconde, et sa surface irrigable de 2,200 hectares. Le canal de la Gespe a une longueur de 12 kilomètres, une portée d'eau de 2 mètres cubes, et une surface irrigable de 1,400 hectares.

Le canal de Perpignan est également très-ancien et date probablement de la domination arabe. Vous savez, monsieur, que sous le ciel brûlant de l'Andalousie et dans les déserts de sable qui furent leur berceau, les Arabes avaient su apprécier les bienfaits de l'irrigation. Aussi, pendant leurs rapides et fugitives conquêtes, sillonnèrent-ils le midi de la France et l'Espagne d'une foule de canaux dont un grand nombre furent détruits au moyen-âge. Chaque société a eu dans les arts, dans l'exécution de ses grands travaux publics, une manifestation matérielle analogue à sa nature et à son génie. La délicieuse architecture de l'Alhambra et quelques canaux d'irrigation, voilà ce qui nous reste de cette civilisation arabe, si originale et si peu connue.

La Robine de Narbonne a une origine plus récente; elle date de la même époque que le canal du Midi; c'est en même temps une voie navigable qui répand sur les arides plaines qui s'étendent au bord de la mer le limon si fertilisant de l'Aude. Sa longueur est d'environ 32 kilomètres, sa portée moyenne de 10 à 11 mètres cubes d'eau par seconde; elle arrose ou fertilise 5,200 hectares; c'est un exemple remarquable des services que peuvent rendre les canaux de navigation quand on les a tracés de manière à remplir un double objet.

Quant au canal du Bazer, dérivé, comme nous

l'avons dit, de la Garonne aux environs de Saint-Gaudens, il est à peine terminé, et son histoire, quoique récente, mérite d'être connue.

Un modeste cultivateur de Montregeau, le sieur Marc, ayant à peine reçu l'éducation la plus commune, mais homme énergique, persévérant, guidé par son bon sens, conçoit, dès 1834, le projet de conduire sur les plaines de Montregeau les eaux de la Garonne. Marc est pauvre, inconnu, mais il a pour lui son courage et sa conviction, et, déployant une activité infatigable, il parvient, après quatre ans d'efforts et de luttes persévérantes, à concilier tous les intérêts, à faire adopter son projet.

Le canal du Bazer a une longueur de 40 kilomètres, y compris ses deux embranchements, il débitera en moyenne près de 2 mètres cubes d'eau et pourra arroser 2,000 hectares. Les travaux ont été évalués primitivement à 278,000 fr. ; c'est seulement 7,000 fr. par kilomètre; l'arrosage de l'hectare se paiera 31 fr. 50 en moyenne; le canal du Bazer est donc susceptible de donner un revenu brut d'environ 60,000 fr.

Vous le voyez, monsieur, les travaux d'irrigation sont bien modestes en face de ceux des chemins de fer qui engloutissent des millions par centaines; un canal pouvant irriguer une surface déjà considérable ne coûte pas plus qu'une route ordinaire, et cepen-

dant, quel immense service n'est-il pas susceptible
de rendre ?

Dans la région des Pyrénées, l'irrigation par les
grands canaux, si toutefois on peut donner ce nom
à ceux que je viens de citer, ne s'élève donc pas
au-delà de 13,000 hectares environ ; tout le reste,
comme je l'ai déjà dit, est desservi par une multitude de rigoles d'une importance secondaire.

Que devient donc le volume entier de la Garonne
qui s'élève à 80 mètres cubes à l'étiage, celui de
ses innombrables affluents, la Dordogne, le Lot, le
Tarn, la Neste, l'Ariége, le Gers, la Baïse, la Save,
le Gimone, le Larax, et tant d'autres qu'il serait
oiseux de nommer ; car cette magnifique contrée
est admirablement dotée en eau courante ; où passe
le volume de l'Adour, des deux Gaves, de la Midouze, de l'Hérault ? Ils coulent, hélas ! presqu'i-
nutiles pour l'agriculture et continuent, depuis des
siècles, à perdre dans les deux mers des richesses
négligées. Un tel état de choses ne pouvait échap-
per à la haute sollicitude de l'administration. M. le
sous-secrétaire d'état des travaux publics, dans un
voyage qu'il exécuta en 1838 dans les régions pyrénéennes, fut frappé de l'admirable disposition de
divers cours d'eau autour du plateau de Lanemazan, situé dans la vallée supérieure de la Garonne.
au-dessus de Saint-Gaudens. Si l'on se place, en
effet, sur ce point remarquable, on voit rayonner

à ses pieds la plus grande partie des affluents de la rive gauche de la Garonne. A droite, c'est la Neste qui porte à ce fleuve un volume qui s'élève jusqu'à 12 mètres cubes en temps d'étiage ; en face, c'est le Gers qui gagne la Garonne par Auch et Lectoure ; à gauche, enfin, c'est la Baïse qui traverse Mirande, Condom et Nérac. Comme on l'a dit avec beaucoup de justesse, le plateau de Lanemazan peut être comparé à une araignée : le corps, c'est le plateau, les pattes, ce sont les nombreuses ramifications qui s'en échappent de toute part. M. le sous-secrétaire d'état conçut donc la pensée hardie de réunir, d'emmagasiner sur le plateau de Lanemazan, la plus grande partie des eaux qui sortent des hautes vallées et des glaciers des Pyrénées, et puis de les répartir sur une immense surface. A droite, dans la vallée de la Garonne jusqu'à Toulouse, sur une longueur de 118 kilomètres, à l'aide d'un canal qui servirait à la fois à la navigation et à l'irrigation, en face dans la vallée du Gers dont la navigation pourrait alors remonter jusqu'à Auch ; à gauche, enfin, dans celle de la Baïse qui deviendrait praticable aux bateaux jusqu'à Mirande.

L'irrigation possible d'une étendue de plus de 60,000 hectares dans les vallées de la Garonne supérieure, de la Save, de la Gimone, du Gers, de la Baïse, quand le projet aura reçu tous ses développements ; l'ouverture d'une voie de communication économique qui, pénétrant jusqu'au cœur des Pyrénées , pourra donner un écoulement facile à toutes les richesses qui s'y trouvent enfouies, telles que les marbres, les ardoises, les bois, les pierres de taille, la chaux , le plâtre , richesses qui gagneront désormais le vaste entrepôt de Toulouse; l'établissement d'échanges et de relations nouvelles entre la vallée de la Garonne et le nord de l'Espagne, c'est-à-dire la demi-exécution de cette voie centrale que Napoléon a rêvée si longtemps à travers les Pyrénées : tels seront pour l'avenir les principaux résultats de cette grande conception.

M. l'ingénieur en chef Montet fut chargé d'étudier le projet en détail. Sur le canal de Lanemazan à Toulouse, qui présentait dans sa partie supérieure de grandes difficultés en raison des hauteurs considérables qu'il fallait franchir , ainsi que dans la vallée supérieure de la Baïse , il projeta des plans inclinés à l'instar de ceux qui fonctionnent depuis longtemps aux États-Unis. Le projet de M. Montet, qui s'élève en totalité à la somme de 29,000,000 francs, a été adopté par les Chambres à la dernière session, et son exécution a été autorisée sous le nom de distribution des eaux de la Neste. L'exécution de ce projet ouvre évidemment une nouvelle ère en matière de travaux publics. C'est le premier exemple d'une vaste entreprise agricole dont la pensée et l'exécution appartiennent au gouvernement; c'est une innovation heureuse dans la construction des canaux qui, à l'aide des plans inclinés, pourront désormais atteindre des régions qui sont restées jusqu'ici impraticables pour eux, et qui, réunissant à la faculté de voie de transport, celle de canaux d'irrigation, pourront lutter avantageusement avec les routes ferrées.

Sans doute, le projet des eaux de la Neste aura de nombreuses imitations : cela est inévitable. Il existe certainement dans les Pyrénées, dans les Alpes surtout, d'autres dispositions naturelles analogues à celles du plateau de Lanemazan, et qui n'attendent que des études suffisantes pour présenter les mêmes résultats. Il est juste que ce qui a été fait pour les eaux de la Garonne et de la Neste soit étudié aussi pour tous les volumes qui se perdent inutilement; qu'on cherche à utiliser les eaux de l'Adour, de la Dordogne, du Tarn, du Lot, de l'Hérault et d'une foule d'autres rivières, beaucoup mieux qu'on ne l'a fait jusqu'ici. Les landes de Gascogne n'attendent-elles pas encore les eaux qui doivent fertiliser leurs sables arides? et que pourraient peut-être leur fournir quelque affluent de l'Adour ou de la Garonne.

LETTRE IV.

L'organisation des cours d'eau et les chemins de fer.

———

L'apparition des chemins de fer a singulièrement
modifié les principes qui servent de base à l'exécution des grands travaux publics. Depuis que les
railways, ne se bornant plus au transport rapide
des hommes et des marchandises de prix, ont pu
voiturer des matières pondéreuses, les canaux ont
perdu une grande partie de leur utilité première.
Peut-être, quand ces canaux sont placés dans de
certaines conditions, présentent-ils encore sur les
chemins de fer une faible économie dans les frais
de transport ; mais cette économie se trouve largement compensée par la régularité du service, par
la rapidité, par la certitude qu'offrent ces derniers.
D'ailleurs, dans la voie de progrès de perfectionnement continu dans laquelle les chemins de fer
sont entrés, voie qu'ils parcourent à pas de géant,
nul ne saurait aujourd'hui leur tracer de limite, et
il faut bien reconnaître ce qu'un grand nombre de
faits indubitables nous démontrent chaque jour :

« Les canaux ont à lutter contre la plus redoutable des concurrences.

Il suit évidemment de là qu'on ne saurait songer aujourd'hui à construire des canaux dans les mêmes conditions qu'autrefois et qu'on doit se borner à améliorer ceux qui sont éxécutés. Cette amélioration est indispensable, d'une part, pour que les immenses capitaux jetés sur le sol depuis 1821 et 1822 ne restent pas improductifs ; de l'autre, pour que les canaux existants soient placés dans une telle condition qu'ils puissent lutter tant bien que mal contre leurs rivaux. D'ailleurs, en agissant ainsi, l'état trouvera l'avantage de posséder dans les principales directions deux voies parallèles qui se feront concurrence, qui, pour les marchandises du moins, lutteront de bon marché. C'est un moyen de mettre un frein à la puissance des compagnies financières, d'éveiller une émulation salutaire, de répartir plus également entre tous les points du pays les bienfaits des voies de communication perfectionnées.

Mais si le *rail* a définitivement vaincu *l'écluse*, que devient le fameux mot de Brindley : « Les rivières sont faites pour alimenter les canaux ? » et quelle sera dans l'avenir l'utilité des cours d'eau qui n'ont pas été absorbés jusqu'ici par la construction des canaux existants ou qui ne peuvent constituer par eux-mêmes une ligne de navigation

plus ou moins parfaite? Doivent-ils couler inutiles
pour la société? Évidemment non. Si désormais ils
n'ont plus pour destination principale d'alimenter
des canaux, ils doivent être utilisés dans l'intérêt
de l'agriculture; leur fonction, en un mot, de com-
merciale qu'elle était, est devenue surtout agricole.

Considérez, monsieur, un grand fleuve avec son immense bassin, ses tributaires riches et nombreux; si
vous cherchez ce que peut faire la société pour retirer
toute l'utilité possible de ce magnifique instrument,
deux ordres de questions se poseront devant vous.
C'est ainsi qu'on peut songer d'abord à utiliser
ce fleuve et ses affluents dans l'intérêt de la navigation, soit en améliorant son cours, soit en sil-
lonnant sa vallée, de canaux latéraux; ou bien,
qu'en abordant un autre ordre d'idées, on or-
ganisera ce même fleuve au point de vue agricole par l'irrigation et l'endiguement. Ces deux
ordres d'idées ont toujours été solidaires. Mais
qu'arrive-t-il aujourd'hui? C'est que par la création
de voies plus perfectionnées que les canaux, et
même que les rivières canalisées, la question com-
merciale, sans disparaître bien entendu, perd une
grande partie de sa valeur au profit de sa compa-
gne la question agricole. Désormais le but principal des cours d'eau sera d'enrichir le sol, de
procurer à l'industrie des forces motrices; ce sont

là des richesses nouvelles que l'apparition des voies ferrées vient de faire surgir.

Vous le voyez donc, monsieur, les questions *d'organisation de cours d'eau* ont une liaison intime avec les railways. Chose singulière ! ce sont ces derniers qui vont donner une impulsion nouvelle à l'irrigation en la rendant possible dans une foule de cas. Ainsi, dans les sociétés humaines, un progrès ne saurait marcher seul ; l'impulsion donnée dans un sens se multiplie et se répercute dans une foule d'autres directions. C'est une loi constante qui fait avancer la société suivant une progression en quelque sorte géométrique.

Au reste, cette révolution, car en matière de travaux publics c'en est une, est conforme à la nature des choses. Les cours d'eau furent créés principalement en vue de la culture, de la production du sol, et ce n'est qu'en vertu d'une exception qu'ils ont pu être employés exclusivement comme voies de transport.

Il suit de là que si, à l'époque où nous sommes parvenus, on jette un coup-d'œil d'ensemble sur les travaux publics il paraît rationnel de les diviser en plusieurs classes, de la manière suivante :

1° Les chemins de fer dont la destination naturelle est de relier entr'eux les grands centres de production et de consommation, de sillonner les parties du territoire les plus riches, les plus peuplées et les plus industrieuses, voies merveilleuses qui, à peine sorties de leurs langes, nous étonnent déjà par leurs magiques résultats, et dont les progrès futurs ne sauraient être mesurés ;

2° Les routes de terre de toute nature, routes royales, départementales, chemins vicinaux, qui ont pour mission de pénétrer dans les parties les plus reculées du territoire, de servir aux relations de tous les instants, qui jouissent de l'inappréciable avantage de pouvoir être parcourues avec une entière liberté, sans péage, et à l'aide de toutes sortes de véhicules. Ces voies de communication plus modestes, mais non moins utiles que les précédentes, jouent dans l'état le même rôle que les rues au sein d'une grande ville ; rien ne paraît devoir les remplacer, quels que soient les progrès que nous réserve l'avenir ; elles constituent un réseau aux mille liens qui s'étend dans tous les sens sur la surface du pays, et qui, semblable à ces myriades de veines qui couvrent le corps humain, porte la vie du centre aux extrémités, et la ramène des extrémités au centre ;

3° Les travaux publics agricoles dont la destination n'est plus de faciliter la circulation des richesses déjà créées, mais d'en faire surgir de nouvelles. Irrigation de vastes surfaces à l'aide de canaux à simple ou double destination ; conquêtes de marais improductifs, défense de terrains précieux contre l'irruption des eaux, reboisement des surfaces arides et montueuses, emploi intelligent de ces forces que dépensent inutilement les fleuves dans leur éternel mouvement;

4° Enfin, les canaux à points de partage ou latéraux, construits au seul point de vue de la navigation, instruments déchus de leur ancienne splendeur qu'il faut utiliser, perfectionner quand ils existent, mais dont le nombre paraît devoir être à l'avenir rigoureusement limité, car ce mode de construction n'est plus à la hauteur de la science actuelle, à moins cependant qu'il ne soit basé sur des principes nouveaux et féconds comme dans le projet de la Neste.

De ces trois ordres de grands travaux publics qui seuls désormais se disputent l'avenir, chemins de fer, routes de terre, travaux agricoles, il serait bien difficile de déterminer celui qui doit prédominer sur les autres; je crois qu'ils sont tous également utiles, indispensables, qu'ils se prêtent un mutuel appui et doivent se féconder mutuellement. Mais les travaux agricoles, qui sont les derniers venus, méritent, aujourd'hui surtout, d'être encouragés, afin de s'élever le plus tôt possible au niveau de leurs devanciers.

Je vous disais, monsieur, dans une précédente lettre que chaque société humaine avait laissé, à toutes les époques de l'histoire, dans les arts et les travaux publics, une empreinte de son caractère et de son génie. Si les voies romaines, en effet, avec leur partie centrale où cheminait l'infanterie, leurs trottoirs élevés destinés aux chefs, nous rappellent les légions conquérantes qui firent la force de l'empire; les magnifiques cathédrales du moyen-âge nous reportent encore à une époque de croyance naïve et de foi profonde. Ces canaux d'irrigation de l'Italie supérieure ne sont-ils pas une preuve de la puissance de ces républiques qui jetèrent de si vives lueurs de force productive et de liberté sur le noir tableau du moyen-âge? eh bien! pour la France actuelle, à la fois agricole et industrielle, pour la France démocratique, il faut un vaste ensemble de travaux publics qui satisfasse tous les intérêts et toutes les classes, qui tienne compte des richesses agricoles que le pays possède ainsi que de son admirable position géographique. Or, cet ensemble, c'est une union équitable des chemins de fer, des routes, des travaux agricoles, car plus que toute autre, cette union est conforme au génie de la France moderne.

LETTRE V.

L'organisation des cours d'eau. — Conclusion.

La zone irrigable des Alpes. — Le Rhône. — L'Isère. — La Drôme. — La Durance. — Exemple des canaux Lombards. — Calcul des valeurs nouvelles auxquelles l'organisation des cours d'eau peut donner naissance. — Conclusion.

En l'absence de documents suffisamment détaillés, j'ai distingué en France deux grandes zones irrigables, l'une au pied des Pyrénées, l'autre au pied des Alpes, et j'ai donné quelques détails sur la première.

Il me reste maintenant à étudier la seconde : nous pourrons alors arriver à une conclusion suffisamment justifiée.

Le vaste bassin du Rhône constitue à lui seul (sauf le département du Var) la totalité de cette région, dont nous avons porté la surface, d'après M. Nadault de Buffon, à 62,700 hectares. Voici comment cette surface se trouve répartie.

En nombre rond, les eaux de la Durance, qui sont entièrement absorbées à l'étiage ou à très-peu près, arrosent une étendue de 32,000 hectares, savoir : 8,000 hectares sur la rive droite, aux environs d'Avignon , de Cavaillon, de Manosque , à l'aide des canaux de Crillon, de la Durancole, de Saint-Julien , des deux Cabedans de la Brillanne, et 24,000 hectares sur la rive gauche, sur les territoires de Salon, Arles, Saint-Chamas, par les canaux plus considérables de Crapone, des Alpines et de Peyrolles.

Le Rhône, qui roule en temps d'étiage sous les murs d'Avignon un énorme volume de 456 mètres cubes, c'est-à-dire plus de deux fois les volumes réunis de la Seine, de la Garonne et de la Loire, qui traverse les champs brûlés de la Provence, et dont la vallée inférieure présente de larges plaines; le Rhône, qui le croirait, coule à peu près inutile pour l'irrigation. Un seul canal jusqu'ici a été creusé sur ses bords, c'est celui de Pierrelatte, encore a-t-il été conçu à une époque reculée et sur des plans tellement vicieux, qu'il ne pourra remplir sa destination qu'après une organisation nouvelle qu'il attend toujours.

Pour le moment ce canal n'arrose qu'un étroit lambeau des départements de la Drôme et de Vaucluse, dont la surface ne dépasse pas 400 à 500 hectares, tandis qu'elle pourrait s'élever 12 ou 15,000.

L'Isère, dont le débit est encore peu connu, mais qu'on peut évaluer à 50 mètres cubes en temps d'étiage, c'est-à-dire à deux fois environ le volume de la Loire, au-dessus de Briarre, n'est pas mieux utilisée que le Rhône. Avec ses deux affluents, le Drac et la Romanche, elle n'alimente dans le département auquel elle laisse son nom, que de très-petits canaux arrosant 4,000 hectares au plus. Cependant la zone irrigable du département de l'Isère est de 20,000 hectares. Dans la belle et pittoresque vallée que parcourt cette rivière, nul doute qu'il ne fût possible de créer des canaux, dont l'établissement serait facilité par la déclivité considérable qu'elle présente.

Dans les hautes Alpes une agriculture plus intelligente a mis à profit une grande quantité de petits torrents qui arrosent une superficie qu'on peut évaluer à 14,000 hectares environ.

La Drôme alimente quelques petits canaux qui embellissent sa vallée pittoresque ; mais son volume est bien loin encore d'être entièrement utilisé. L'Aigues et Louvèze sont mieux employées ; et en été pas une goutte d'eau de ces deux rivières n'arrive au Rhône ; c'est un exemple trop rare, et qui devrait être plus souvent imité. Ces trois rivières réunies ou leurs affluents répandent le bienfait des arrosages sur une superficie totale de 6,000 hectares environ

Enfin, les eaux de la magnifique fontaine de Vaucluse qui pourraient se diviser sur plus de 8,000 hectares, si elles étaient bien employées, n'irriguent aujourd'hui que 2,000 hectares au plus.

On voit qu'au pied des Alpes une seule rivière considérable a été jusqu'ici utilisée pour l'irrigation, c'est la *Durance*.

Depuis que le canal de Marseille, ce travail grandiose et hardi, a été entrepris ; depuis les concessions faites récemment pour l'achèvement du canal des Alpines, il paraîtrait difficile de creuser sur les bords de la Durance de nouveaux canaux sans nuire à ceux qui existent déjà. L'irrigation, cependant, est loin d'avoir dit son dernier mot dans cette vallée, et si le volume des canaux actuels était mieux réparti, employé avec plus d'économie, divisé avec plus de justice, on parviendrait encore à féconder des surfaces très-étendues.

C'est dans le Rhône et l'Isère que l'irrrigation au pied des Alpes pourra surtout puiser des ressources considérables. Le Rhône peut arroser avec d'autant plus de facilité de vastes surfaces, que, sans nuire à la question si importante de la navigation, il est possible de dériver de son énorme volume de grands canaux pour féconder la partie inférieure de sa vallée. Au confluent de la Drôme, au-dessous de Valence, dans les environs de Montélimar, d'Orange, d'Avignon, de Beaucaire, et jusque près de Nismes et même de Montpellier, s'étendent de vastes plaines qu'il serait possible d'arroser à l'aide de ses eaux; non pas, il est vrai, en creusant sur ses bords quelques timides canaux d'une médiocre étendue, comme ceux que nous possédons; mais en comprenant sous un point de vue, plus large peut-être qu'on ne l'a fait jusqu'ici, ce genre de travaux; en imitant l'entreprise hardie de la ville de Marseille, la belle et grandiose conception des eaux de la Neste, dont nous parlions l'autre jour; en suivant la voie ouverte depuis des siècles au-delà des monts, dans les plaines fertiles de la Lombardie.

Parmi les canaux lombards, construits pour la plupart au moyen-âge, il en est de très-considérables, et qui attestent chez les populations de cette époque une énergie productive, un enthousiasme fécond, dont nous croyons, à tort, peut-être, avoir le monopole. C'est ainsi que le grand canal de la Muzza, qui, dérivé de l'Adda, arrose les belles plaines qui s'étendent entre Milan et Lodi, est un véritable fleuve, dont le volume est de 80 mètres cubes environ, c'est-à-dire presqu'égal à celui de la Seine à Paris.

Ce canal a été construit au XVIe siècle. Aux époques de sécheresse, il arrose 57,000 hectares, c'est-à-dire une surface à peu près égale à la totalité de notre zone irrigable des Alpes. Si nous voulons que nos cours d'eau soient réellement utilisés, et que l'irrigation se développe sur de larges bases, ce sont des œuvres telles que les canaux de la Muzza, de la Neste ou de Marseille qu'il faut imiter.

C'est sous ce point de vue qu'il faudrait étudier la création des grands canaux d'irrigation dans les vallées du Rhône, de l'Isère, de la Garonne, du Tarn, de la Dordogne

D'ailleurs il existe dans le midi de la France un certain nombre de projets sur lesquels les conseils-généraux ou quelques hommes éclairés appellent de loin en loin l'attention du gouvernement et du pays. C'est ainsi que le conseil-général du département de la Drôme demande avec instance que les eaux d'un des affluents considérables de l'Isère soient répandues sur cette plaine caillouteuse qui s'étend au-dessus de Valence, et qui pourrait, par cela même, être rendue si fertile; que dans la Loire on étudie un projet qui pourra arroser la plaine du Forez entre Mont-brison et Roanne, sur une étendue de plus de 10,000 hectares; que dans le département de Vau-cluse, on songe à dériver de la Durance un nou-veau canal aux environs de l'Ille. Ce canal pourrait arroser 6,000 hectares, malgré la pénurie de cette rivière, presqu'entièrement absorbée, comme nous le disions tout-à-l'heure. En face de Lyon, à la tête de cette plaine où la ville de la Guillotière s'est éle-vée comme par enchantement, on a projeté un ca-nal qui pourrait accroître dans une proportion

énorme la richesse des campagnes qui s'étendent
aux pieds de la seconde ville de France, en même
temps qu'il ferait surgir aux portes de cette ville
des forces industrielles d'une inestimable valeur.
Nous connaissons peu d'entreprises aussi fécondes
et d'une réalisation plus facile. Un ancien maire
de Lyon, M. Prunelle, avait, dans le temps, parfaitement entrevu l'utilité et la convenance de ce
projet.

C'est en ajoutant entr'elles toutes les surfaces qui
sont irrigables par les projets divers que je viens
de citer, par le Rhône, dans sa grande vallée et
sur ses deux rives; par l'Isère, par les eaux de la
Neste, conformément aux projets de M. Montet;
par les eaux si abondantes du département du Var,
d'après M. Bosc; par celles non utilisées de la fontaine de Vaucluse, par les nouvelles concessions accordées au canal des Alpines, et par une foule d'autres canaux à créer ou à améliorer, que je suis ar-
arrivé à cette conclusion; que la zone irrigable du
midi de la France est d'au moins 500,000 hectares. Ce n'est pas ici le lieu de répéter une énumération qui deviendrait fastidieuse.

Quelque incomplets que soient les éléments dont
nous avons pu disposer, cherchons, en terminant,
ce qui est relatif à l'influence économique de l'organisation des cours d'eau, à évaluer en chiffres
quel est l'accroissement de la fortune publique

qu'on peut espérer de l'exécution de grands travaux agricoles entrepris sur toute la surface du pays. Nous n'arriverons, il est vrai, qu'à un chiffre théorique, car il ne serait ni possible ni raisonnable de tout entreprendre à la fois; cependant, cet aperçu ne sera pas inutile.

Nous avons dit que la zone d'endiguement sur tous les cours d'eau pouvait être évaluée à 3,000,000 d'hectares au moins. Il est même probable que ce chiffre est au-dessous de la réalité, puisqu'un seul département, celui de la Haute-Garonne, présente 38,000 hectares à défendre. On peut évaluer à 50 francs au moins la diminution du revenu annuel, car ces terrains sont ordinairement les plus fertiles et les plus productifs.

Il en résulte par an une perte de   150,000,000

Pour l'irrigation, nous venons de voir que la surface irrigable pourrait être portée à 500,000 hectares. En admettant une plus-value de 100 francs par hectare sur 400,000 hectares seulement, évaluation bien modeste, on arrive à un revenu annuel de.   40,000,000

Total du revenu annuel pouvant être créé par l'endiguement et l'irrigation.   190,000,000

répondant à 3 0/0 à un capital de plus de 6 milliards. Il faudrait encore ajouter à ce chiffre l'augmentation de valeur de 800,000 hectares de marais desséchés, augmentation qu'on ne peut pas évaluer à moins d'un milliard, en estimant l'hectare desséché de 1,000 à 1,500 francs.

L'organisation complète des cours d'eau est donc succeptible de créer un capital de plus de 7 milliards de francs, c'est-à-dire d'augmenter d'un septième environ le capital engagé dans l'agriculture, indépendamment de tous les produits indirects qu'il n'est pas possible d'évaluer.

Sans doute, il ne faut pas attacher à ces chiffres une trop grande importance, et nous ne saurions même nous dissimuler que ce calcul, comme tous ceux qui se reposent sur de semblables statistiques, n'est pas à l'abri de contestations, mais il n'en résulte pas moins une base générale qui fixe les idées.

Ne pensez pas, monsieur, que je propose d'entreprendre tout d'un coup, sur toute la surface du pays, l'organisation générale des cours d'eau. Non, une telle mesure serait aussi impossible que puérile. Cette organisation, loin de pouvoir être abordée partout et au même instant, doit exiger sans doute les efforts successifs et constants de plusieurs générations. La question qui se présente aujourd'hui n'est pas de se jeter en aveugles dans une voie à peine connue, mais bien d'établir les fondements rationnels d'un édifice nouveau, d'arrêter des principes, d'étudier un plan d'ensemble, de convier à l'exécution de ces grands travaux le gouvernement, les localités, l'industrie privée; de concilier, d'unir tous les efforts, de les féconder, en un mot, les uns par les autres.

LETTRE VI.

L'irrigation et les conseils-généraux.

———

Tous les hommes qui comme vous, monsieur, ont sincèrement à cœur la prospérité du pays comprennent qu'il est devenu indispensable aujourd'hui de développer ou plutôt de créer l'irrigation sur tous les points du territoire où elle est possible. Il serait oiseux de s'étendre sur la fécondité de cet admirable instrument agricole, c'est un point assez généralement admis ; ce qui importe surtout, c'est d'agir, c'est de se mettre enfin sérieusement à l'œuvre.

Vous savez que M. le ministre de l'agriculture et du commerce a demandé dernièrement l'avis des conseils-généraux sur la création d'un service d'agence dans chaque département, pour y étudier les questions relatives à l'irrigation, et spécialement pour déterminer quels sont actuellement les volumes susceptibles d'être affectés à cette irrigation sur les cours d'eau non navigables ni flottables. En réclamant cet avis, M. le ministre a transmis à chaque conseil et comme documents à l'appui les

essais d'organisation tentés déjà dans les deux départements du Var et de la Sarthe.

Cette initiative prise par M. le ministre est très-
louable; elle accuse une vive sollicitude pour des
intérêts d'une grande importance. Malheureusement, on ne peut se dissimuler que l'autorité des
avis des conseils-généraux se trouve affaiblie par le
peu de durée de leurs sessions; comment élaborer
en quelques heures les questions les plus difficiles?
Il y a là un vice grave signalé bien des fois. On a
essayé, il est vrai, d'éluder la difficulté en commu-
niquant un mois à l'avance aux membres des conseils les documents les plus importants et l'énoncé
des questions à traiter; l'administration a fait à cet
égard tout ce qu'elle pouvait, c'est au zèle et
aux lumières des conseillers-généraux à faire le
reste.

Quoi qu'il en soit, il ne sera pas sans intérêt de
résumer dans cette lettre les avis donnés par quelques conseils sur cette question d'agence spéciale
pour l'irrigation :

Un certain nombre d'entr'eux se sont abstenus,
soit que le temps leur ait manqué, soit qu'ils n'aient
pas jugé la question d'un grand intérêt pour leur
département. Ce silence est fâcheux et démontre
combien, dans certaines localités, les esprits sont
encore arriérés au point de vue de l'irrigation.
Parmi ces conseils, nous remarquons ceux de

l'Aisne, de l'Ardèche, des Basses-Alpes, de l'A-
riége, etc.

Quelques autres ont ajourné l'examen définitif
de la question, en chargeant le préfet de préparer
un projet d'organisation d'agence pour la prochaine
session. On peut donc espérer quelques résultats
pratiques pour 1848. Dans certains départements,
on n'a pas admis le principe en se fondant sur la
pénurie des ressources départementales, sur l'im-
possibilité absolue de faire des dépenses nouvelles,
quelques minimes qu'elles soient d'ailleurs. Il est
certain que la plus grande partie des départements
sont obérés, que leur avenir financier est engagé
pour de longues années par la construction des
routes départementales et des chemins vicinaux de
grande communication. Aussi, ce qu'il y aurait de
mieux à faire, selon moi, c'est que l'administration, au lieu d'attendre la création des agences de
l'initiative des conseils-généraux les instituât elle-
même en mettant les frais à la charge du trésor public. Un crédit de quelques centaines de mille
francs inscrits au budget suffirait amplement pour
couvrir ces dépenses éminemment productives.

Le personnel chargé d'étudier, de constater les
ressources du pays au point de vue de l'irrigation,
rentrerait naturellement dans les attributions du
ministre des travaux publics, qui pourrait ainsi im-

primer aux études toute la généralité, toute l'uniformité désirables.

Je crois, monsieur, que cette solution est à la
fois la plus simple et la plus pratique.

Quand on a voulu créer la canalisation du territoire ou le réseau des chemins de fer, n'a-t-on
pas étudié d'abord des plans généraux, des plans
d'ensemble? N'a-t-on pas promené sur toute la surface du pays le niveau et la chaîne? Il faut absolument en faire de même pour l'irrigation. Il s'agit
ici d'une entreprise aussi grande et aussi féconde.

La crise dont nous sommes témoins doit être un
engagement salutaire; elle démontre l'indispensable nécessité de porter enfin une attention sérieuse
sur tous les grands intérêts agricoles du pays; elle
nous impose le devoir d'agir, de mettre la main à
l'œuvre. Où en serions-nous, si la prochaine
récolte était aussi mauvaise que les deux dernières?

N'est-ce pas un spectacle étrange et bien digne
d'attention que celui d'une nation jouissant depuis
plus de trente ans d'une paix profonde, possédant
un territoire étendu, naturellement fertile, capable
de nourrir bien au-delà de sa population actuelle;
d'une nation presque exclusivement préoccupée
depuis dix ans des intérêts matériels et si peu avan-
cée cependant au point de vue agricole qu'elle ait
encore à craindre une disette?

Tâchons de profiter de l'expérience, et n'oublions pas trop tôt cet utile enseignement.

Si nous développions l'irrigation sur de larges bases, nous aurions plus de prairies, plus de bestiaux, partant plus d'engrais et plus de force. Sans doute, nous ne serions pas à l'abri des récoltes mauvaises, mais si une pénurie dans la récolte des céréales se faisait sentir, ne serait-elle pas compensée en partie par une plus grande production de bestiaux de toute espèce, production en quelque sorte assurée, dès qu'elle est en proportion convenable avec l'étendue des prairies?

L'irrigation a cela d'avantageux qu'elle réagit puissamment sur toute l'échelle de la production agricole.

Cela posé, je reviens à l'examen des avis émis par les conseils-généraux. Je n'en citerai ici que quelques-uns pour ne pas vous fatiguer d'une longue et inutile énumération.

Le conseil-général des Hautes-Alpes rejette la pensée de la création d'une agence à cause des frais qui en résulteraient, frais qu'il se déclare dans l'impuissance de supporter; il demande l'exécution par l'état des canaux d'irrigation, et, sur son département, il signale comme possibles :

1° Un canal qui serait dérivé du Buech et qui arroserait une partie du territoire du Bersac, de Serres et de Montrond;

2° Un canal à ouvrir sur la rive droite de la Saveraisse ;

3° Un canal pris à Tallard ou plus haut sur la Durance et qui serait conduit jusqu'aux portes de Sisteron.

Le conseil-général du département de la Drôme réclame avec les plus vives instances l'exécution du canal d'irrigation de la *Bourne*, affluent de l'Isère ; ce canal, dont il est question depuis 1811, et dont je vous ai déjà parlé, arroserait la plaine supérieure et caillouteuse de Valence, sur une superficie de 12,000 hectares environ. Vous voyez qu'il s'agit ici d'une entreprise considérable.

D'après les projets dressés en 1811, la dépense d'exécution était estimée à 4 millions de francs ; mais ces projets viennent d'être étudiés de nouveau avec le plus grand soin.

Le conseil-général des Bouches-du-Rhône émet l'avis que la création d'une agence serait inutile pour ce département, attendu que les questions d'irrigation y sont étudiées depuis longtemps et que l'on connaît toutes les eaux susceptibles d'être utilisées. Le conseil demande pour le canal des Alpines une plus large dotation de volume, afin qu'il soit possible de répandre le bienfait des arrosages sur une plus grande partie de la Crau ; il signale les projets dont il est question depuis longtemps pour l'amélioration de la Camargue.

Le conseil-général du Cher demande que le gouvernement fasse étudier par ses ingénieurs le moyen d'employer à l'irrigation et de mettre à la disposition de l'agriculture les eaux disponibles des canaux de navigation. Ce vœu s'applique particulièrement au canal latéral de la Loire, le plus riche en moyens d'alimentation.

Le conseil réclame, en outre, l'étude d'un canal de navigation et d'irrigation qui se dirigerait de Châtillon-sur-Loire au canal du Berry, afin d'offrir le moyen d'irriguer et de limoner les plaines arides de la Basse-Sologne.

Les conseils des Ardennes, de l'Aveyron ajournent, faute de fonds; celui de l'Allier charge le préfet de préparer une organisation pour l'année prochaine; le conseil de la *Côte-d'Or ajourne jusqu'à ce qu'il soit démontré que les irrigations conviennent au département*.

Espérons, monsieur, que dans leur session prochaine les conseils-généraux montreront plus d'empressement.

LETTRE VII.

L'enquête des cours d'eau.

<hr>

État de l'esprit public en matière d'endiguement et d'irrigation. — Il faut
agir avant tout. — Nécessité d'une enquête générale. — Sa forme, son
but, son utilité.

<hr>

Permettez-moi de revenir encore aujourd'hui sur
l'irrigation et l'endiguement; ces questions sont
trop importantes pour que vous n'excusiez pas mon
insistance à cet égard. On peut le dire sans
crainte d'être démenti, en cette matière, l'esprit
public est aujourd'hui assez avancé. Agriculteurs,
économistes, ingénieurs, tous admettent à l'envie
la puissance de l'irrigation comme agent de production; tous sont d'avis qu'il est indispensable de
prendre des mesures salutaires pour éviter dans l'a-
venir les désastres des dernières inondations.

Mais cela ne suffit pas; il faut agir, enfin, après
avoir tant écrit et tant parlé. Lorsqu'une question en
est arrivée à ce point de maturité, ce serait se rendre
coupable d'inertie que d'attendre plus longtemps.

Le moment actuel serait sans doute mal choisi
pour demander l'exécution de grands canaux d'ir-

rigation; ce moment n'est point venu; il faut attendre que la situation financière se soit améliorée, et que le pays ait vu la fin de la crise des chemins de fer. Mais d'ici là on peut faire beaucoup encore, en étudiant des plans généraux, des projets, et en organisant au point de vue administratif, sur des bases larges et régulières, tout ce qui se rapporte à l'endiguement et à l'irrigation.

Il s'agit ici d'intérêts importants, d'intérêts du premier ordre; je crois l'avoir démontré. D'ailleurs, l'opinion publique est émue, elle attend; l'agriculture toute entière ne s'est-elle pas récemment prononcée par l'organe de ses délégués?

Le gouvernement a senti cette nécessité, et il demande au budget un crédit de 100,000 francs pour études sur les cours d'eau. C'est une somme trop modeste. Avec elle, cependant, nous ne craignons pas de le dire, on pourrait beaucoup faire encore.

Cette somme est suffisante, en effet, pour commencer et terminer même, en partie, la statistique, l'enquête dont je vous ai déjà parlé plusieurs fois.

Voici de quelle manière cette enquête devrait être faite selon moi :

Pour chaque département, on dresserait un état général de tous les cours d'eau compris sur le territoire de ce département ; cet état indiquerait, en ce qui touche l'endiguement :

1° La longueur des diverses parties des cours d'eau ;

2° Les surfaces submersibles sur chaque rive, surfaces déjà soumises à l'endiguement, ou qu'il est nécessaire de défendre ;

3° La valeur approximative de ces surfaces inondées, la diminution de valeur qui résulte de la possibilité de submersion, la fréquence plus ou moins grande de cette dernière ;

4° Les digues ou autres ouvrages défensifs déjà construits ; ou ceux qu'il paraîtrait convenable d'élever ;

5° La liste des syndicats existants déjà ou de ceux qu'il serait nécessaire d'organiser ;

6° La surface et la valeur probable des conquêtes à réaliser sur les cours d'eau par l'exécution des ouvrages défensifs, et, en général, tout ce qui se rapporte au fait de l'endiguement.

En ce qui touche l'irrigation :

1° L'étendue des surfaces irrigables naturellement, et, quand ce serait possible, les volumes des cours d'eau dans certaines parties de leurs cours ;

2° Les canaux d'irrigation publics ou particuliers existants déjà, et les surfaces qu'ils arrosent ;

3° Les canaux qu'il semblerait possible de creuser dans l'avenir, pour utiliser la portion des volumes qui restent disponibles.

Ce travail, qui paraît immense, pourrait être fait encore assez rapidement, en appliquant ici le principe de la division du travail.

Les statistiques dressées par le ministère de l'agriculture et du commerce étaient des monuments bien plus vastes, et qui ont été élevés encore assez rapidement, grâce à un bon système d'organisation.

Il s'agirait seulement : de réunir, de coordonner dans un esprit unique et systématique tous les renseignements qu'on demanderait en même temps aux préfets, aux ingénieurs locaux, aux comices, aux sociétés d'agriculture, aux agents-voyers, et même aux maires de campagne En faisant fonctionner en même temps et d'un point central cette immense machine administrative, on en pourrait tirer une grande quantité de documents.

Il est bien entendu, d'ailleurs, qu'on ne s'attacherait qu'aux faits généraux, aux faits importants, de manière à présenter dans leur ensemble les éléments de ces deux grandes questions : la *défense contre l'irruption des cours d'eau*, et *l'irrigation*. Ces documents, méthodiquement classés dans un ou deux volumes, seraient distribués aux chambres et répandus dans le public. Il résulterait de là un

enseignement salutaire. On sortirait enfin des généralités, des hypothèses ; on ne raisonnerait plus dans le vide.

Désormais, on connaîtrait quelle est la mesure de tous les intérêts qui se rattachent à l'endiguement et à l'irrigation ; ce que le pays perd annuellement, par la désorganisation des cours d'eau ; ce qu'il pourrait gagner par un aménagement meilleur. On saurait de quel côté il faut porter les efforts du gouvernement et de l'industrie privée; on apprendrait enfin ce qu'il faut surtout réglementer, quels sont les efforts à féconder par l'association.

Nous ne sommes pas de ceux qui, en matière d'économie publique, contestent la puissance des chiffres et nient l'utilité des statistiques ; nous croyons, au contraire, que le législateur doit surtout se baser sur les faits. Voyez ce qui a lieu en Angleterre. L'usage des enquêtes n'y est-il pas accepté dans l'étude de toutes les choses qui dépendent du gouvernement. Qu'y a-t-il de plus sage, de plus prudent, que de s'enquérir d'abord de ce qui est, avant de se demander ce qu'on doit faire. L'esprit éminemment pratique de nos voisins a compris depuis longtemps cette vérité. Si nous avions accepté l'usage des enquêtes, nous ne verrions pas en France une foule d'écrivains se copiant servilement les uns les autres, raisonner toujours, en matière économique, sur les mêmes faits et les mêmes idées. Il n'y a rien, nous n'hésitons pas à le dire, de plus fâcheux qu'un semblable état de choses ; il en résulte des erreurs qui finissent par s'enraciner dans l'esprit public à force d'être répétées ; il en résulte que les hommes pratiques, ou ceux qui seraient les plus capables de donner d'utiles renseignements, dédaignent d'écrire.

Le gouvernement n'a donc qu'à le vouloir pour satisfaire l'opinion publique et jeter dès à présent les bases d'un édifice qui suffirait pour honorer toute une administration, toute une existence ministérielle.

Dirait-on que nous demandons une chose impossible et trop vaste ? Nous répondrons par des faits en montrant les statistiques bien plus compliquées qui existent déjà. En raison même de sa centralisation si puissante, la France devrait être le pays des statistiques et des enquêtes. N'avons-nous pas une machine immense qui s'étend sur toute la surface du pays, et qu'il est possible de faire mouvoir en même temps dans tous les sens ? Si la centralisation a ses défauts, elle a aussi ses avantages, avantages qu'il faut bien se garder de négliger.

Quant à l'utilité du travail que nous demandons, nous croyons qu'elle ne peut être niée par personne ; ce serait sortir de l'incertitude et de l'inconnu. Une fois au courant des faits, on pourrait réglementer en toute assurance, coaliser, ordonner les efforts individuels : il faut ici moins des crédits, des dépenses immédiates, que de bonnes mesures qui associent tous les efforts et utilisent les sacrifices des particuliers.

Nous croyons donc que le gouvernement ne pourrait pas faire un meilleur emploi de la somme qu'il demande aujourd'hui. L'opinion publique soulevée et satisfaite, les véritables besoins du pays étudiés et connus, les bases d'un édifice nouveau tracées sur le sol, tels seraient les résultats de cette utile mesure.

LETTRE VIII.

Projet d'un canal d'irrigation pour les plaines du Languedoc et de la Provence.

———

Je vous disais, monsieur, dans une lettre précédente que c'est surtout dans le Rhône que l'irrigation au pied des Alpes pourra puiser des ressources considérables.

Je vais essayer de légitimer cette assertion.

Le Rhône est parmi les fleuves français celui qui roule le plus d'eau. Les glaciers et les neiges éternelles des Alpes versent dans son lit des volumes qui sont toujours considérables par les fortes chaleurs, et vous le savez, c'est là pour l'irrigation un innappréciable avantage. Il semble que la nature ait disposé ces glaciers et ces neiges pour former les réserves précieuses qu'une habile industrie doit utiliser. Là où les montagnes ne sont pas assez élevées pour constituer de pareilles réserves, il y a peu d'espoir de pouvoir organiser l'irrigation sur de larges bases.

Sous ce rapport, le Rhône est donc, comme sous beaucoup d'autres, un fleuve précieux et exceptionnel.

Je vous parlais de son volume, il est énorme.
Dans les plus basses eaux, il s'élève à Lyon déjà à
250 mètres cubes par seconde, au-dessous de cette
ville, la Saône lui apporte un tribut de 85 mètres
cubes ; l'Isère de 45 à 50 mètres cubes ; plus bas,
de nombreux affluents accroissent encore ce volume qui atteint, comme je l'ai déjà dit, 456 mètres cubes sous les murs d'Avignon. Mais les chiffres que je vous cite ici se rapportent exclusivement à l'étiage, car dans l'état ordinaire, le volume
est bien plus considérable ; lors des fortes crues
il prend des proportions vraiment colossales, et
il semble probable que le Rhône roule alors aux
environ d'Avignon 10 à 12 mille mètres cubes par
seconde.

Pour bien apprécier le mérite de ces chiffres, il
convient de les comparer à ceux qui se rapportent
aux autres fleuves de la France. C'est ainsi que la
Seine ne débite à l'étiage que 75 mètres cubes à Paris ;
la Garonne 60 mètres cubes à Toulouse ; la Loire
30 mètres cubes à Orléans.

En sorte que le Rhône, à Avignon, roule près de
trois fois plus d'eau que ces trois fleuves réunis.

Ainsi volume considérable et parmanence de
ce volume par les fortes chaleurs, voilà déjà deux
conditions essentielles ; mais il en est une troisième non moins précieuse, c'est la forte déclivité. Tandis que sur les fleuves ordinaires cette dé-

clivité ne dépasse pas 0ᵐ 15 à 0ᵐ 20 par kilomètre, elle est ici toujours supérieure à 0ᵐ 50; si l'on en excepte toutefois les parties du cours qui se rapprochent de l'embouchure. C'est ainsi que de Valence au Lez, sur une étendue de plus de 95 kilomètres, le Rhône a une pente de 0ᵐ 74 par kilomètre, c'est là ce qui lui donne sa nature impétueuse et torrentielle.

Hé bien, à côté de ce fleuve si admirable, il est de vastes surfaces brûlées par le soleil de la Provence et du Languedoc, qui attendent vainement les eaux qui doivent les fertiliser. Vous connaissez les plaines de Montelimar, de Pierrelatte, de Bollenne, de Montdragon, de Mornas, d'Orange, de Carpentras, de Monteux, d'Avignon, de l'Ille sur la rive gauche; sur la rive droite à l'étage supérieur, celles qui s'étendent entre Montpellier et Nismes, au pied des Cévennes et à l'étage inférieur, les plaines de Beaucaire, de Saint-Gilles, de Bellegarde, un peu plus bas encore, cette île immense qu'on nomme la Camargue et que le fleuve isole en l'entourant de ses deux bras.

Toutes ces surfaces, suffisamment régulières pour recevoir avec facilité les eaux d'irrigation, suffisamment inclinées pour écouler peu à peu ce qu'elles ne doivent point absorber, ont ensemble une étendue de près de cent mille hectares.

Je crois, monsieur, que pour utiliser ces dispositions remarquables de la vallée du Rhône, il serait nécessaire de creuser un canal d'irrigation dont la prise d'eau devrait être située immédiatement audessous de l'embouchure de la Drôme.

Ce canal, après avoir traversé les plaines de Montélimar, de Pierrelatte, de Bollenne, de Montdragon en les arrosant, arriverait à Mornas pour se partager en deux branches principales.

La première, dite la Branche des Cévennes, franchit le Rhône sur un pont aqueduc d'une hauteur de 30 mètres environ, gagne la rive droite et atteint la ville de Nismes pour se développer entre cette ville et Montpellier au pied des Cévennes, en suivant à peu près la direction du chemin de fer.

La seconde branche, dite de Provence, se dirige à partir de Mornas vers les étages supérieurs de la vallée de la rive gauche, pour arroser les plaines de Monteux, de Carpentras, d'Orange, de l'Ille et d'Avignon.

La branche des Cévennes, avant d'arriver à Nismes, donne d'ailleurs naissance à un canal secondaire qui se dirige vers Beaucaire, arrose les vastes plaines qui s'étendent au pied des coteaux de Bellegarde et de Saint-Gilles, puis franchit le petit Rhône vers ce dernier point pour pénétrer dans la Camargue dont il domine les terrains supérieurs.

Il me serait facile de vous démontrer que la hauteur des eaux du Rhône à l'embouchure de la Drôme où je place la prise d'eau, est suffisante pour permettre le tracé que je ne puis indiquer que sommairement (Voyez les notes). Je ne veux pas entrer dans une discussion technique qui ne serait pas ici à sa place, et je me contenterai de vous rappeler que cette prise d'eau serait à 46 mètres au-dessus du sol moyen de la ville de Nismes, à 64 mètres au-dessus du débarcadère du chemin de fer à Montpellier, enfin à 79 mètres au-dessus du sol moyen de la ville de Beaucaire. La marge est donc très-considérable et à première vue, il est certain que la déclivité du Rhône est suffisante pour organiser le système d'irrigation dont il s'agit.

Le tracé ne présenterait pas de difficultés sérieuses entre la prise d'eau et Mornas pour le tronc commun ; entre Montpellier et Nismes pour la branche des Cévennes. La même observation peut s'appliquer au canal secondaire de Beaucaire et à la branche de Haute-Provence ; mais il n'en n'est plus de même pour la partie du tracé comprise entre Mornas et Nismes, c'est là le nœud gordien du système.

Hâtons-nous de dire cependant que la difficulté ne paraît point insurmontable à première vue. C'est ainsi qu'il serait toujours possible si l'on ne pouvait mieux faire , de côtoyer le Rhône sur la rive droite, après l'avoir traversé à Mornas en passant à flanc de coteau près d'Orsans, de Roquemaure, de Villeneuve-les-Avignon, d'Aramon ; d'entrer dans la vallée du Gardon , aux environs de Montfrin et de remonter cette vallée pour la franchir en un point situé entre le pont du Gard et Remoulins.

A l'exemple des Romains , on jetterait sur le Gardon un aqueduc nouveau qui ramènerait vers Nismes les eaux du canal.

Si comme de simples études faites sur la carte le rendent assez probable , il était possible d'arriver ainsi de Mornas à Nismes sans construire de gigantesques travaux, remarquez quelle révolution on réaliserait dans le Midi.

La branche des Cévennes roulant 7 à 8 mètres cubes d'eau par seconde arriverait à Nismes à un ou deux mètres au-dessus du sol moyen de la ville qu'elle approvisionnerait largement en eau potable, elle pourrait laver ses rues, irriguer sa banlieue, donner naissance à une foule d'industries nouvelles, ce serait un véritable fleuve que l'industrie de l'homme amènerait ainsi sous les murs de l'antique cité romaine.

Les Romains, vous le savez, n'avaient rien négligé pour faire de Nismes une des plus belles colonies des Gaules; ils l'avaient orné de temples et de bains somptueux, d'arènes grandioses. Mais pour donner la vie et le mouvement à toutes ces merveilles de l'art, il fallait de l'eau en abondance et Nismes placé dans les terres, loin de tout cours d'eau important, ne possédait que la fontaine qu'on admire encore au sommet de sa délicieuse promenade. Cette fontaine, quoique abondante, ne pouvait suffire, c'est alors qu'Agrippa conçut et exécuta le projet d'amener au sommet des quartiers les plus élevés de la ville, à l'aide d'un aqueduc de plus de quarante mille mètres de longueur les sources abondantes des environs d'Usèz. C'est dans ce but qu'il fit construire le pont du Gard, un des monuments les plus beaux et les mieux conservés que nous aient laissés les Romains et qui inspirait à Jean-Jacques une admiration si vive. L'aspect de ce superbe et noble ouvrage, dit-il dans ses *Confessions, me frappe d'autant plus qu'il est au milieu d'un désert où le silence et la solitude rendent l'objet plus frappant et l'admiration plus vive,* etc. Que dirait donc aujourd'hui le philosophe en voyant l'aqueduc de Roquefavour devant lequel le pont du Gard n'est plus qu'un modeste pygmée !

Quoiqu'il en soit, aujourd'hui comme au temps d'Agrippa, la fontaine de Nismes ne peut suffire à cette cité populeuse, et vous voyez que si le projet que je propose pouvait s'exécuter, la capitale du département du Gard n'aurait rien à envier à la colonie romaine.

Par l'ensemble des canaux dont j'ai parlé, on pourrait irriguer à la rigueur, tant en Languedoc qu'en Provence, une surface de cent mille hectares au moins ; mais comme l'eau manquerait pour d'aussi vastes surfaces, je crois qu'il serait prudent de limiter la zone irrigable à 50 mille hectares. Il suffirait alors de puiser dans le Rhône un volume de 25 mètres cubes par seconde (1).

Cette dérivation n'aurait aucune influence sur l'état navigable du fleuve.

Ce n'est point en effet le volume qui manque au Rhône, et la dispersion seule de ses eaux en plusieurs bras, donne naissance aux passages difficiles que son cours présente. Cela est si vrai que la navigation est bien plus facile au-dessus des grands affluents, tels que l'Isère, la Drôme, l'Ardèche qu'au-dessous, parce qu'au-dessus de l'Isère et principalement entre Serrière et Condrieux, le fleuve est plus souvent encaissé. Le surcroît de volume qu'apportent ces grands affluents, serait donc complètement inutile à la navigation, si l'art avait réuni les bras du fleuve en un seul lit.

Il résulte clairement de ce fait indubitable pour

____

(1) Dans une irrigation bien organisée, un volume d'un demi-mètre cube d'eau par seconde suffit en moyenne pour l'irrigation de mille hectares.

tous ceux qui connaissent le fleuve que dans le Rhône inférieur une portion du volume peut et doit être utilisée pour l'irrigation, et cette portion est bien supérieure à 25 mètres cubes par seconde, puisque l'Isère seule, comme vous le savez, roule à l'étiage près de 45 mètres cubes d'eau.

Pour arroser ces 50 mille hectares, il serait nécessaire de creuser 160 à 170 kilomètres de canal à grande section, 100 kilomètres de canal à section moyenne, enfin 146 kilomètres de petits canaux. La dépense ne dépasserait certainement pas trente millions. Si vous admettez que chaque hectare arrosé prenne par cela même une plus-value annuelle de 120 fr., ce qui est certainement au-dessous de la vérité, vous voyez qu'on donnerait naissance à un revenu de 6 millions de francs répondant à 4 pour cent à un capital de 120 millions.

Ce serait donc pour l'État et au seul point de vue de l'intérêt général, un capital placé à 20 pour cent.

Il ne faudrait point calculer ainsi, il est vrai, si l'on voulait se rendre compte des revenus annuels que ce système de canaux serait succeptible de rendre à ceux qui l'entreprendraient, il est douteux même que l'opération fût accessible à une compagnie, c'est à l'État que l'exécution de ces travaux si utiles revient tout naturellement.

Il faudrait donc suivre ici l'exemple donné pour le projet de la Neste.

Mais je prévois l'objection. Comment, allez vous me dire, pouvez vous songer à proposer l'exécution d'un ouvrage aussi coûteux, au milieu des embarras du trésor, de la crise financière ; attendez que les chemins de fer soient exécutés. C'est déjà une œuvre assez difficile et assez longue.

Je suis complètement d'accord avec vous sur ce point, il y aurait imprudence et folie à méconnaître les dangers et les exigences de notre situation actuelle ; mais je parle ici plutôt pour l'avenir que pour le présent. Je demande une étude et non une exécution. D'ailleurs le système dont il s'agit pourrait se réaliser peu à peu.

Vous voyez, monsieur, qu'exécuter ce projet, ce serait faire pour les régions Alpines ce que le projet des eaux de la Neste réalisera pour les régions Pyrénéennes ; ce sont là deux pensées du même ordre, seulement, il y a ici moins de difficultés qu'à la Neste, car il n'est pas nécessaire de creuser des réservoirs, de créer pour ainsi dire artificiellement des volumes ; il suffit de puiser dans un fleuve toujours fécond et toujours rapide. Le chiffre de la dépense serait d'ailleurs à peu près le même (4).

(4) On pourrait dire, il est vrai, qu'à la Neste, on ne se contente pas, d'arroser quarante mille hectares, mais qu'on crée encore plusieurs lignes de navigation. Nous répondons à cela que l'irrigation est ici l'intérêt ma-

J'oubliais de vous dire, qu'outre l'irrigation de cinquante mille hectares, on donnerait naissance à des forces motrices considérables, notamment aux portes de Beaucaire où une chute de 15 à 16 mètres dans le sous embranchement des Cévennes, créerait une force de mille chevaux.

Tel est, monsieur, la pensée générale par laquelle on pourrait essayer d'utiliser les eaux du Rhône pour l'irrigation des plaines du midi. Ai-je besoin d'ajouter que ce n'est là qu'une idée conçue dans le cabinet ; c'est un simple vœu, n'allez donc pas vous moquer de moi ; si une étude attentive du terrain rendait cette idée inexécutable, quelques documents que j'ai pu me procurer ici semblent établir la possibilité d'un projet qui mérite d'être étudié sans retard.

jeur, dominant, que ces lignes de navigation n'auront pas une très-grande importance, et que si elles avaient été seules, elles n'auraient jamais pu légitimer même une partie de la dépense.

LETTRE IX.

Des inondations et des moyens de les prévenir.

Les inondations de 1846. — Fréquence des inondations. — Il faut agir. — Impuissance du reboisement. — Danger des digues insubmersibles. — On doit en faire le moins possible. — Nécessité d'une surveillance continue. — Système italien pour les digues du Pô. — Ses avantages.

Les désastres de 1840 viennent de se renouveler (1). C'est la Loire cette fois qui, rompant ses digues en plusieurs points, a jeté la désolation dans sa vaste et belle vallée. Les pertes seront considérables, et au moment où nous écrivons ces lignes, les populations sont encore dans la consternation. Il serait trop long d'énumérer en détail tous les malheurs que cette crue subite vient de causer; on en a lu le douloureux récit.

Une partie du village d'Andrezieux a disparu; à Roanne, les désastres sont plus grands encore, la Loire rompant au milieu de la nuit la digue qui défend une partie de cette ville, a emporté un grand nombre de maisons, envahi le canal, balayé les approvisionnements de houille qui se trouvaient sur

(1) Cette lettre et les suivantes ont été écrites au mois d'octobre 1846.

ses bords. Aux environs d'Orléans, de Blois, de Tours et d'une foule d'autres localités, le fleuve, surmontant les levées qui le contiennent, a roulé dans ses flots des hommes, des animaux, des débris de toute espèce, et transformé sa vallée en un lac immense.

Le bassin de l'Allier, aux environs de Vichy et de Montluçon, le département de l'Ardèche et une partie de ceux du Gard et de la Lozère, ont été également atteints par le fléau.

Il faut avoir assisté à ces désastres pour s'en faire une juste idée. La plume est impuissante à les retracer. Le malheureux inondé n'a pas seulement pour consolation l'énergie que donne la lutte, car c'est une force surhumaine et en quelque sorte fatale qui renverse sa maison et ravage ses champs. Le soir, il s'endort heureux et tranquille, demain, il se réveillera ruiné et sans asile.

Nous disions tout-à-l'heure que la crue de la Loire nous rappelait les désastres de 1840. A cette époque, chacun s'en souvient, ce fut le tour du bassin du Rhône. Ici encore les pertes furent immenses ; elles se sont plusieurs fois renouvelées depuis, à peine sont-elles réparées aujourd'hui.

Quand on consulte l'histoire de toutes les grandes vallées, depuis deux siècles, on voit apparaître le fléau des inondations à des époques de plus en plus rapprochées les unes des autres. Les crues devien-

non-seulement plus fréquentes, mais encore plus élevées et plus terribles. C'est ainsi qu'en 1840 le Rhône atteint une hauteur inconnue jusqu'alors, et que la crue qui vient de désoler la vallée de la Loire dépasse celle de 1789, non-seulement en élévation, mais encore en rapidité, car à Orléans ce fleuve s'est élevé de plus de cinq mètres en vingt-quatre heures. Il semble que l'ancien équilibre qui réglait jadis le volume de nos fleuves est à jamais rompu, et que les pluies, au lieu de répandre sur le sol leur action bienfaisante et paisible, ne donnent plus naissance qu'à des torrents destructeurs.

Un tel état de choses mérite l'attention sérieuse du gouvernement et du pays. Sans doute lorsque le fléau survient, le dévoûment et les lumières des autorités ne font pas défaut, la charité s'émeut, et quelques misères sont momentanément soulagées, mais cela ne suffit pas. Nous n'hésitons pas à le dire : les inondations, par leur nombre, par l'importance des dommages qu'elles causent, sont devenues depuis quelques années un fait considérable, qu'il n'est plus possible de négliger. Il faut rechercher pourquoi elles deviennent plus fréquentes et plus terribles, et s'il n'existe pas un moyen, quel qu'il soit, de se prémunir en partie contre elles. A une époque de paix et de prospérité matérielle, où toutes les sources de la fortune publique sont soigneusement recherchées, des populations intéressantes par leur nombre et leur importance, ne doivent pas être abandonnées à leurs seules forces en face du fléau qui les menace sans cesse. D'ailleurs il s'agit ici des parties les plus riches et les plus fertiles du territoire.

On a répété à satiété, depuis quelques années, qu'il fallait attribuer la cause principale de ces inondations terribles et fréquentes au déboisement des montagnes, et que le remède le plus efficace serait de couvrir d'une épaisse végétation leurs flancs dénudés. Sans doute, le déboisement a une influence incontestable sur ces phénomènes, et il n'est pas douteux que nos fleuves reprendraient leur cours paisible, si d'un coup de baguette nous pouvions faire surgir les bois séculaires de l'antique Gaule. Mais on ne peut se le dissimuler ; jusqu'à présent, du moins, ce n'est pas là un remède pratique, et s'il fallait attendre que les contrées montagneuses fussent reboisées pour protéger nos vallées, les malheureux riverains devraient se résoudre à essuyer encore bien des désastres. Nous croyons donc que, sans méconnaître toute l'importance du reboisement, problème non encore résolu, et qui soulève d'ailleurs d'innombrables difficultés, il faut en venir de suite à des moyens plus réalisables.

La plupart des grands désastres qui accompagnent les crues des fleuves, ont pour cause immédiate la rupture des digues qui défendent une partie de leurs vallées; c'est ainsi qu'en 1840, l'immense plaine qui s'étend de Beaucaire à la mer, sur une superficie de 43,000 hectares, fut envahie et cruellement ravagée par le Rhône, après la rupture des levées aux environs de cette ville. Un fait analogue vient de se passer près de Roanne et d'Orléans. C'est la rupture des digues insubmersibles qui défendent les fertiles campagnes de la Lombardie des débordements du Pô, qui jette parfois la désolation et la ruine dans cette partie de l'Italie. Quelques personnes en ont conclu que les levées insubmersibles étaient plutôt nuisibles qu'utiles; qu'au lieu de s'opposer à l'expansion du fleuve et de chercher à le contenir au-dessus des campagnes comme dans un vase, il serait plus prudent et plus sage de le laisser s'étendre dans toute la largeur de sa vallée, en se bornant à modérer sa vitesse. Le fait est, qu'une inondation n'est désastreuse qu'autant que les eaux envahissent les campagnes avec une rapidité assez grande pour raviner les terres, les couvrir de sable ou de gravier, abattre les habitations ou déraciner les arbres. Toutes les fois que l'irruption a lieu peu à peu, paisiblement et sans vitesse, les eaux, au lieu de ruiner le sol, le couvrent d'un limon fécondant.

Aussi, peut-on dire avec vérité, que la défense rationnelle d'une vallée ne consiste pas tant à empêcher la submersion qu'à la diriger, à l'organiser par un système quelconque d'ouvrages défensifs, de manière à la rendre plutôt utile que nuisible.

D'ailleurs, il y a un avantage inappréciable à laisser le fleuve s'étendre ainsi sur de vastes surfaces, c'est de s'opposer à l'exhaussement progressif du lit, exhaussement qui ne tarde pas à se manifester d'une manière très-sensible dans un fleuve complètement encaissé. C'est ainsi que le lit du Pô se relève continuellement, ce qui rehausse d'autant ses grandes crues et rend la défense de sa vallée plus difficile et plus chanceuse. Sous ce rapport, la partie inférieure du bassin de ce fleuve se trouve dans une situation fort critique et fort inquiétante ; on ne voit pas où s'arrêtera cet exhaussement, et quand on tourne les yeux vers l'avenir, on ne peut se rendre compte de la manière dont la Lombardie pourra être défendue, dans quelques siècles, à moins que l'industrie humaine ne découvre des moyens plus puissants que ceux qu'elle possède aujourd'hui.

Il paraît donc qu'on ne doit construire sur les grands fleuves des levées insubmersibles qu'avec une extrême réserve, et qu'il faut toujours préférer, quand toutefois ce sera possible, une submersion réglée et paisible à une défense qui pourrait paraître, au premier abord, plus complète.

Je dis, quand ce sera possible, car il arrive souvent qu'une levée insubmersible est indispensa-

ble : soit parce que la disposition de la vallée est
telle qu'on ne pourrait pas organiser une submersion paisible lors des crues sans la supprimer entièrement, soit parce que les territoires qu'il s'agit de
défendre renferment des habitations nombreuses
et quelquefois des cités entières pour lesquelles
une inondation, même sans vitesse, présenterait
toujours de grands inconvénients. Il ne peut donc
y avoir à cet égard de système absolu, et ce n'est
qu'après une étude attentive de chaque partie d'un
fleuve qu'on pourra fixer nettement ses idées sur les
meilleurs moyens de défense à employer.

Quoiqu'il en soit, qu'on adopte des digues insubmersibles ou qu'on se borne à diriger et à modérer
la submersion, il sera indispensable d'exercer la
surveillance la plus active et la plus continue sur
l'état des ouvrages défensifs. Ce qui cause aujour-
d'hui une partie des désastres dont nous sommes
témoins, c'est que, dans l'état actuel de la législation, malgré les soins continus, le zèle si grand et
si infatigable de l'administration, l'entretien et la
surveillance de la plupart des levées de défense ne
peuvent être qu'insuffisants ; cet entretien et cette
surveillance sont, en effet, presque toujours placés
entre les mains d'associations de propriétaires appelés syndicats qui, chaque année, doivent s'imposer une cotisation. Or, il arrive le plus souvent que,
par un esprit d'économie mal entendu, les syndi-

cats ne font que de faibles dépenses, laissent dépérir peu à peu l'ouvrage défensif qui leur est confié et s'endorment sur le péril. Ce n'est que le jour de la crue qu'ils s'aperçoivent du danger, mais alors il n'est plus temps.

Dans ce système, la surveillance est aussi incomplète que l'entretien. C'est surtout en temps de crue que cette surveillance est indispensable ; car tout le secret de la résistance d'une levée insubmersible c'est qu'elle ne soit point surmontée, dépassée par l'inondation. Or, lorsque celle-ci est à sa limite, quelques hommes peuvent suffire pour empêcher un tel effet, en construisant à la hâte des bourrelets ou rehaussements provisoires.

Dès que le fleuve s'élève et menace d'une inondation, chaque digue de défense devrait donc être en quelque sorte gardée à vue et avoir une troupe permanente de travailleurs. Nous ne croyons pas nous tromper en disant qu'il est très-peu de syndicats qui prennent ces précautions, cependant si simples et si peu coûteuses en face des pertes immenses qu'occasionnent les inondations. Mais hâtons-nous de le reconnaître, un tel état de choses doit être uniquement attribué à une législation imparfaite ; le zèle des administrateurs n'y est pour rien.

En Italie, sur les rives du Pô, où l'entretien et la surveillance des digues de défense sont arrivés en quelque sorte à la perfection, car il s'agit ici du salut du pays, il existait autrefois, comme aujourd'hui en France, des syndicats locaux. Chaque syndicat avait une section de digues qu'il devait entretenir et défendre à ses frais. Mais, après une longue expérience, on a fini par abandonner ce système, comme vicieux et peu efficace en pratique, pour lui substituer une organisation plus simple, et qui consiste à charger l'état de l'entretien et de la surveillance des digues, suivant des bases et des mesures uniformes. Le trésor public se rembourse des dépenses que nécessite ce service particulier par un impôt spécial levé sur toutes les propriétés intéressées.

En agissant ainsi, on a pu centraliser, pour toute l'étendue d'une grande vallée, l'entretien et la surveillance des ouvrages défensifs, les exécuter suivant des dimensions uniformes, en ne tenant compte que des intérêts généraux et en s'élevant au-dessus de tous ces intérêts particuliers et secondaires qui entravaient les rouages trop compliqués de l'ancien système des syndicats. Chaque ligne de digue a été confiée aux soins d'un ingénieur en chef et divisée par arrondissement. Chaque arrondissement est dirigé par un ingénieur ordinaire, et subdivisé en un certain nombre de sections à chacune desquelles on a attaché un surveillant permanent dont l'habitation est située dans le voisinage de la section. Ce surveillant visite et répare sans cesse la portion de digue qui lui est confiée, comme font les cantonniers sur nos routes.

On distingue, d'ailleurs, deux sortes de surveillances pour les digues de défense : la garde ordinaire et la garde extraordinaire.

La garde ordinaire a lieu, comme nous venons de le dire, à l'aide des surveillants et de l'inspection permanente des ingénieurs ; elle dure tant que le fleuve ne s'élève pas au-dessus de son niveau ordinaire.

Mais dès que ce dernier dépasse un repère fixé d'avance (*segno di guardia*) et menace d'une crue, la garde extraordinaire commence. On dispose alors, à cent cinquante mètres de distance environ les uns des autres et sur la crête des digues, des corps-de-gardes en planches où s'établissent des surveillants en nombre suffisant. Des rondes permanentes ont lieu d'un corps-de-garde à l'autre ; en sorte que l'étendue entière des digues est constamment visitée. Chaque corps-de-garde est éclairé pendant la nuit, et les pouvoirs les plus étendus sont d'ailleurs accordés soit aux ingénieurs, soit aux autorités locales, pour requérir des populations les moyens de défense les plus actifs et les plus puissants. Des magasins spéciaux, fournis de tous les outils et matériaux qui peuvent être nécessaires, ont été disposés de distance en distance sur toute la longueur des digues.

Si la crue est menaçante, la population entière se met sur pied, les soldats des garnisons voisines arrivent à la hâte, les ordres et les sommations s'expédient dans toutes les communes pour requérir les hommes valides ; le tocsin sonne, les gardiens environnés de soldats vont et viennent dans toutes les directions et tiennent en éveil les hommes de garde. L'ingénieur est alors dans son grand jour de bataille et ses ordres arrivent et se succèdent avec une grande rapidité, grâce à ces postes fixes placés à peu de distance les uns des autres et qui servent comme de télégraphes.

A l'aide d'un semblable système on est parvenu en Lombardie, sinon à éloigner tout danger, au moins à diminuer, dans une énorme proportion, les désastres qui signalaient autrefois l'imparfaite organisation des syndicats.

Nous ne pensons pas que l'adoption d'un système semblable sur nos fleuves les plus importants et les plus redoutables puisse soulever d'objections sérieuses. Nous croyons au contraire qu'on arriverait ainsi à d'excellents résultats sur le Rhône, la Loire, la Garonne, la Saône. En supprimant les syndicats non-seulement on rendrait l'administration plus simple, mais encore on n'ajouterait pas aux charges du trésor, si une loi autorisait l'administration à

percevoir une taxe spéciale à cet effet. Si d'ailleurs
les propriétaires étaient obligés à faire ainsi des
dépenses un peu plus fortes qu'aujourd'hui, ils en
seraient largement récompensés par une plus grande
sécurité contre le redoutable fléau qui les menace.
Cette organisation serait d'une application d'autant
plus facile qu'elle existe aujourd'hui en partie sur
quelques points de nos fleuves. C'est ainsi que sur
le Rhin l'état exécute depuis longtemps des digues
défensives aux frais du trésor, et que le règlement
que nous avons cité pour la garde ordinaire et
extraordinaire des digues est en vigueur pour quelques associations du bas Rhône ; mais l'application de ces principes devrait être généralisée et ré-
gularisée.

LETTRE X.

Des inondations et des moyens de les prévenir. (Suite.)

Fondation d'une commission pour le reboisement, les rigoles de niveau. — Avantages et utilité de ce système. — Il a été employé avec succès dans la Nièvre et dans les Vosges. — Estimation des dépenses qu'il exige. — Difficultés qu'il soulève au point de vue pratique et légal.

Je vous disais, monsieur, dans ma lettre précédente, que le reboisement, qui est incontestablement le moyen le plus énergique pour éloigner les inondations, n'était pas, pour le moment du moins, un remède pratique, et que cette vaste et difficile question exigeait encore de longues recherches pour arriver à maturité ; c'est une raison de plus pour l'étudier avec ce soin et cette constance qui seuls peuvent faire découvrir une solution satisfaisante à des problèmes de cette importance. Vous savez que vers la fin de l'année dernière une commission a été instituée à cet effet par M. le ministre des finances, et qu'elle compte dans son sein de hautes lumières. Il faut espérer qu'en face de ces nouveaux désastres les résultats des travaux de cette commission ne se feront pas attendre. D'après le rapport au roi qui l'a organisée, le but auquel on tend avant tout c'est d'empêcher la dénudation du sol, la formation des torrents destructeurs et la dévastation des vallées. Mais le reboisement n'étant pas le seul moyen qu'on peut employer, il nous semble que la commission officielle devrait porter son attention sur tous les autres remèdes qui pourraient être proposés, en choisissant, sans toutefois perdre de vue l'objet principal de sa mission, ceux qui seront les plus simples et les plus immédiatement réalisables. Car encore une fois le temps presse, il faut agir en face de toutes les souffrances dont nous sommes témoins.

Parmi les communications qui ont été faites à la commission, il en est une qui mérite une attention sérieuse, plusieurs personnes ont proposé, pour diminuer le ravage des crues et changer l'action dévastatrice des eaux pluviales en une influence fécondante, un procédé aussi simple qu'ingénieux employé depuis longtemps avec succès dans le département de la Nièvre.

Ce procédé consiste à modérer la descente des eaux pluviales dans les plaines, en les détournant des thalwegs ou plis de terrains dans lesquels elles tendent à se réunir pour les diriger, au contraire, en pentes douces sur les flancs des coteaux au moyen de petits fossés, bourrelets ou sillons presque horizontaux, creusés sur ces flancs. Ces fossés répartissent, versent peu à peu, et le plus également possible le produit des pluies sur de grandes surfaces de terrains que l'on met en herbe, et où les eaux, laissant leur limon, se divisent, s'étendent doucement sans affecter dans leur chute un cours déterminé.

De cette manière, la descente des eaux pluviales serait non-seulement ralentie, mais encore elles arriveraient dans les plaines en bien moins grande quantité. La descente serait ralentie; car les eaux, au lieu de couler suivant les lignes de plus grande pente, avec un volume progressivement croissant, suivraient des rigoles, à petite section, à faible déclivité, retardées de mille manières par les contours de ces rigoles, les tiges et les touffes des plantes. On comprend aussi facilement que la quantité d'eau absorbée par le sol et les plantes serait plus considérable qu'aujourd'hui, et par suite, le volume arrivant jusque dans les plaines, bien moindre.

On a présenté ce moyen, non-seulement comme capable d'amortir les crues, mais encore de féconder, par le colmatage et l'irrigation, les flancs des coteaux déboisés. En effet, à l'aide de ces rigoles, le cultivateur pourra retenir sur son terrain ce qu'on appelle les *elats*, c'est-à-dire les engrais ou limons végétaux enlevés par les eaux à la superficie des terrains supérieurs. Or, on sait combien ces limons sont fécondants et précieux, même en quantité minime; il pourra tout aussi facilement organiser un système d'irrigation à l'eau pluviale, dont l'expérience prouve toute l'efficacité, efficacité bien plus grande qu'on ne le suppose communément. Ces irrigations, en effet, prolongent en quelque sorte la durée de chaque pluie, et peuvent suffire, dans le centre et dans le nord de la France, pour entretenir des prairies permanentes.

Il est certain que ce moyen est employé depuis longtemps avec succès dans le département de la Nièvre. Un cultivateur de cette contrée, M. Mathieu, a créé ainsi une grande superficie de prairies et d'herbages sur des terrains très-inclinés en y creusant simplement des fossés presque de niveau pour recueillir et diriger les eaux pluviales. Un habile forestier, M. Eugène Chevandier, a fait dans les Vosges une opération qu'on peut rapporter aux mêmes principes, et qui a été couronnée d'un plein succès. Dans le but de hâter la croissance des bois sur les flancs d'une montagne, il a partagé le sol en zones de 12 à 15 mètres de largeur par des fossés horizontaux et sans issue. il a ainsi obtenu, pour des sapins de différents âges, des pousses plus que doubles de ce qu'elles étaient sur des terrains secs de même nature et où les eaux glissaient sans être recueillies.

D'ailleurs, tout le monde comprend facilement que si dans la partie supérieure du bassin d'un torrent, loin des berges vives, on dérive les eaux pluviales par une multitude de fossés en les détournant de leur cours naturel, le torrent ne tardera pas à devenir moins redoutable, à s'éteindre en quelque sorte, puisque son lit ne recevra directement qu'un volume bien moindre. C'est la maxime *principiis obsta* mise en pratique.

Le détournement des eaux pluviales pourrait parfaitement s'allier au reboisement et suppléerait à ce dernier toutes les fois que son adoption serait impossible ou trop coûteuse. Quelle que soit en effet l'efficacité qu'on accorde au reboisement pour modérer les crues, éteindre les torrents, on ne peut songer sérieusement à l'appliquer à tous les terrains en pente dégradés par les pluies. Il faudrait pour cela refaire la Gaule au xixe siècle, anéantir souvent des cultures précieuses, diminuer dans une forte proportion les ressources alimentaires du pays. C'est pour ces terrains que la dérivation des eaux pluviales sera d'un précieux secours. Il n'y a rien de dangereux, en pratique surtout, comme les idées systématiques et absolues, dans l'importante question dont il s'agit ici : c'est seulement en alliant tous les moyens qu'on parviendra à un résultat satisfaisant. Sur une superficie donnée de terrain, les frais d'exécution pour la dérivation des eaux pluviales seraient d'ailleurs bien moindres que pour le reboisement.

C'est ainsi que M. Soulange Bodin estime en

pays de plaine, et par hectare, un semis de chêne à
148 francs, et un semis résineux à 155 francs, s'il
est exécuté sur toute la superficie, et à 95 francs,
seulement s'il est fait par bandes parallèles d'un
demi-mètre de largeur avec bandes incultes intermédiaires d'un mètre. La dépense du système de
dérivation paraît devoir être beaucoup plus faible
et ne pas dépasser, dans les cas les plus défavo-
rables, 45 à 50 francs. Si l'on suppose des fossés
de 1 mètre de largeur, de 50 centimètres de profondeur, éloignés les uns des autres de 50 mètres,
la dépense ne serait que de 20 à 25 francs. M. Chevandier, dans l'opération dont nous parlions tout-
à-l'heure, a dépensé 40 francs par hectare; mais
ses fossés étaient espacés de 18 à 20 mètres, et leur
capacité était assez grande pour recueillir 190 mètres cubes d'eau pluviale par hectare. Ces fossés
pouvaient donc arrêter totalement sur les montagnes une pluie ayant une épaisseur d'environ 2 centimètres au-delà du volume absorbé naturellement
par le sol, par les tiges et les feuilles des plantes.

Vous voyez que la dérivation des eaux pluviales
pourrait devenir un moyen très-énergique et peu
coûteux pour régulariser le cours des eaux et rétablir l'équilibre détruit.

Mais je me hâte de le reconnaître, monsieur, il
y a ici une autre question que celle de la dépense,
c'est la possibilité légale de l'exécution, et je crois que

le morcellement de la propriété apporterait à cette exécution de sérieux obstacles.

Rien ne serait plus facile sans doute, que de creuser des rigoles de niveau si on avait à opérer sur un sol appartenant à l'État ou à un seul propriétaire. Mais sur un coteau divisé, morcelé à l'infini, comment fera-t-on? Faudra-t-il obtenir le consentement de tous les propriétaires, cela paraît impossible; faudrait-il les exproprier, ce serait bien coûteux.

On conçoit que lorsqu'il s'agit de reboisements, l'État puisse acquérir à très-bas prix de vastes surfaces improductives, et qu'il fasse les dépenses d'un reboisement dont il pourra plus tard tirer quelques fruits. Mais des champs cultivés et coûteux pourrait-il les acheter dans le seul but d'y creuser des rigoles ?

Décrèterait-on une loi spéciale pour obliger les propriétaires à creuser eux-mêmes ces fossés préservateurs? ce serait-là peut-être le seul moyen; mais beaucoup de gens ne manqueraient pas de présenter cette mesure comme une atteinte grave au principe de la propriété.

Il est donc indispensable que les personnes qui ont proposé ce procédé trouvent le moyen de résoudre toutes ces difficultés. Jusque-là ce n'est qu'une idée ingénieuse sans doute, mais exclusivement théorique.

LETTRE XI.

Des inondations et les moyens de les prévenir. (Suite).

Insuffisance de la charité privée pour cicatriser les plaies faites par les inondations. — Il faut des remèdes plus puissants et plus durables. — Difficulté du problème envisagé dans son ensemble. — La véritable science de l'hydraulique est encore à créer. — Nécessité de faire des observations. — On doit rejeter toute idée systématique. — Les causes des inondations sont multiples comme les remèdes à leur opposer. — Ancienneté du fait des inondations. — Application des principes précédents à la vallée de la Loire. — Récapitulation des remèdes à opposer aux inondations.

Nous assistons sans doute à un noble et touchant spectacle. A la nouvelle des affreux désastres qui viennent de désoler la vallée de la Loire, la charité publique s'est émue, et de pieuses offrandes arrivent de toutes parts. Mais créeront-elles des ressources suffisantes pour apporter aux inondés un véritable soulagement, pour relever la ferme détruite de fond en comble, rappeler la fertilité sur des champs désolés et couverts de sables arides? Nous voudrions le croire, mais nous en doutons. Les dommages causés par une inondation ne sont pas de ceux qui peuvent se réparer instantanément, même à l'aide des plus grands sacrifices. Il faut beaucoup de temps et de patience pour cicatriser de pareilles blessures. La crue de 1789, par exemple, ensabla le val d'Orléans, et ce n'est que huit ou dix ans plus tard, par un travail opiniâtre, qu'on parvint à rétablir cette plaine fertile dans son ancien état. Les sillons profonds creusés en 1840, se distinguent encore sur les champs inondés de la vallée du Rhône.

Il résulte évidemment de ce qui précède, qu'une sympathie éphémère n'est pas capable d'éloigner le fléau des inondations. Il faut mieux que cela, c'est-à-dire des soins incessants, des études longues et consciencieuses, et l'adoption, pour l'avenir, d'un système de défense qui prévienne de pareils malheurs (1).

Parmi les problèmes qui ressortent de l'art de l'ingénieur, il en est peu qui soient encore environnés d'autant d'obscurité et d'incertitude, que celui qui se rapporte au régime des grands cours d'eau. La véritable science de l'hydraulique, non pas celle qui se base exclusivement sur des hypo-

(1) On estime que les inondations de la fin de l'année 1846 ont anéanti un capital de 45 millions, savoir : 46 à 47 millions pour les voies publiques de tous les ordres, et 28 millions environ en pertes particulières. Que serait-ce si ces inondations au lieu d'arriver au mois d'octobre, c'est-à-dire entre les récoltes et les semailles, avaient eu lieu avant les premières? C'est par centaines de millions qu'il faudrait alors compter. Les secours créés par la charité publique ont atteint le chiffre de deux millions et demi, chiffre considérable déjà en lui-même, mais bien faible cependant si on le compare à l'étendue des pertes.

thèses plus ou moins arbitraires et se borne à la solution de quelques problèmes de géométrie, mais celle, au contraire, qui comprend l'étude des fleuves dans le sens le plus large et le plus pratique ; qui recherche la véritable nature de leur régime, la cause de leurs crues et de leur étiage ; qui compare la forme, l'étendue, la disposition, le climat du bassin à l'état ordinaire du cours d'eau ; cette science-là est, en quelque sorte, à créer encore.

Un fleuve avec son lit aux formes sinueuses et variées, avec les neiges qui couronnent la partie supérieure de son bassin, les sources, les pluies qui l'alimentent, les divers affluents qui lui apportent le tribut de leurs eaux, est une vaste et superbe machine réglée par des lois, très-compliquées sans doute, mais dont la découverte n'est cependant pas impossible.

Cette hydraulique nouvelle, la seule qui ait une véritable utilité sociale, doit uniquement se baser sur l'observation. Ce n'est qu'en entreprenant sur toute l'étendue d'un vaste bassin des expériences continues et régulières, qu'en recueillant des faits, qu'on parviendra à la créer. Depuis longtemps déjà les Italiens et même les Allemands nous ont devancés à cet égard, car leurs études hydrauliques portent un cachet plus pratique que les nôtres ; cela tient, pour les premiers du moins, à la position exceptionnelle, et sans cesse menacée, de leur territoire. Heureusement, que depuis quelques années, des travaux remarquables entrepris en France ont lancé la science dans cette voie nouvelle et féconde. On connaît les belles études de M. Dausse sur la variation du niveau des rivières et de la Seine en particulier. Depuis les désastres de 1840, il s'est créé à Lyon une commission scientifique qui a organisé des observations sur toute l'étendue des bassins du Rhône et de la Saône. Cette commission a déjà publié les premiers résultats de ses travaux ; il faut espérer que les savants dévoués qui la composent ne reculeront pas devant la grandeur de la tâche qu'ils ont entreprise.

Une des meilleures preuves du peu de progrès qu'a fait encore en France la science de l'hydraulique pratique, c'est l'idée systématique et absolue dans laquelle on se renferme, pour expliquer la plupart des faits qui ressortent de son domaine. Cette idée est *le déboisement* des montagnes.

Il nous semble qu'on serait plus vrai en admettant les deux principes suivants :

Premièrement : Que les causes des inondations sont multiples, que ces causes agissent avec plus ou moins d'intensité suivant les lieux, les climats, les fleuves divers ; que le déboisement, qui est l'une d'elles, ne saurait avoir une influence exclusive.

Secondement : que les remèdes à opposer aux

inondations doivent être multiples aussi et différents dans chaque cas particulier.

Parmi les causes des inondations et des désastres qui les accompagnent, on doit placer en première ligne :

1° Les pluies torrentielles et générales, les trombes, qui dans certaines occasions tombent à la fois sur toute la surface d'un vaste bassin, pendant un temps assez long pour gonfler tous les affluents ;

2° Une certaine combinaison mutuelle des affluents divers qui versent leurs eaux dans un grand fleuve. Quand cette combinaison concorde avec des pluies locales ou des fontes de neige, tous ces affluents peuvent encore grossir à la fois comme dans le cas précédent ;

3° Les encaissements, les exhaussements du lit, produits par les dépôts que le fleuve charrie ou les ouvrages d'art construits sur ses rives, les fontes instantanées d'amas considérables de neige ;

4° La disposition particulière, la forme géographique de certains bassins qui les rend plus aptes que d'autres à présenter de grandes crues.

Que le déboisement des montagnes soit de nature à activer l'effet de ces causes diverses, à stimuler leur énergie dans de certaines limites, on ne saurait le nier ; mais c'est là, il faut bien le reconnaître, un mal inévitable, à moins qu'on ne veuille couvrir de bois la surface entière d'un pays, ce qui est inadmissible.

Le déboisement ne peut être présenté comme une cause prépondérante que dans certains cas particuliers : lorsqu'il s'agit, par exemple, des petits torrents ; ici, en effet, le phénomène de la crue est des plus simples, il n'y a pas d'affluents, le bassin est soumis tout entier et en même temps aux mêmes influences climatériques. La crue, en un mot, ne dépend que de la descente plus ou moins rapide des pluies sur le flanc des coteaux. Mais decendez plus bas, dans un grand fleuve alimenté par des affluents qui sont eux-mêmes des cours d'eau compliqués, la question change entièrement. Ici, la crue ne dérive plus seulement de la descente plus ou moins rapide des eaux sur les flancs des coteaux, elle est soumise à des lois bien plus compliquées : elle dépend, par exemple, du temps que chaque affluent mettra pour arriver au récipient général.

Les crues de ces affluents peuvent être concordantes ou ne l'être point, en raison des longueurs parcourues, des pentes, des vitesses et d'une foule d'autres circonstances. Le produit plus ou moins considérable des sources, la direction et la force des vents, l'état calme ou agité de la mer vers l'embouchure, la constitution géologique du lit et du bassin, sont autant de causes qui viennent compliquer le phénomène, et troubler la loi élémentaire de la crue des simples cours d'eau.

Ce n'est donc pas en se renfermant dans une seule idée systématique et absolue qu'on parviendra à donner une explication satisfaisante des grandes crues des fleuves. Non, c'est en étudiant chacun d'eux en particulier, en se rendant compte d'une manière exacte et détaillée de toutes les influences qui agissent sur lui et constituent son régime.

Ce qui vient à l'appui de ce qui précède, c'est que les grandes crues ne datent pas seulement de l'époque du déboisement du territoire. L'histoire a gardé le souvenir de désastres qui sont évidemment antérieurs à ce déboisement. Ainsi en 580, s'il faut en croire les chroniqueurs, les vallées de la Saône et du Rhône furent témoins d'une inondation qui ne cédait en rien à celle de 1840. A différentes époques, c'est-à-dire en 884, 886, 1195, 1296, 1373, etc., la Seine déborde et fait de terribles ravages. La Loire inonde ses rives en 1567, 1608, 1609, et cause d'affreux malheurs. Pareille observation peut se faire encore sur des fleuves tels que le Rhin et le Danube dont les bassins sont loin cependant d'être déboisés.

Peut-être en réunissant tous les documents qui se rapportent aux diverses crues d'un fleuve, depuis que ces crues ont été signalées par les historiens, et en rapprochant ces phénomènes de l'étude attentive du bassin et du régime pourrait-on arriver à ce résultat : qu'il existe pour chaque fleuve une certaine périodicité dans les grandes crues et cette observation pourrait servir à découvrir les lois de ces dernières.

Sans m'arrêter davantage à ce point de vue tout scientifique et qui ne saurait être traité ici, je me contenterai de faire observer que le désastre dont la vallée de la Loire vient d'être le theâtre trouve son explication naturelle dans la réunion des causes multiples que je signalais tout-à-l'heure.

Cette crue a été évidemment causée par une pluie torrentielle, une véritable trombe qui est tombée, du 16 au 18 du mois dernier, dans toute la partie supérieure du bassin de ce fleuve, c'est-à-dire dans une zone allongée, elliptique, s'étendant en longueur de Mende à Auxerre, et en largeur des cimes des Cevennes bordant le Rhône aux montagnes de l'Auvergne. Or, il est remarquable que toutes les eaux tombant dans ce vaste espace se rendent naturellement dans l'Allier et la Loire. Ces deux grands cours d'eau, en effet, coulent depuis leur source jusqu'à Nevers à peu près parallèlement et présentent sensiblement la même longueur ; il est donc arrivé que chacun d'eux, étant grossi en même temps et pour ainsi dire d'une manière instantanée, a roulé dans la partie basse de la vallée *par deux crues concordantes* des masses d'eau énormes.

Les montagnes de l'Auvergne, du Forez et des Cevennes d'une part; l'Allier et la Loire de l'autre, formant, à partir de Saint-Flour et du Puy, cinq lignes sensiblement parallèles, une grande crue de la Loire arrivera infailliblement toutes les fois qu'une pluie générale et suffisamment abondante tombera en même temps dans toute la zone elliptique dont je parlais tout-à-l'heure. Cette disposition naturelle du bassin de la Loire est remarquable, et peut-être n'a-t-elle pas été suffisamment signalée jusqu'ici.

Pour que le reboisement eût dans un cas semblable une influence marquée, il faudrait, comme on le voit qu'il s'étendît sur une immense surface. Il est d'ailleurs douteux que les flancs même boisés fussent capables d'arrêter des pluies aussi violentes que celles qui sont tombées dernièrement dans la partie supérieure du bassin de la Loire.

Mais si les causes des inondations sont multiples et différentes, selon les fleuves et les climats, il en est de même des remèdes qu'on doit leur opposer. Ces remèdes ne peuvent rien avoir d'absolu, ils sont tous bons entre certaines limites. Dans l'état imparfait de la science, on peut les résumer de la manière suivante :

1° Pour les torrents, les petits cours d'eau supérieurs, ou plutôt les cours d'eau *élémentaires*, le reboisement des flancs dénudés, ou la création des rigoles de niveau.

Ces rigoles réussiront surtout sur les coteaux peu élevés, où toute trace de végétation n'a pas encore disparu, et où, en raison des cultures établies, il serait difficile de songer au reboisement. Ce dernier sera efficace sur les flancs plus dépouillés où la faible quantité de terre qui existe encore est mélangée à des cailloux, à des débris de roches, terrains à jamais perdus pour toute autre production que les bois.

2° Mais pour un grand fleuve, le moyen le plus efficace sera incontestablement l'étude et l'adoption d'un bon sytème d'endiguement bien approprié au régime et à la nature de la vallée. Soit que ce système ait pour but d'empêcher la submersion, soit qu'il se borne à la régler, à l'organiser par la destruction de tous les courants nuisibles Comme je l'ai déjà dit en effet, un sytème d'endiguement peut être conçu dans deux esprits : ou bien il tend à empêcher complètement la submersion, ou bien il permet au fleuve de s'étendre dans les plaines mais sans aucune vitesse, et de manière à ne déposer dans les champs inondés qu'un limon fécondant. Le premier système a l'avantage de protéger plus complètement les campagnes, mais il cause à la longue l'exhaussement du lit, effet désastreux, mal sans remède ; le second expose les champs cultivés à des submersions fréquentes , mais il ne compromet pas l'avenir. Lequel des deux faut-il choisir ? Cela dépend évidemment de la situation particulière dans laquelle on se trouve.

Quoi qu'il en soit , qu'on adopte l'un ou l'autre, il est indispensable d'apporter un grand esprit d'ordre et d'uniformité dans tous les travaux de défense d'une vallée. Il faut que ces travaux soient conçus dans un même but et le résultat d'un système scientifique bien étudié. Ce système ne peut être arrêté qu'après une étude générale comprenant toute l'étendue du bassin et en tenant compte de toutes les circonstances qui influent sur le régime. En Italie , lorsque les digues de défense du Pô étaient entre les mains des syndicats locaux ou des provinces, aucun système général n'était arrêté ; les levées n'avaient point de dimensions uniformes, tout se faisait à l'aventure , sans plans d'ensemble, sans directions concordantes et selon le caprice des autorités locales. Mais lorsque , par suite d'une centralisation complète , les syndicats furent supprimés et que toutes les digues se trouvèrent placées entre les mains des ingénieurs de l'état, on ne tarda pas à mettre ordre à cet état de choses. Un plan détaillé de tout le cours du Pô fut levé avec le plus grand soin , sur ce plan toutes les digues projetées ou déjà construites furent indiquées et coordonnées.

Puisqu'un fleuve avec son régime et son vaste cortége d'affluents est un système unique, pourquoi ne pas concevoir dans une pensée d'ensemble les travaux de défense qu'on doit lui opposer? De même qu'un canal ou qu'un chemin de fer ne sauraient se construire par tronçons séparés, on ne fera rien de logique, rien de stable tant que les divers travaux de défense élevés le long d'un fleuve ne seront point coordonnés dans un même esprit.

Mais il ne suffit pas d'élever un système de défense logique et approprié au régime du fleuve, il faut surtout protéger ce système lorsqu'il sera attaqué. Il faut organiser, comme en Italie, une surveillance permanente et des moyens d'action puissants quand survient la crue, cet épouvantail, cette épée de Damoclès suspendue sur la tête des riverains

A l'adoption d'un système d'endiguement, il faut donc joindre une surveillance qui ne laisse rien à désirer.

Pour arriver à ces deux résultats il me paraît indispensable, comme je vous le disais dans une lettre précédente, de supprimer, sur les grands fleuves du moins, les syndicats en chargeant l'état de la construction et de la surveillance des digues. Le

trésor s'indemniserait de ces dépenses à l'aide d'un
impôt spécial levé sur toutes les propriétés défen-
dues ; de cette manière on simplifierait les rouages
de l'administration, on éviterait tous les conflits
qui s'élèvent journellement entre ces associations
de propriétaires et qui nuisent presque toujours à
l'intérêt général. Cette mesure serait d'autant plus
naturelle que sur les grands cours d'eau le lit appartient à l'état.

Dans un système de surveillance à organiser lors
des crues, sur les rives d'un fleuve, peut-être faudrait-il comprendre l'établissement de télégraphes
à l'aide desquels on pourrait transmettre rapidement les nouvelles de la crue des parties supérieures de la vallée aux parties inférieures. De cette
manière il serait possible aux riverains de se préparer à la défense. Dans la dernière inondation de
la Loire, des estafettes ont bien été envoyées en
toute hâte, et elles ont été de la plus grande utilité ;
mais si les nouvelles avaient pu être transmises plus
rapidement, nul doute que les moyens de défense
eussent été plus énergiques.

Admettons une vallée dans laquelle les affluents
supérieurs seraient domptés par le reboisement ou
l'établissement des rigoles de niveau, une vallée défendue par un système d'endiguement rationnel,
uniforme, surveillé lors des crues sur toute la ligne,
et protégé à l'aide des moyens les plus énergiques ;

pensez-vous qu'une telle vallée serait le théâtre de fréquents désastres? — Sans doute des malheurs arriveraient toujours, mais ils seraient incontestablement moins fréquents qu'aujourd'hui.

Quoi qu'il en soit, il est urgent, il est indispensable de secourir, non pas temporairement, mais à l'aide de moyens permanents et certains, ces familles désolées qui, lorsque le fleuve se retire, rentrent tristement et sans secours au foyer humide et froid de leur demeure; car l'impitoyable fléau a tout enlevé : les provisions de l'hiver ont disparu; désormais l'étable est vide, les arbres déracinés gisent çà et là sur le sol inculte, et il ne reste au seuil que le désespoir et la faim.

LETTRE XII.

De quelques systèmes nouveaux pour prévenir les inondations.

Les travaux défensifs actuels n'ont entre eux aucune harmonie. — Ils n'ont pas été construits d'après un système étudié et arrêté d'avance. — Il faut étendre les études sur toute la surface des bassins. — Les grandes crues proviennent surtout de la simultanéité des crues des affluents. — Moyen de détruire cette simultanéité. — Organisation nouvelle des services d'ingénieurs. — Application à la vallée du Rhône.

Ce qui frappe surtout lorsqu'on jette les yeux sur les travaux défensifs construits sur les rives de nos fleuves, c'est leur défaut d'uniformité et d'harmonie.

Nulle part ces travaux ne sont le résultat d'un système étudié, arrêté d'avance, d'après la nature et le régime des cours d'eau. Ce sont de simples tronçons de digues submersibles, ou non, tantôt isolés, tantôt réunis, suivant les alignements les plus bizarres.

Les besoins de localités particulières ou de propriétaires isolés, se succédant à de longs intervalles, et souvent au hasard, ont seuls présidé à cette construction successive et morcelée.

C'est là un grand vice et la cause la plus active des désastres que l'on déplore aujourd'hui. Il provient de ce qu'on n'a pas apporté jusqu'ici une attention assez sérieuse à ces importants travaux.

Comme je vous le disais dans ma dernière lettre, monsieur, un fleuve avec son régime et son vaste cortége d'affluents étant un système unique, il est indispensable de coordonner les travaux construits sur les rives avec ceux qui s'exécutent dans le lit de ses principaux affluents.

Il faudrait donc étudier le bassin dans toute son étendue, se rendre compte de la manière dont les eaux pluviales s'écoulent par les affluents divers, quelle quantité glisse à la surface pour être emportée avec des vitesses variables dans le lit principal.

C'est l'arrivée simultanée des affluents dans ce lit principal qui produit les grandes crues : détruire cette simultanéité, ou du moins la rendre plus rare, ce serait incontestablement le moyen le plus énergique, ce serait attaquer le danger dans sa source même (1).

Peut-être ne serait-il pas impossible d'arriver à ce résultat par des travaux bien combinés.

Ainsi, en créant des réservoirs dans les parties supérieures de quelques affluents, ou en leur fai-

____

(1) L'observation prouve en effet que le maximum des plus hautes crues ne dure que quelques heures, et qu'il suffit souvent d'une sur-élévation de quelques centimètres pour détruire un grand nombre d'ouvrages défensifs.

sant décrire de grandes sinuosités, on pourrait retarder leur arrivée dans le lit principal, tandis qu'on accélèrerait l'arrivée de quelques autres par des redressements, des rétrécissements de lits, des endiguements.

Si les affluents qui arrivent aujourd'hui les premiers étaient ainsi *accélérés*, si ceux qui arrivent les derniers étaient au contraire *retardés*, nul doute que la simultanéité ne pût être détruite dans certaines limites.

Remarquez d'ailleurs que les réservoirs qui seraient construits pour retarder l'arrivée de quelques affluents, pourraient être employés facilement à l'irrigation de vastes surfaces, en même temps qu'on se rendrait maître des cours d'eau, on utiliserait leur volume.

Pour mettre ces principes en pratique, l'administration devrait faire étudier pour chaque bassin de grand fleuve un système complet de défense et de régularisation. Pour chacun de ces fleuves elle déterminerait quels sont les affluents principaux ou secondaires qui, capables d'influer sur le régime, devraient en faire une partie intégrante, être réglementés en même temps que lui. Cette liste d'affluents une fois arrêtée, ils seraient *tous ainsi que le fleuve principal soumis à un même service spécial d'ingénieurs*.

Aujourd'hui, il existe des services spéciaux sur

tous nos fleuves importants : le Rhône, la Loire, la Garonne, le Rhin, la Seine, la Saône; il suffirait dès lors d'étendre leur juridiction.

Chaque service lèverait des plans généraux comprenant, non-seulement la vallée, le fleuve principal, mais encore les affluents, et c'est sur ces plans que les systèmes combinés de défense et de régularisation seraient arrêtés dans une vue d'ensemble et d'avenir.

Nous disons à dessein, *systèmes* et non pas *projets*, car dans cette première étude d'ensemble, il ne serait pas possible d'arrêter ces projets particuliers qui, sur les cours d'eau, sont toujours variables suivant les lieux et le temps à cause des changements continuels du lit.

Mais si l'on ne peut projeter tout d'un coup et en détail ces travaux défensifs, rien ne s'oppose à ce qu'on arrête d'avance des systèmes et des méthodes quand on a une connaissance exacte du régime du fleuve. Rien ne s'oppose à ce que l'on détermine pour chaque partie du cours d'eau, la nature, les dimensions, la forme des ouvrages défensifs et la manière dont ils devront être exécutés.

Si l'administration possédait ainsi pour chaque bassin des systèmes généraux arrêtés d'avance, elle pourrait concilier l'uniformité des ouvrages avec la diversité des lieux et des circonstances.

Prenons le Rhône pour exemple :

Le service spécial de ce fleuve devrait s'étendre non-seulement sur tout son cours; mais encore sur ses principaux affluents, tels que la Saône et les affluents principaux de cette rivière, l'Ain, l'Isère, le Doubs, la Drôme, l'Errieux, le Roubion, l'Ardèche, la Durance, l'Aigues, le Gardon. Pour chacun de ces affluents du premier ou du deuxième ordre, l'administration déterminerait le point à partir duquel jusqu'à leur embouchure, ils feraient une partie intégrante du fleuve principal.

Chaque cours d'eau serait étudié en détail; un système de défense ne serait arrêté pour l'un d'entre eux qu'après avoir été coordonné avec ceux de tous les autres. Il va sans dire que les ouvrages défensifs existants déjà, devant être conservés, cette condition serait la première à laquelle les systèmes admis devraient être soumis.

Probablement quelques-uns de ces affluents, tels que le Doubs, l'Errieux, l'Ardèche, le Roubion, pourraient être domptés en partie ou plutôt retardés dans leur arrivée au fleuve principal, par des barrages supérieurs, la création de réservoirs.

L'arrivée de quelques autres, tels que la Drôme, la Durance, le Gardon, serait au contraire accélérée par des endiguements exécutés en partie déjà. Quant à la Saône, elle devrait être étudiée à part, attendu qu'elle est elle-même un cours d'eau du premier ordre.

Peut-être pourrait-on étendre ainsi la juridiction des services spéciaux des grands fleuves sans accroître outre mesure leur personnel. Il suffirait pour cela de consulter sur tous les projets d'ouvrages défensifs que les ingénieurs d'arrondissement exécutent aujourd'hui, les ingénieurs placés à la tête des services spéciaux. Un système analogue a déjà été employé pour l'entretien de certaines routes royales, entretien dans lequel il était nécessaire d'apporter de l'ensemble et de l'uniformité pour les méthodes employées (1). C'est donc là une chose déjà consacrée par l'expérience.

Si l'administration jugeait cette idée utile, il suffirait pour la réaliser de faire ouvrir immédiatement un crédit qui permît 1° de réorganiser les services spéciaux d'après le nombre et l'étendue des bassins généraux entre lesquels le territoire entier du royaume se trouverait divisé; 2° de donner aux études opérées sur toute l'étendue de ces bassins un degré suffisant de généralité et d'uniformité.

(1) L'entretien de la route royale n° 7, de Paris à Antibes, est soumis à une administration analogue de Lyon à Marseille.

LETTRE XIII.

De quelques systèmes nouveaux pour prévenir les inondations. (Suite).

———

Système de M. Polonceau. — Son efficacité. — Calcul des dépenses qu'il nécessiterait.

———

A l'appui des idées générales que j'ai eu l'honneur de vous exposer dans ma lettre précédente, il me serait facile, monsieur, de vous citer l'opinion d'un grand nombre d'ingénieurs. M. Polonceau entr'autres vient de publier une brochure que je me propose d'analyser ici, car c'est un travail remarquable par la nouveauté et la hardiesse des vues qu'il renferme.

M. Polonceau commence par reconnaître que le reboisement *doit être considéré comme un moyen purement secondaire.* Son application sur de vastes surfaces étant généralement lointaine, très-coûteuse, sinon impossible.

Il y a selon lui une autre cause aux grandes crues : cause toute récente et peut-être beaucoup plus influente que le déboisement. « *Elle consiste dans les progrès de la culture par suite desquels on a commencé à rectifier et à régulariser le cours des ruisseaux et des petites rivières, et l'on a fait de nombreux fossés d'assainissement sur les plateaux et dans les terrains où les eaux jadis stagnantes qui s'infiltraient alors lentement dans le sol, arrivent maintenant rapidement aux ruisseaux et aux rivières. »*

Cette cause devenant de plus en plus puissante à mesure que les procédés de culture se perfectionnent, on doit s'attendre *« à voir des débordements futurs plus fréquents et plus considérables encore que ceux dont a déjà éprouvé si cruellement les effets. »*

M. Polonceau croit, comme nous, que ce n'est point seulement dans le lit ou immédiatement sur les rives qu'il faut chercher le remède des inondations, mais qu'il faut remonter plus haut et dans toute l'étendue du bassin.

« Pénétré de cette pensée, dit-il, je me suis appliqué à rechercher les moyens d'arrêter temporairement une partie des eaux des affluents sur les pentes supérieures et dans les vallons où leurs courants commencent à se former, pour diminuer le plus possible l'abondance et la simultanéité d'arrivée des crues partielles des ruisseaux et des petites rivières dans les grands bassins. »

Pour arriver à ce résultat, il propose trois moyens : 1° le premier, c'est l'établissement des rigoles de niveau dont je vous ai déjà parlé dans une lettre précédente.

Le second moyen qui est applicable spécialement aux fonds des gorges et petits vallons, des terrains montueux, consiste à y établir à l'aide de barrages en travers placés à leurs étranglements, des réservoirs, soit permanents comme de petits étangs , soit plutôt et la plupart du temps simplement temporaires, pour recevoir et retenir les eaux qui n'auront pas été arrêtées par les rigoles horizontales de leurs versants.

Ces réservoirs échelonnés dans les gorges et les vallons suivant les besoins, les facilités et les convenances locales, pourront être utilisés pour l'irrigation.

Le troisième moyen enfin , ne s'applique qu'aux terrains en pentes douces et particulièrement aux prairies qui se trouvent dans ce cas. Il consiste à les disposer en bassins de limonages qui servent à les niveler et à les relever progressivement , puis à augmenter beaucoup leurs produits et leur valeur par les dépôts que les eaux peuvent produire. C'est un procédé d'irrigation par submersion, au moyen d'inondations partielles réglées et volontaires.

Selon M. Polonceau, ces trois procédés devraient être employés concurremment dans la plupart des cas, mais ce qu'il y a surtout de remarquable. dit-il, c'est que ces moyens , qui sont les plus énergiques pour éviter les inondations , sont en même temps ce que l'on peut proposer de mieux pour multiplier et généraliser les trois modes suivants d'irrigation :

1° Par infiltration , à l'aide des rigoles de niveau ;

2° Par déversement à l'aide des réservoirs ;

3° Par submersion à l'aide des bassins de limonages, en sorte que par une coïncidence qui est un grand bonheur « *les moyens les plus sûrs et les plus efficaces pour remédier aux débordements, sont en même temps les meilleurs pour étendre et généraliser les bienfaits des irrigations.* »

Tel est dans toute sa généralité le système que l'on propose.

Étudions-le rapidement :

1° Au point de vue de l'efficacité qu'il pourrait avoir ;

2° Au point de vue de la dépense qu'il nécessiterait.

Considérons le bassin de la Saône que M. Polonceau prend pour exemple.

Ce bassin ayant une superficie totale de 2,980,000 hectares, il admet que sur ce nombre, il y a :

1° 200,000 hectares en fond de gorges ou de vallons ;

2° 300,000 hectares en fond de vallées et autres terrains en pentes très-douces ;

3° 2,000,000 hectares de terrains en pentes prononcées sur lesquels il sera possible d'établir les rigoles horizontales d'infiltration ;

4° 480,000 hectares enfin sur lesquels on ne pourra opérer utilement aucune retenue d'eaux pluviales.

EFFICACITÉ DU SYSTÈME.

Les rigoles de niveau à creuser sur les 2,000,000 d'hectares étant espacées de 66 mètres au maximum, leur longueur totale serait des 300,000 kilomètres et elles pourraient retenir 150 millions de mètres cubes d'eau à un demi-mètre cube d'eau par mètre courant ;

	Mètres cubes retenus.
Soit donc	150,000,000
On devrait établir 500 réservoirs dans les fonds des gorges ou des vallons en comptant un réservoir par 400 hectares, chaque réservoir pouvant en moyenne retenir un cube de 93,750 mètres, soit pour les 500 réservoirs, un cube total de	46,875,000
Enfin, pour les bassins de limonages, on doit supposer : que sur les 300,000 hectares de terrains en pentes douces des vallées, on ne soumettra au limonage que le sixième de la superficie, soit 50,000 hectares avec une épaisseur moyenne des nappes d'eau arrêtées, de 0,30, il en résultera une retenue de	150,000,000

Le volume total des eaux arrêtées lors des grandes pluies par l'emploi

simultané de ces trois systèmes sur toute l'étendue du bassin de la Loire, serait donc de 346,875,000
mètres cubes.

Pour apprécier quelle influence une semblable retenue pourrait avoir sur les grandes crues, il suffit de comparer son volume au débit de la Saône à Lyon. Or, ce débit a été dans les plus hautes eaux de 1845 de 161 millions de mètres cubes par vingt-quatre heures, et il s'est élevé jusqu'à 200,000 millions lors des inondations de 1840 et de 1843.

La puissance de la retenue serait donc égale à un jour et demi environ des plus fortes inondations. Il est incontestable que si l'on pouvait réaliser un semblable état de choses, les crues de la Saône seraient bien moins redoutables qu'aujourd'hui. Il faudrait pour produire des inondations aussi funestes que celles que nous avons eu à déplorer, une persistance dans les causes, dans les pluies générales, qui se rencontre très-rarement.

DÉPENSE.

Voici comment M. Polonceau estime les dépenses d'exécution :

Établissement de 300,000 kilomètres de rigoles, à 200 francs le kilomètre,　　60,000,000 fr.

Établissement de réservoirs,　　2,500,000

Établissement des bassins de li-
monages,   10,000,000

Total de la dépense,   72,500,000 fr.

Admettant ensuite que les dépenses afférentes à d'autres bassins soient sensiblement proportion-nelles à l'étendue de ces derniers, M. Polonceau arrive à poser les chiffres de 148,800,000 francs pour les quatre bassins réunis de la Seine, de la Loire, du Rhône et de la Garonne (1).

Ce qui porterait la dépense totale à 221,300,000 f.

Certes, monsieur, si à l'aide d'un semblable sa-crifice, quelque considérable qu'il soit d'ailleurs, il était possible de régulariser le cours de nos fleuves principaux, sans apporter dans les cultures établies une révolution fâcheuse, sans être obligé d'atten-dre un grand nombre d'années (comme l'éxigerait le reboisement), il faudrait bien se garder de le regretter.

Le pays ne se prépare-t-il pas à dépenser près de 300 millions, pour construire un chemin de fer de Paris à Lyon? 150 millions pour celui de Lyon à Avignon? Qui oserait dire que l'organisation gé-nérale de nos grands fleuves ne soit une œuvre au moins aussi utile et aussi productive?

Malheureusement il ne suffit point pour trouver

---

(1) La superficie totale de ces cinq bassins est environ de 35,000,000 d'hectares, en prenant le Rhône entre le lac de Genève et la mer, et la Ga-ronne sans la Dordogne.

la solution du problème de poser, comme nous venons de le faire avec M. Polonceau, des chiffres problématiques, et par cela même toujours contestables. Cette solution soulève en effet de très-grandes difficultés au point de vue de l'exécution des travaux.

LETTRE XIV.

Les routes et les chemins vicinaux.

———

Importance de la question des routes. — Les routes et les chemins de fer. — Répartition des transports entre ces diverses espèces de voies.

———

La proposition récemment faite à la Chambre des Députés, sur le déclassement des voies départementales, a ramené l'attention publique sur cette grande question des routes, un peu trop négligée peut-être depuis l'apparition des chemins de fer. Construire des routes ordinaires, c'est une idée peu brillante, au premier abord, incapable de séduire l'imagination, et qui paraît rétrograde depuis que la locomotive aux ailes rapides a pris son vol; cependant, nous n'hésitons pas à le dire, considérée dans son ensemble, il n'est peut-être pas d'œuvre plus féconde et plus nécessaire que le prompt achèvement de nos routes et de nos chemins vicinaux.

Lorsque les grandes lignes de chemin de fer seront construites, qui alimentera ces courants de circulation? Qui amènera au pied des débarcadères les flots d'hommes et de marchandises? Qui

fera pénétrer dans les coins les plus reculés, les plus
ignorés du territoire, les richesses, les lumières, les
bienfaits de la civilisation, si ce n'est un vaste réseau de routes royales et départementales, de chemins vicinaux? réseau, qui ayant une direction
presque toujours perpendiculaire à celle des chemins de fer, se réunira à ces derniers comme les
mille branches d'un arbre gigantesque s'unissent à
son tronc.

C'est en vain qu'on attendrait des chemins de fer
seuls cette communication incessante et rapide des
hommes et des choses qui, une fois établie sur tous
les points du pays, sera l'élément le plus puissant
du progrès. Cette communication, les chemins de
fer abandonnés à eux-mêmes, ne pourraient la
créer qu'entre les grands centres, qu'entre les villes
qu'ils traversent; hors de là, leur action s'arrête
bientôt, si elle n'est secondée par d'autres agents.

Qu'importe aux habitants des Hautes-Alpes ou
des Cévennes, que le Hâvre, Lyon et Marseille ne
soient qu'à quelques heures de distance, grâce aux
locomotives ou aux bateaux à vapeur, si ce courant
qui passe ne s'arrête d'intervalle en intervalle pour
leur jeter aussi un flot de lumière, une part de bien-
être. Les chemins de fer ne seront donc utiles et
productifs qu'à la condition d'être accompagnés
d'un réseau complet de routes et de chemins vicinaux; de là nécessité et justice d'activer autant

que possible l'achèvement de ces voies modestes.

Nous disons à dessein : justice! Parce que ce n'est qu'à l'aide des routes départementales et des chemins vicinaux promptement exécutés que vous ferez profiter les campagnes des sacrifices qu'elles s'imposent pour l'exécution des grandes voies de circulation perfectionnées. Qui paie, en effet, la plus lourde part de ces travaux construits par l'État, et livrés ensuite, soit au commerce, soit aux compagnies concessionnaires? qui a versé au trésor de quoi canaliser cette rivière, acheter ces terrains, élever ces remblais destinés aux chemins de fer, si ce n'est la population des campagnes?

La population des campagnes, qui s'élève aux quatre cinquièmes de la population totale, fournit aux villes les éléments de leur subsistance, recrute l'armée, et constitue la plus solide base de notre puissance et de notre force.

Les véritables travaux démocratiques ce sont les routes et les chemins vicinaux. C'est par eux que le sol se défriche, que la ferme s'unit au hameau, le hameau au village, le village à la ville voisine; eux seuls se ramifient dans tous les sens, pénètrent partout, sont accessibles à chaque instant, la nuit, le jour, pour le piéton, le cavalier, la voiture de l'agriculteur et du commerçant, du pauvre et du riche; sur eux seuls on circule, sinon avec une entière liberté, du moins sans péages et sans entraves.

Les routes sont aussi nécessaires à un pays, et surtout à un grand pays agricole, que les rues à une ville; c'est un élément de première nécessité, ce n'est que lorsque leur multiplicité et leur perfection ont déjà créé un certain degré de richesse et de travail que les chemins de fer ou les canaux sont véritablement productifs.

Il résulte de là cette conséquence : Que ceux qui appellent de tous leurs vœux les succès et la prospérité des chemins de fer doivent être aussi les premiers à réclamer le prompt achèvement des voies de terre.

Consultons les faits

S'il était possible de calculer la masse totale des produits et le nombre des voyageurs qui circulent annuellement, d'une part, sur les routes et les chemins vicinaux pris dans leur ensemble, de l'autre, sur les chemins de fer et les canaux, on aurait ainsi des nombres qui représenteraient assez fidèlement l'utilité relative de ces voies, attendu qu'il est assez naturel d'admettre que cette utilité est proportionnelle aux masses et aux voyageurs transportés sur chacune d'elles.

Un semblable travail a été fait, il y a une quinzaine d'années, dans le but de comparer les services rendus par les routes et par les canaux; et quoiqu'il ne puisse donner pour l'époque actuelle que des renseignements assez éloignés de la vérité, je le citerai cependant comme une première base.

D'après des calculs de MM. Chaptal et Dupin, coordonnés par M. Dutens dans son beau travail sur l'histoire de la navigation intérieure de la France, on peut admettre que le poids total des produits annuels s'élevait, pour toute l'étendue de la France, il y a seize ou dix-sept ans, à 173 millions de tonneaux.

Ce chiffre comprend les produits agricoles et industriels de toute nature, et ceux qui y entrent dans une plus forte proportion sont les céréales, les bois, les fourrages, les engrais, les matériaux de construction. Une partie de cette masse totale se consomme sur place, une autre partie subit des transports plus ou moins longs. On estimait la masse consommée sur place ou transportée seulement des champs à la ferme, ou de la ferme aux champs aux 73 pour 100 de la masse totale, en sorte que 46 millions de tonneaux seulement voyageaient sur les routes, les canaux et les rivières.

Sur ces 46 millions de tonneaux subissant ainsi un transport un peu considérable, 41 millions devaient être affectés aux routes, et 5 *millions seulement aux rivières et aux canaux.*

Ainsi donc, même en présence de ces derniers, qui sont cependant des instruments très-économiques pour le déplacement des matières pondéreu-

ses, les routes auraient absorbé, à cette époque, les 9 dixièmes de tous les transports du pays.

En consultant le même document, on reconnaît que dans les transports effectués sur les routes, ceux du petit roulage, ou ceux qui sont éxécutés par les voitures des campagnes, entrent pour la plus forte proportion, puisque sur ces 41 millions de tonnes dont nous parlions tout-à-l'heure 31 millions environ devraient leur être affectés, 10 millions seulement revenant au grand roulage.

A l'époque où nous sommes parvenus, ces chiffres sont bien éloignés de la vérité, sans doute : mais, quels qu'aient été depuis lors les progrès de l'agriculture et de l'industrie, les conséquences qu'on en pouvait tirer subsistent dans toute leur force ; et l'on peut regarder comme un fait hors de toute contestation que les routes de terre, et principalement les voies départementales et vicinales prises dans leur ensemble, absorbent l'immense majorité des transports du pays.

L'achèvement du réseau des chemins de fer, qu'on commence à peine, n'est nullement de nature à changer cet état de choses, à modifier cette répartition fondamentale dans la masse des transports, répartition qu'on ne doit jamais oublier, selon nous, si l'on veut rester fidèles aux vrais principes de la matière.

La longueur des chemins de fer construits s'élève,

comme on sait, à 1,415 kilomètres environ. Celle des chemins dont la construction paraît certaine, si ce n'est très-rapprochée, est de 3,246 kilomètres. Enfin, les chemins de fer que nous réserve un avenir assez éloigné sans doute, tels que ceux de Bordeaux à Cette, de Gray à Saint-Dizier, de Dijon à Mulhouse, de Chartres à Rennes, de Paris à Caen, etc., ont un développement de 2,000 kilomètres.

En sorte que l'on peut prendre pour le réseau complet une longueur de 6,661 kilomètres, ou si l'on veut 7,000 kilomètres pour tenir compte des embranchements dont il n'a pas été question et qui pourraient être exécutés en même temps. Eh bien, si l'on veut se faire une idée des masses que pourra transporter ce réseau futur, en admettant que nous soyons assez heureux pour le mener rapidement à bonne fin, que l'on suppose qu'après plusieurs années d'exploitation chaque kilomètre transporte annuellement un nombre de tonnes équivalant aux deux tiers de celui que voiture aujourd'hui le chemin de fer de Paris à Orléans, soit 1,100 tonnes par an et par kilomètre; il en résulterait pour la totalité du réseau 7,700,000 tonnes, ou le sixième environ du tonnage que représente l'ensemble de nos voies de terre, à peine le quart de ce que voiturent nos routes départementales et nos chemins vicinaux.

Ces faits, au reste, n'ont rien de surprenant ; il est tout naturel que les routes et les chemins vicinaux, dont le développement est incomparablement plus considérable que celui des autres voies perfectionnées, attirent à eux l'immense majorité des transports ; mais, s'ils n'infirment aucun des arguments que l'on peut mettre en avant pour la prompte exécution de ces derniers, ils établissent aussi les droits imprescriptibles de voies plus modestes, mais plus utiles encore peut-être.

Les calculs auxquels nous venons de nous livrer ne s'appliquent il est vrai qu'au transport des matières ; cependant il suffit de réfléchir un instant pour se convaincre que le nombre des voyageurs circulant sur l'ensemble des routes, dans un pays comme la France, sera toujours non seulement égal mais peut-être supérieur à celui des voyageurs circulant sur les chemins de fer.

Supposez en effet que le réseau de 7,000 kilomètres dont il était question tout-à-l'heure, ait atteint une circulation de 10,000 voyageurs par an et par kilomètre, ce qui est certes une moyenne très-élevée ; il en résulterait un nombre total de voyageurs de 70 millions par an. Or, croyez-vous que dans un pays de 35 millions d'habitans le nombre total de voyageurs circulant sur toutes les routes ne soit pas annuellement supérieur à 70 millions ?

D'ailleurs la majeure partie des voyageurs qui fréquentent les chemins de fer ne sont-ils pas obligés d'emprunter les routes sur une certaine longueur? Au reste, monsieur, ne vous méprenez pas sur le sens de mes paroles, je pense avec tout le monde que les chemins de fer sont un admirable instrument de force, de richesse, de progrès moraux et matériels; mais ne faut-il pas faire à chacun sa part, et accorder à chaque question le degré d'importance qu'elle mérite?

LETTRE XV.

Statistique des routes et des chemins vicinaux.

Évaluations des travaux exécutés déjà et de ceux qu'il reste à achever encore. — Routes royales. — Routes départementales. — Routes stratégiques. — Chemins vicinaux. — Ensemble des voies de terre, conclusion.

Après avoir cherché à prouver toute l'importance qu'on doit attacher au prompt achèvement des routes et des chemins vicinaux, peut-être ne sera-t-il pas sans intérêt, monsieur, de jeter un coup-d'œil d'ensemble sur l'état actuel de ces voies et d'établir par quelques chiffres l'importance des travaux exécutés déjà ou de ceux qu'il reste à achever encore.

C'est ce que je vais faire aujourd'hui en vous demandant pardon de l'énumération sèche et aride à laquelle je suis nécessairement obligé de me livrer.

Routes royales. — La longueur totale de nos routes royales, d'après les renseignements les plus récents, peut être portée à 35,403,719 mètres.

Voici comment cette longueur se divise, eu égard à l'état des routes :

Routes à l'état d'entretien. . 21,123,786 m.

Id.   à réparer.   6,759,276

Id.   à rectifier.   6,463,439

Id.   à l'état de lacunes. .   1,057,218

Total égal. 35,403,719

La longueur des routes pavées n'est environ que le huitième de celle des chaussées d'empierrement.

C'est ainsi que les chaussées d'empierrement ont un développement de. . . . . . 31.686,833 m.

et les chaussées pavées. 3,716,886

Total égal. 35,403,719

Les sommes affectées par diverses lois spéciales, depuis 1830 (et en dehors des fonds ordinaires de l'entretien), s'élèvent en totalité à 219,649,000 francs (1).

----

(1) Voici la date des lois spéciales et les divers crédits :

Art. 4 de la loi du 27 juin 1833, qui accorde pour l'achèvement des lacunes des routes royales un crédit de, ... 15,000,000

La même loi a destiné à l'exécution des routes stratégiques un crédit de. 12,000,000

Loi du 25 mai 1836. 8,000,000

Loi du 14 mai 1837. 84,000,000

Loi du 25 juin 1837 (routes stratégiques). 1,000,000

Lois du 26 juillet 1839 (routes de la Corse, de Metz à Trèves, (routes stratégiques) ; crédit total.. 6,369,000

24 mai 1842 (routes de la Corse). 3,000,000

5 août 1844.. 6,000,000

Loi du 30 juin 1845. 77,500,000

Total. 212,869,000

Ce n'est qu'à partir de l'année 1837 que les chambres ont mis à la disposition du gouvernement des sommes suffisantes pour pousser avec vigueur l'exécution des routes royales. La loi du 14 mai 1837, qui ouvrit un crédit de 84 millions, fut le premier acte de ce système. Cette somme considérable a été dépensée en totalité et répartie entre huit exercices, de 1837 à 1844.

La loi du 30 juin 1845, qui a ouvert un crédit nouveau de 77,500,000 fr., permettra de compléter les travaux commencés déjà.

L'exposé des motifs de cette dernière loi établissait qu'il restait encore à dépenser pour achever toutes les routes royales classées à cette époque, une somme de 298 millions. Il y aurait donc encore à voter 220 millions.

En résumé, tel est aujourd'hui le bilan de nos routes royales :

Somme dépensée ou votée depuis 1830 : 219 millions ;

Somme à dépenser encore : 220 millions.

Ainsi, nous n'aurions accompli encore que la moitié de l'œuvre. Il est vrai que les routes achevées aujourd'hui sont incomparablement les plus

Lois des 2 juin 1837, 8 juillet 1840 et 2 juillet 1843,
pour la construction des ponts sur les routes royales ;
crédit d'ensemble.   6,789,000
                                                   ____
                        Total général. . . . . .   219,649,000 fr.

importantes, celles sur lesquelles la circulation est la plus active ; et que les travaux à exécuter après l'emploi intégral de la somme votée en 1845 sont de simples rectifications, réalisables peu à peu et en partie à l'aide des ressources ordinaires.

Il faut encore ajouter aux crédits extraordinaires dont je viens de parler le crédit alloué aux routes royales sur les fonds du budget, et qui est destiné à l'entretien et aux simples réparations.

Ce crédit se divise en deux catégories : la première comprend les travaux d'entretien ; la deuxième, les travaux neufs et les grosses réparations. En 1831, il était en totalité de 22 millions ; depuis cette époque, il a été successivemennt augmenté : c'est ainsi qu'en 1846, il s'élevait à 30 millions, et en 1847 à 32 millions.

Cette dépense annuelle destinée à l'entretien doit s'accroître successivement, à mesure que des routes nouvelles seront livrées à la circulation.

Il résulte de ce qui précède que le service des routes royales a imposé au Trésor une charge considérable. Il est vrai que les résultats obtenus ont été immenses, car il s'agit ici de ces dépenses productives et fécondes qui accroissent d'une manière très-rapide la richesse générale.

Routes départementales. — Voici comment M. Bignon résumait l'état des routes départementales, dans son rapport sur le budget des dépenses, présenté à la chambre des députés, pour l'exercice 1845 :

« Les départements ne comptent pas moins de 1,604 routes départementales, ayant un développement de 43,224,408 mètres, sur lesquels il existe :

1° A l'état d'entretien.   29,698,011
2° A l'état de lacunes.   8,797,872
3° A réparer ou à améliorer. . .   4,728,525

      Total égal.   43,224,408

La construction des lacunes doit coûter 112 millions.

La réparation des parties défectueuses, 44 millions.

Total à dépenser, 156 millions.

Les sommes affectées à l'entretien des routes départementales s'élevaient en 1832 à 6,319,302 fr.

Elles se sont élevées, en 1842, à 11,868,192 fr., et, lorsque toutes les routes classées seront arrivées à l'état d'entretien, la dépense sera portée au moins à 16,118,662 fr.

Routes stratégiques. — Vous savez, monsieur, que la loi du 27 juin 1833 a ouvert un crédit spécial de 12 millions pour la construction d'un système de routes stratégiques dans les départements de l'ouest. Deux lois postérieures, en date des 25 juin 1837 et 26 juillet 1839, ont augmenté ce crédit de 2 millions.

Les routes stratégiques sont aujourd'hui complètement achevées, leur nombre est de 38, leur longueur totale de 1,467 kilomètres, et elles ont coûté un peu moins de quatorze millions (13,964,674 f.)

Chemins vicinaux. — On peut admettre que les chemins vicinaux de grande communication classés ont une longueur de. . . . . . . 53,000 kil.,
et les chemins de petite vicinalité. . 587,000

Longueur totale. . . . . 640,000 kil.

Au 31 décembre 1841, sur les 53,000 kil. de chemin de grande communication classés, il n'y en avait que 17 à 18,000 construits, 35,000 restaient encore à faire ; mais depuis cette époque une impulsion très-vive a été donnée à ces modestes mais si utiles travaux.

La somme annuelle affectée à la construction et à l'entretien des chemins vicinaux, depuis la loi du 21 mai 1836, varie de 53 à 55 millions, la prestation en nature fournissant la plus grande partie de cette somme.

Ensemble des voies de terre. — En combinant ce qui vient d'être dit précédemment, vous voyez, monsieur, qu'on arrive à cette conséquence :

1° Que le pays paie annuellement pour le simple entretien des routes royales et départementales, et pour l'entretien et la construction des chemins vicinaux, une somme qui n'est certainement pas moindre de 100 millions ;

2° Qu'il reste à dépenser encore, pour achever le réseau des routes royales et départementales, 376 millions, chiffre qu'il est prudent de porter au moins à 400 millions.

A en juger par ce qui a été fait depuis 1830, on ne peut pas admettre que nos routes royales et départementales soient entièrement achevées avant une vingtaine d'années, encore faudrait-il supposer que la paix ne sera troublée par aucun événement imprévu.

Quoi qu'il en soit, il importe de considérer, comme je l'ai déjà dit dans la lettre précédente, l'achèvement des voies de terre de toute nature comme des travaux essentiellement utiles et qu'il est impossible d'ajourner sans porter un coup funeste à l'accroissement de la fortune publique. N'est-ce pas là, d'ailleurs, un des plus grands encouragements qu'on puisse donner à l'agriculture?

Les chemins et le crédit, c'est-à-dire le mouvement dans les choses et dans les capitaux, sont les deux leviers à l'aide desquels il sera possible de donner un développement sérieux et durable au progrès agricole du pays.

Il est incontestable que la France s'est plus enrichie depuis 1830 par l'exécution partielle de son immense réseau de routes et de chemins, que par l'exécution des autres travaux publics plus perfectionnés. Je crois donc, monsieur, que lorsqu'en matière de travaux publics il s'agit d'engager le trésor dans des dépenses nouvelles, on doit toujours avoir ce fait présent à l'esprit : que les routes, pour être achevées, exigent encore un capital de 400 millions environ, capital dont l'emploi ne saurait être ajourné trop longtemps sans de graves préjudices.

LETTRE XVI.

Déclassement des routes départementales.

Proposition de M. Taillefer. — Exposé de son système. — Discussion de ses chiffres. — Cette proposition est inopportune et incomplètement étudiée. — Il faut avant tout organiser la prestation.

C'est samedi prochain (1) que M. Taillefer doit développer sa proposition ; l'honorable député demande que les 43,000 kilomètres de routes départementales qui existent en France soient converties partie en routes royales et partie en chemins vicinaux de grande communication ; il croit que la combinaison qu'il propose réaliserait, au bénéfice des contribuables, une économie considérable, en même temps qu'elle permettrait d'arriver beaucoup plus rapidement à l'exécution des routes et des chemins qui restent encore à construire.

Permettez-moi, monsieur, d'exposer en quelques mots le système dont il s'agit ; je dirai ensuite franchement ce que j'en pense, tout en rendant pleine et entière justice aux lumières et aux intentions du

____

(1) Cette lettre a été écrite dans le courant de la session de 1847-48.

député qui a pris une si louable initiative. Sur les 48,000 kilomètres de routes départementales qui existeraient en France d'après M. Taillefer (1), 16,000 seraient classés comme routes royales, et 32,000 comme chemins vicinaux de grande communication.

Les premières seraient entretenues et perfectionnées aux frais du trésor public, les seconds aux frais des départements, aidés des ressources de la prestation et du fonds commun.

M. Taillefer présente sa combinaison comme ne devant rien ajouter aux charges actuelles du trésor, et voici comment il la justifie.

On sait qu'une partie des fonds affectés à l'entretien des routes départementales est fournie par le fonds commun qui peut être porté à 12,364,000 fr. Eh bien! M. Taillefer prend une partie de ce fonds commun pour l'entretien de 16,000 kilomètres de route qu'il veut classer comme routes royales, et il répartit le reste entre les 32,000 kilomètres de routes départementales qui prendraient le nom de chemins vicinaux. Je cite ses chiffres :

1° Sur les 16,000 kilomètres de routes départe-

____

(1) Ce chiffre diffère notablement de celui porté dans le rapport de M. Bignon. (Voyez la lettre précédente). Nous le croyons exagéré et il est au reste difficile de connaître très-exactement la longueur des routes départementales, attendu que cette longueur est sans cesse variable, soit à cause des classements ou des déclassements, soit à cause des rectifications qui ont lieu chaque jour.

mentales classées comme routes royales, 12,000 kilomètres, dit-il, sont entièrement terminés et coûteront pour leur entretien, à *raison de mille francs
les 4 kilomètres seulement.* . . . . .   3,000,000 fr.

Les autres 4,000 kilomètres sont
dans un état plus ou moins avancé
de perfection ; pour les achever, on
fera un emprunt de vingt-deux millions, emprunt converti en rentes,
et dont le service annuel coûtera.   1,000,000

Enfin l'État prendra à sa charge
les emprunts départementaux non
consommés ; emprunts qui s'élèvent à douze millions à peu près,
et dont le service d'intérêt sera de.   600,000

Total. . . . .   4,600,000 fr.

Ainsi l'entretien et l'achèvement des 16,000 kilomètres de routes départementales, classées comme
routes royales, coûteront à l'État 4,600,000 fr.
Cette somme sera perçue sur le fonds commun
qui s'élève, comme nous le disions tout-à-l'heure,
à 12,364,000 fr., et sur lequel il restera, dès-lors,
une réserve de 7,764,000 fr. pour les chemins vicinaux de grande communication.

A l'aide de ces 4,600,000 fr., dit M. Taillefer, on se
procure un crédit annuel de 3,000,000 fr. destiné

à l'entretien, et un capital de 34,000,000 fr. qui sert à achever les parties non terminées.

Voici maintenant de quelle manière l'honorable député propose de subvenir à l'entretien et à la construction des 32,000 kilomètres de chemins vicinaux :

1° L'excédant libre sur le fonds commun est de. . . . . 7,764,000 fr.

Cet excédant sera divisé entre tous les départements pour être ajouté aux ressources de la loi de 1836.

2° Les chambres décréteront au profit de ces nouveaux chemins vicinaux une troisième journée de prestation qui sera ajoutée aux deux qui existent déjà pour les chemins actuels; la valeur de cette troisième journée doit être portée au moins à. 15,000,000

3° Enfin, par la substitution de la prestation et de l'argent combinés à l'argent seul pour l'entretien des routes, il y aurait une économie qu'on évalue à. 4,000,000

Total des ressources applicables aux 32,000 kilomètres devenus

chemins de grande communica-
tion. . . . . 26,764,000 fr.

Le réseau actuel des chemins de grande communication est de 53,000 kilomètres, et il est doté par
deux journées de prestation, soit. 30,000,000 fr.

Il faut porter en outre des centimes communaux pour. 5,000,000
                                    —————————
                Total. . . . . 35,000,000 fr.

En ajoutant à cette somme celle de 26,764,000 f.,
on voit qu'après le classement des 16,000 kilomètres de routes départementales en chemins de
grande communication, le budget total et annuel
de ces derniers s'élèverait à 61,764,000 fr. ; si l'on
déduit de ce chiffre dix millions pour entretien annuel des chemins terminés, il reste pour travaux
neufs une somme annuelle de 51,764,000 fr., et
si l'on évalue enfin la construction des 4 kilomètres
à 25,000 fr., on pourrait exécuter 8,272 kilomètres
par an, ou plus de 40,000 kilomètres en cinq ans ;
ces 40,000 kilomètres sont probablement ceux qui
restent à terminer.

Ainsi, en résumé, le fonds commun actuel, non
augmenté, mais autrement réparti, est une troisième journée de prestation : telles sont les deux
ressources que l'on propose. A l'aide de ces deux
moyens combinés, l'honorable député croit pouvoir
doter amplement les routes nouvelles et réaliser une

économie considérable par la suppression des centimes extraordinaires des départements.

Les chiffres de M. Taillefer sont, il faut l'avouer, très-séduisants ; malheureusement ils sont aussi fort contestables.

Ainsi, il n'évalue l'entretien des 12,000 kilomètres terminés, qu'il met à la charge de l'état, qu'à 1,000 fr. pour 4 kilomètres ; ce chiffre est évidemment insuffisant.

L'entretien des 4 kilomètres de route royale coûte, en moyenne, d'après les documents officiels, 2,500 fr. (nombre rond), pour une circulation moyenne de 300 colliers par jour ; encore ce chiffre est-il à peine suffisant pour maintenir les routes dans un bon état de viabilité, et ne point laisser entamer par la circulation le capital des chaussées. Comment espérer, d'après cela, entretenir convenablement, avec la faible somme de 1,000 fr. des routes départementales dont la circulation est déjà ancienne, et souvent aussi considérable, si ce n'est supérieure, à la circulation de quelques routes royales.

Nous croyons que, sans exagération, on pourrait bien évaluer à 2,000 fr. les frais d'entretien, et porter à six millions ce que M. Taillefer évalue à trois millions seulement. Tout en admettant que la substitution de la prestation et de l'argent combinés à l'argent seul, pour l'entretien des routes, puisse réaliser une économie réelle, nous ne voyons pas sur quoi se fonde l'auteur de la proposition pour évaluer cette économie à quatre millions. Ce n'est pas, assurément, avec la prestation telle qu'elle est organisée aujourd'hui qu'on pourra arriver à un semblable résultat.

Sans doute, la prestation est un moyen puissant pour arriver à l'exécution des routes qui restent encore à construire, mais un moyen qui n'a encore été utilisé qu'imparfaitement, parce qu'il manque d'organisation, de direction intelligente et forte.

La première chose à faire, avant d'imposer aux populations des prestations nouvelles, avant de désorganiser le service des routes départementales tel qu'il est constitué, ce serait donc d'organiser sur d'autres bases le service et le personnel des routes vicinales, et de faire en sorte que les immenses ressources créées par la prestation en nature ne fussent pas, comme aujourd'hui, en partie gaspillées.

Lisez plutôt le rapport du ministre de l'intérieur sur l'exécution de la loi du 21 mai 1836 relative aux chemins vicinaux :

« Souvent, dit ce rapport, l'absence d'une bonne
» direction dans les travaux qui peuvent être faits,
» ne contribue pas moins que l'insuffisance des res-
» sources à porter obstacle à l'amélioration des com-
» munications vicinales. On ne peut se le dissimu-
» ler, les ressources affectées à ces voies de com-

» munication dans les cinquante-six autres départe-
» ments, employées sans direction suffisante, pres-
» que sans contrôle, ne produisent que des résultats
» presque insignifiants. Cet état de choses est d'autant
» plus à regretter, que ces ressources pour ces cin-
» quante-six départements ne s'élèvent pas à moins
» de 15 millions 500 mille francs. »

Nous ajouterons qu'au dire des hommes les plus compétents, la perte totale annuelle qui a lieu encore actuellement sur les 53 millions affectés au service vicinal, soit en prestations, soit en centimes spéciaux, s'élève à 13 ou 14 millions au moins. Et c'est entre les mains d'une semblable administration que vous proposez de mettre la majeure partie de nos voies départementales !

Sans doute les développements croissants de la richesse et de l'industrie, sur tous les points du pays, rendront nécessaire, bientôt peut-être, un classement nouveau dans nos routes de terre ; sans doute il est indispensable, en faisant ce classement, de venir au secours des départements pour la plupart écrasés, obérés, et dans l'impuissance d'achever seuls l'œuvre qu'ils ont commencée avec tant d'ardeur ; sans doute le principe fécond de la prestation en nature, doit être organisé, appliqué à l'exécution des routes départementales ; sans doute nous reconnaissons comme vous qu'*il y a quelque chose à faire* ; mais, tout en admettant ce principe, nous trouvons votre proposition inopportune, dangereuse pour ce moment, et surtout incomplètement étudiée ; inopportune, parce que, quoique vous en disiez, vous ajouteriez aux charges du Trésor, et pour cela, permettez-moi de vous le dire, le moment est mal choisi ; dangereuse, parce que vous détruiriez l'état de choses actuel pour ne mettre à la place que le désordre et l'anarchie ; incomplètement étudiée, enfin, parce que rien n'est encore préparé pour l'état nouveau que vous proposez. Ce n'est pas dans une combinaison financière plus ou moins ingénieuse, que vous pourrez puiser des ressources nouvelles, des ressources réelles, mais bien dans une direction plus intelligente et plus active de ces forces qui se dépensent aujourd'hui inutilement sur un si grand nombre de points.

On ne voit pas, d'ailleurs, pourquoi M. Taillefer propose le classement, à l'état de routes royales, de 46,000 kilomètres de routes départementales seulement. Ne serait-il pas au moins plus rationnel dans son système de classer comme routes royales les 29,488 kilomètres qui sont aujourd'hui à l'état d'entretien ?

Nous le répétons, il y a certainement quelque chose à faire. La prestation est un instrument d'une gigantesque puissance qu'il faut organiser avant tout ; c'est elle seule qui pourra résoudre le problème de l'exécution de toutes nos voies de terre de second ordre ; c'est elle qui, sous le nom de corvée, a construit les principales routes de France et d'Europe ; mais c'est un instrument qu'on ne sait pas manier encore et avec lequel il faut bien se garder de jouer, de peur de le compromettre pour l'avenir.

Nous disons que la prestation seule peut résoudre le problème de l'exécution de nos voies de second ordre, et, pour le prouver, il suffit de rappeler que les chemins vicinaux ordinaires ont un développement immense de 586,887 kilomètres (1), de telle sorte que, si, pour les entretenir, on n'avait que des ressources en argent, il faudrait dépenser déjà près de 69 millions, en ne donnant à chaque mètre courant par année que le chiffre insignifiant de 0 fr. 10 c.

Heureusement que la prestation est là pour combler cet immense déficit. La prestation, dégagée de toutes les vexations et de toutes les injustices qui lui avaient fait donner le nom de corvée sous l'ancien régime, est l'utilisation de tous les moments perdus de l'agriculture. Avec elle, ces loi-

---

(1) La surface de ces chemins, réunie à celle des chemins vicinaux de grande communication, forme la 144ᵉ partie du territoire. La longueur totale de tous les chemins vicinaux est de 639,862 kil., ou presque deux fois la distance de la terre à la lune, ou seize fois la circonférence de la terre. Ces chiffres ne sont que curieux ; mais ils montrent quelle est la longueur prodigieuse de ces voies si utiles pour la prospérité du pays.

sirs forcés des mauvais jours, ces pertes de temps des hommes et des animaux, alors que le travail des champs est impossible, sont utilisés au profit de la société. La prestation, en un mot, c'est le volant de la machine, volant qui utilise et répartit les forces perdues jusqu'ici.

L'avenir prépare, sans aucun doute, à ce principe, de fécondes applications.

LETTRE XVII.

Déclassement des routes départementales (Suite).

Comme je l'avais prédit, monsieur, la proposition sur le déclassement des routes départementales n'a point été adoptée. La chambre n'a pas voulu s'engager encore dans une voie si neuve, et il faut bien le dire, si peu étudiée, elle a préféré un ajournement qui laisse la question entière. Il est incontestable cependant qu'*il y a quelque chose à faire*, et il faudra en venir tôt ou tard à aider les départements et les classes agricoles dans l'exécution des routes départementales et des chemins vicinaux. Cette grande et noble tâche a été acceptée, il est vrai, par les populations avec une ardeur au-dessus de tout éloge, et c'est la meilleure preuve qu'elle est avant tout une œuvre démocratique ; mais le zèle ne se proportionne pas toujours aux ressources véritables, et dépasse souvent le but. C'est ce qui est arrivé à plusieurs départements, aujourd'hui écrasés, obérés, et dans l'impuissance de mener à bonne fin d'ici à peu d'années ces deux grandes tâches parallèles, les routes départementales et les chemins vicinaux.

Quand les ressources du trésor le permettront, quand l'horizon financier sera moins chargé de nuages, il y aurait, ce nous semble, un moyen aussi simple qu'équitable de rétablir l'équilibre détruit et de venir au secours des départements et des populations agricoles. Ce serait de charger l'état de l'achèvement et de l'entretien des routes départementales. Les conseils-généraux pourraient alors concentrer toutes leurs ressources sur la vicinalité, qui recevrait en même temps une organisation plus vigoureuse. Il résulterait sans doute de cette combinaison une charge assez lourde pour le trésor public; mais, si la situation financière le permettait, ce ne serait, disons-le franchement, qu'une justice rendue. Quoi! vous avez dépensé des sommes immenses pour construire des canaux ou faciliter l'établissement des chemins de fer, voies très-utiles sans doute à l'agriculture, mais cependant, on ne peut le nier, plus directement profitables au commerce et à l'industrie, et vous refuseriez de donner quelques millions pour hâter le moment où l'agriculture, cette grande force du pays, possédera enfin l'élément le plus puissant de sa prospérité?

Mais en même temps que l'état se chargerait ainsi de l'achèvement et de l'entretien des routes départementales, il serait indispensable, comme

nous venons de le dire, de donner une organisation
plus vigoureuse à la vicinalité. Il faudrait faire en
sorte que la prestation, cette immense ressource,
fût mieux utilisée qu'aujourd'hui, et que la perte
annuelle ne s'élevât pas à 13 ou 14 millions. Dans
plusieurs départements, des essais ont été faits
dans ce but depuis quelques années, et l'on est
parvenu à d'heureux résultats en substituant un mode
d'entreprise combiné à l'ancien sytème, qui consistait à faire exécuter séparément les travaux par les
prestataires d'abord, par les entrepreneurs ensuite.
C'est ainsi que ces travaux, grossièrement ébauchés
par les populations, étaient le plus souvent abandonnés pendant plusieurs mois pour être repris
ensuite après estimation par des entrepreneurs qui
se chargeaient de les perfectionner et de les achever.
Ce système entraînait dans des lenteurs, des difficultés d'exécution et dans de fortes pertes. Les travaux ébauchés, puis le plus souvent abandonnés
pendant quelque temps, se détérioraient rapidement et n'étaient acceptés que sur des estimations
très-défavorables ; en un mot, le service manquait
ainsi d'homogénéité et de simultanéité.

A cette exécution morcellée on a substitué un
autre mode par lequel l'entrepreneur dirige, sous
l'autorité des maires et la surveillance des agens,
les travaux qui s'exécutent en même temps que
ceux dont il est lui-même chargé, et qu'il accepte

suivant un tarif arrêté d'avance. Tout se fait alors en même temps, sans trop de difficultés sérieuses et de pertes.

Sans s'étendre plus longtemps sur ce point, on peut dire qu'il n'est pas douteux qu'on parviendra à tirer plus de fruits de la prestation quand on le voudra sérieusement. La prestation n'est pas, comme quelques économistes ont voulu quelquefois le prétendre (en se fondant sur une comparaison inexacte, celle de l'ancienne corvée), une idée rétrograde ; au contraire, c'est une pensée éminemment féconde, une pensée d'association et d'avenir.

Non-seulement, comme je vous le disais, monsieur, dans une lettre précédente, la prestation est un emploi productif des moments perdus de l'agriculture, non-seulement elle met à profit les loisirs forcés des mauvaises saisons, mais c'est un remarquable exemple de ce que l'on peut obtenir en associant, en réunissant les hommes.

Les populations agricoles, véritables armées pacifiques allant la bêche sur l'épaule à la conquête d'un utile travail, n'est-ce pas en petit la réalisation des rêves d'un grand utopiste? Qui sait ce que l'avenir réserve à ce moyen? Qui oserait répondre qu'on ne l'emploiera pas quelque jour à une œuvre plus importante! Les grandes applications n'ont souvent qu'un modeste commencement ; ce n'est d'abord qu'un point imperceptible à l'horizon, et qui grossit peu à peu avec le temps. Le premier homme de guerre qui rassembla autour de lui quelques compagnons aurait-il pu prévoir cette formidable organisation des armées modernes par laquelle la pensée dirige des multitudes disciplinées ? Le sauvage insouciant et hardi qui, monté sur une frêle barque, s'aventure sur les flots de la mer, a-t-il l'idée de ces villes flottantes, de ces places fortes, hérissées de canons, que nous nommons vaisseaux de guerre, et qui étendent à plusieurs mille lieues de distance la puissance des nations modernes? Non, sans doute : c'est que l'organisation ne s'est pas encore emparée puissamment des grands travaux pacifiques. Tandis que l'association a déjà réalisé des prodiges dans l'art de détruire, tandis que l'on sait réunir des masses d'hommes, qu'on les fait marcher et agir régulièrement afin qu'ils s'égorgent, on ignore encore le moyen d'associer leurs efforts dans un but d'utilité commune et de production. Si l'association est possible dans un cas, ne l'est-elle pas, à plus forte raison, dans l'autre? Il est sans doute dangereux de s'abandonner à des rêves creux, à de chimériques espérances; mais il ne faut pas non plus qu'un esprit trop positif aveugle au point de faire nier les progrès que rend probables l'expérience du passé.

Au reste, la proposition sur le déclassement des voies départementales ne sera pas la seule cette année qui aura fixé l'attention des chambres sur les questions de routes. Vous connaissez la proposition de M. Hallez-Claparède, dont le but est de faciliter l'établissement des routes et chemins vicinaux dans toute l'étendue de la zone frontière en abrégeant les formalités auxquelles cet établissement se trouve aujourd'hui soumis, proposition dont la lecture a été autorisée.

LETTRE XVIII.

Le défrichement et le reboisement.

Le défrichement et le reboisement. — Véritable influence des reboisements ; ce sont de véritables travaux d'utilité publique. — Le défrichement et le reboisement sont deux questions connexes qui doivent être traitées en même temps. — Projet du gouvernement. — Exposé général de la question du défrichement, au point de vue de la législation et de la statistique. — Causes diverses des défrichements. — Moyens divers qui ont été proposés pour diminuer leur importance. — Moyens adoptés par le gouvernement.

Les questions relatives au défrichement et au reboisement vont être incessamment portées devant les chambres. Permettez-moi, monsieur, d'en dire ici quelques mots.

Sans partager les illusions des personnes qui croient que le reboisement de certaines surfaces, assez limitées du reste, pourront entièrement prévenir les inondations *des grands fleuves*, et rétablir dans leur régime l'équilibre détruit, je pense que la conservation du sol forestier actuel, et le reboisement de ces surfaces dénudées, sont aujourd'hui deux opérations d'une nécessité absolue, soit pour ne pas accroître le mal existant déjà, soit pour sauver d'une ruine certaine ces malheureuses contrées qui disparaissent sous les torrents, et parmi lesquelles on doit citer en première ligne *les Alpes françaises.*

Bien plus, je crois avec beaucoup de personnes, que le reboisement est destiné à ouvrir une ère nouvelle en matière de travaux publics et qu'on arrivera bientôt à opérer de grands travaux de reboisement, de même qu'on exécute aujourd'hui des routes, des canaux, des chemins de fer. Cette ère nouvelle saluons-la avec bonheur, parce qu'elle est féconde dans l'intérêt du pays, nécessaire et juste pour des populations trop délaissées jusqu'ici. Rétablir sur des penchants dépouillés et qui tombent en ruines la magnifique ceinture de forêts qui faisait autrefois leur beauté et leur richesse, rappeler ainsi les montagnes à leur destination naturelle, qui est de fournir aux plaines les bois qu'elles consomment et de retenir les eaux qui les fertiliseront plus tard ; ramener enfin la richesse et la vie sur ces contrées malheureuses, dont l'état empire chaque jour, et qui ne participent en rien aux bienfaits que la civilisation répand à profusion sur les autres parties du territoire, n'est-ce pas une œuvre digne d'un grand pays ? Oui, les reboisements sont aussi des travaux d'utilité publique. Nous touchons à l'époque où cette pensée va être universellement acceptée, et passer enfin du domaine de la théorie à celui de la pratique.

Il suffit de réfléchir un instant pour se convaincre que le défrichement et le reboisement sont deux questions liées d'une manière étroite. Comment, en effet, songer à reboiser fructueusement, si on ne prend d'abord les mesures les plus énergiques pour protéger, contre les dévastations nouvelles, les bois qui existent encore? Quelle serait l'utilité de dépenses considérables destinées à rétablir le sol forestier, si la législation était impuissante à le protéger dès qu'il sera créé? C'est donc avec une haute raison que le gouvernement a compris ces deux questions dans son *projet de loi sur le reboisement des montagnes et la conservation du sol forestier.*

Au reste, cette matière est étudiée depuis longtemps. La question du défrichement a déjà été portée quatre fois, si nous ne nous trompons, devant la Chambre des députés, deux fois devant la Chambre des pairs. Le reboisement n'a pas de titres moins anciens; il a été étudié par plusieurs commissions, par la majeure partie des conseils-généraux, par le congrès central d'agriculture, par l'administration forestière avec beaucoup de zèle et de constance; il a inspiré un grand nombre d'ouvrages remarquables; enfin, les dernières inondations viennent de lui donner un caractère de nécessité et d'urgence qui semble incontesté. Tout a été dit à peu près sur ce chapitre; aussi, monsieur, je vous ferai grâce de répétitions au moins inutiles, et je me bornerai ici à résumer très-rapidement les résultats généraux de ces longues discussions.

Voici quels sont les éléments principaux de la question du défrichement, au point de vue de la législation et de la statistique :

Vous savez que, dès le commencement du xiiiᵉ siècle, Philippe-Auguste sentit la nécessité de soumettre les forêts à une législation exceptionnelle, et que c'est de cette époque que datent les premiers réglements sur les bois du royaume. Aux États-Généraux de 1355, ainsi qu'à ceux de Blois, le dépérissement des forêts fut le sujet de doléances nombreuses ; vous connaissez enfin cette fameuse ordonnance de 1669, véritable code forestier renfermant des dispositions si sévères contre le défrichement, et qui fut promulguée sur l'avis des hommes les plus éclairés du royaume. Cette ordonnance a régi la propriété forestière jusqu'à la révolution. L'Assemblée constituante, par un mouvement irréfléchi, donna à cette propriété une liberté indéfinie. « Les bois des particuliers, dit-elle, cesseront d'être soumis à la prohibition du défrichement, et chaque propriétaire est libre de les administrer et d'en disposer à l'avenir comme bon lui semblera. » Cette loi était à peine rendue que les défrichements commencèrent sur tous les points du royaume, abus criant dont on reconnut bientôt tout le danger. Le 9 floréal an XI (1803), nouvelle loi qui, faisant revivre l'esprit des anciens réglements, défend pendant vingt-cinq ans tout défrichement non autorisé. Nous arrivons ainsi en 1827, époque où le code forestier est promulgué. Il est sans doute inutile de rappeler que les articles 219 et suivants de ce code maintinrent le système de l'an XI pour vingt nouvelles années, c'est-à-dire jusqu'en 1847, en obligeant les propriétaires qui voudraient défricher à demander une autorisation préalable. On croyait à cette époque que cette disposition ne serait que transitoire, et on espérait pouvoir rendre en 1847 une entière liberté à la propriété forestière.

Telle est donc, monsieur, la question qui se présente aujourd'hui.

Rendra-t-on définitives les dispositions transitoires du code forestier, en plaçant la propriété des bois sous l'empire d'une véritable servitude ?

Ou bien cherchera-t-on à imposer de sages limites au défrichement, de manière à concilier la liberté du propriétaire avec l'intérêt public? C'est là une grave question qui touche à de nombreux intérêts, mais une question qui doit être résolue cette année, grâce au terme fatal écrit dans la loi de 1827.

Après avoir ainsi rappelé en deux mots la marche de la législation, j'arrive aux éléments statistiques de la question.

D'après un rapport fait à M. le ministre des finances par le directeur-général des forêts, sur la question du reboisement, il y aurait aujourd'hui en France une étendue, en forêts, de 8,623,128 hectares possédés comme il suit :

La couronne.	106,929 hectares.
L'État.	1,073,256
Les communes et les éta-blissements publics.	1,823,833
Les particuliers.	5,619,110
Total égal.	8,623,128 hectares.

Il faut réduire ce chiffre d'un douzième pour tenir compte des vides, ce qui porterait au septième environ de la surface totale du royaume la portion du sol véritablement boisée.

Au reste, il ne faut prendre ces chiffres que comme une simple approximation ; car il est très-difficile de déterminer l'étendue de telles surfaces avec certitude, à cause des changements continuels éprouvés par les forêts, et des terrains dépouillés qui, dans des estimations faites en masse, sont considérés tantôt comme devant être compris parmi les bois, tantôt comme n'en faisant pas partie. Un cadastre spécial des forêts serait une opération nécessaire et pressante.

Il est intéressant de rechercher quelle a été la marche des défrichements et des reboisements sous l'empire des diverses législations qui se sont succédé.

Il paraît certain que, même sous l'ancienne législation (l'ordonnance de 1669), si rigoureuse cependant, les défrichements furent toujours en croissant ; mais ce fut bien autre chose lorsque l'Assemblée constituante décréta la liberté absolue. La surface défrichée ainsi, de 1790 jusqu'à l'an XI, n'a jamais été bien connue. On l'a d'abord portée à 1,500,000 hectares ; des évaluations qui paraissent plus certaines ont réduit ce chiffre à 485,045 hectares, ou, par an, 37,157 hectares. A partir de 1803, le mouvement s'est ralenti, puisque, de 1803 à 1827, on a défriché par an 7,292 hectares, et, de 1827 à 1844, 8,82? hectares, ou, en moyenne, 8,057 hectares, ces nombres sont encore beaucoup trop considérables, et ils prouvent que l'administration a fréquemment autorisé les défrichements réclamés par les particuliers.

Il résulte de là que, sous l'empire de la législation actuelle, le sol forestier diminue chaque année d'étendue, car les plantations en massif et les semis sont bien loin de compenser ce déficit annuel. C'est ainsi que de 1803 à 1827, les premières ne se seraient élevées qu'à 123,945 hectares, soit, par an, 5,169 hectares. Vous voyez qu'il est urgent de porter remède à cet état de choses.

Les causes des défrichements considérables qui

ont lieu chaque année sont multiples. Ces causes
sont dues :

1° A l'état imparfait de la législation ;

2° A l'organisation actuelle de l'administration
des forêts ;

3° A la mauvaise constitution de la propriété forestière, au point de vue économique.

Résumons rapidement les unes et les autres :

1° La législation actuelle est impuissante à prévenir les défrichements, parce qu'elle est incomplète à plusieurs égards.

Les propriétaires étant entièrement libres dans
leur mode d'exploitation, il leur est très-facile, dans
les localités où les produits forestiers ont peu de
valeur, d'arriver au défrichement d'une manière
détournée. Après avoir exploité leurs bois, ils les
livrent à la dent meurtrière des troupeaux , et,
quand toute trace de végétation forestière a disparu, ils demandent une autorisation de défrichement qu'il est alors très-difficile de leur refuser ;
d'autres exploitent sans aucune prévoyance de l'a-
venir. Ces abus n'étaient pas possibles, au même
degré du moins , sous l'ancienne législation, qui
ne se contentait pas de défendre les défrichements,
mais qui imposait encore aux propriétaires une
exploitation plus réglée et plus sage.

Si un grand nombre de propriétaires sont d'ailleurs poussés au défrichement, c'est que la loi

n'accorde qu'une protection insuffisante à la propriété forestière.

Tandis que l'ordonnance de 1669 assurait la répression des délits par des peines sévères, le code forestier actuel est d'une indulgence excessive, a tel point que les produits forestiers, si exposés de leur nature, sont moins protégés contre les vols et les déprédations de toute espèce que les produits des champs. Sauf quelques rares exceptions, le maraudage dans les bois n'est puni que par des peines purement pécuniaires, et cette répression est purement illusoire toutes les fois que les délinquants sont insolvables, ce qui arrive le plus souvent. Ainsi donc, liberté indéfinie dans le mode d'exploitation, insuffisance dans la répression des délits, surveillance difficile et coûteuse : telles sont les causes qui peuvent être attribuées à l'état actuel de la législation.

2° Quant à l'administration forestière, elle a contribué aux défrichements des bois des particuliers, par la facilité avec laquelle elle a accordé, dans bien des cas, les autorisations demandées : les chiffres cités plus haut en sont une preuve manifeste. Il paraît, d'ailleurs, qu'avec son organisation actuelle cette administration est impuissante à exercer une surveillance efficace sur tous les bois des communes et des établissements publics soumis, comme on sait, au régime forestier. Quel que soit le zèle des agents, ils sont trop peu nombreux pour réprimer les pâturages destructeurs, les modes vicieux d'exploitation, les abus de toute nature que commettent les communes propriétaires. Ces dernières nomment d'ailleurs des gardes particuliers placés sous leur entière dépendance et qui ne sont soumis qu'indirectement à la surveillance et à la direction des agents de l'administration.

3° Les causes dues à la mauvaise constitution économique de la propriété forestière sont les plus puissantes et les plus actives. Si, en effet, ce mode de culture est moins productif que les autres, s'il est écrasé par les impôts dans une plus forte proportion, s'il est grevé de lourdes charges, soit pour la surveillance, soit pour le transport des produits, comment les propriétaires ne se trouveraient-ils pas invinciblement entraînés à l'abandonner?

Il est facile de se convaincre de l'infériorité de la production des bois comparativement aux autres modes de culture.

Les 1,073,256 hectares de bois appartenant à l'état produisent, tous frais d'administration déduits, 28,336,000 francs, ce qui donne par hectare un produit moyen annuel de 26 francs et pour le propriétaire, 23, francs 4 centimes, en déduisant un impôt très-modérément calculé au 10° du revenu seulement. Si l'on compare ce chiffre au produit moyen des terres cultivées autrement qu'en bois, produit qui se trouve compris entre 40 et 45 francs, on sera convaincu de l'infériorité de la propriété forestière ; mais, ce qui écrase surtout cette dernière, ce sont les frais de transport ; les bois sont lourds, encombrants de leur nature, et la zone de leur consommation possible est toujours assez limitée

Sur les marchés un peu considérables, la plus forte proportion du prix du bois est absorbée par les frais de transport, et d'octroi, les bénéfices des marchands ; une faible partie seulement revient aux propriétaires. A tel point, par exemple, que l'on calcule qu'à Paris, sur 100 francs payés par le consommateur, il revient, pour les bois de chauffage :

Au propriétaire.	32 fr. 39 c.
Aux ouvriers en forêts.	2 78
Aux frais de transports par canaux.	31 95
Aux frais généraux.	6 66
A l'octroi.	16 22
Au marchand de bois.	10 00

Enfin, cette faible portion du propriétaire doit encore être réduite des frais d'impôt, de garde et d'entretien.

Si l'on ajoute à toutes ces charges directes ou indirectes la concurrence des bois étrangers, dont l'exportation s'accroît chaque année, celle de la houille, dont la consommation augmente prodigieusement; si l'on tient compte enfin : 1° de la facilité qu'il y a à réaliser la valeur superficielle des forêts, capital accumulé qui tente sans cesse l'avidité du propriétaire; 2° de l'injustice avec laquelle l'impôt a été réparti sur les bois; on ne sera nullement étonné que les propriétaires cherchent à changer un mode de culture qui leur impose d'immenses sacrifices, sans leur offrir de suffisantes compensations.

Tel est en résumé l'état de la propriété forestière, telles sont les causes qui tendent à l'amoindrir sans cesse.

Les moyens qu'on a proposés pour remédier à un semblable état de choses sont multiples.

On doit citer parmi eux :

1° Le maintien de la législation transitoire qui enlève aux propriétaires la liberté du défrichement; seulement on n'est point d'accord sur l'étendue de la servitude à imposer à la propriété. Quelques-uns demandent purement et simplement que les dispositions du code forestier soient maintenues, en laissant, dans chaque cas particulier, l'administration juge de l'opportunité du défrichement. D'autres croient plus prudent, pour se prémunir contre des entraînements involontaires et souvent forcés, de défendre d'une manière absolue et dans tous les cas les défrichements dans les zones montagneuses, en laissant à peu près une entière liberté aux propriétaires des bois situés en plaine. Dans cette division du sol boisé en deux parties, ils croient voir une heureuse conciliation entre les droits du propriétaire et les exigences de l'intérêt public. D'autres enfin demandent une interdiction absolue dans tous les cas.

2° Une modification à la législation présente, en ce qui touche la constatation et la répression des délits forestiers.

3° L'organisation et l'embrigadement des gardes communaux préposés à la conservation des bois et des terrains soumis au régime forestier, ces gardes étant directement rétribués par l'état et placés sous l'autorité exclusive des agents des forêts ; la surveillance serait alors plus efficace et plus étendue.

4° La révision de l'impôt assis sur les bois.

5° L'amélioration du revenu net des forêts par la réduction des droits d'octroi, celle des droits de navigation sur les canaux, au moins en ce qui concerne les bois ; l'amélioration plus rapide des voies vicinales, l'élévation du tarif des droits d'entrée sur les bois étrangers.

6° La soumission au régime forestier des bois des particuliers, dans certains cas ; enfin, la réforme des traitements vicieux appliqués aux bois communaux et des établissements publics dans les pays de montagnes.

Parmi ces moyens divers, le projet de loi présenté par le gouvernement en choisit trois, et propose :

1° Le maintien, pour dix années, des dispositions restrictives du code forestier actuel, en ne changeant absolument rien à ces dispositions.

2° L'embrigadement des gardes et brigadiers des bois des communes et des établissements publics ;

3° Enfin, l'interdiction, sauf autorisation préalable, de certains modes d'exploitation pour les bois résineux.

(1) Voici le texte des articles qui se rapportent au défrichement :

» Art. 9 Les autres dispositions du titre 13 du code forestier, relatives aux défrichements, continueront d'être exécutées jusqu'au 21 mai 1857.

» Art. 10. Les coupes à blanc étoc dans les bois d'essence résineuse seront considérées comme défrichements, et devront être autorisées dans les formes prescrites pour ceux-ci.

» Art. 11. Les règles établies pour la nomination des gardes et brigadiers des bois de l'état, ainsi que pour la fixation de leur nombre et de leurs salaires, seront applicables aux gardes et brigadiers des bois des communes et des établissements publics.

» Art. 12. L'état fera l'avance des salaires de ces préposés ; il en sera remboursé par les communes ou les établissements publics, pour lesquels cette dépense sera obligatoire.

» Art. 13. Le ministre des finances, sur l'avis des conseils municipaux, des commissions administratives et des préfets déterminera la part afférente à l'état, aux communes et aux établissements publics, dans les salaires des brigadiers et des gardes mixtes.

» Le préfet, sur l'avis des conseils municipaux et des commissions administratives, arrêtera la répartition des salaires des brigadiers et gardes dont la surveillance ne s'étendra que sur les bois appartenant à plusieurs communes ou établissements publics. »

LETTRE XIX.

Coup-d'œil sur la vallée du Pô.

Aspect général de la vallée. — Les lacs. — L'irrigation des plaines supérieures. — L'endiguement continu et insubmersible de plaines inférieures.

Je vous ai déjà parlé, monsieur, dans une lettre précédente de quelques-uns des canaux d'irrigation du Piémont et de la Lombardie. Au point de vue des grands travaux publics agricoles, il n'est pas peut-être de contrée en Europe qui offre autant d'intérêt que ces deux pays. La majeure partie de la vallée du Pô, en effet, a été conquise sur les eaux ou enrichie par elles; l'endiguement et l'irrigation se sont élevés ici à une véritable importance politique, car ils sont la condition de l'existence et la richesse du sol.

Permettez-moi donc de vous donner quelques détails sur la situation et la nature de cette vallée.

Si l'on suppose qu'un spectateur placé au fond du golfe Adriatique et presque en face de Venise, pût étendre ses regards jusqu'au sommet des Alpes et

des Apennins, et embrasser leur direction générale,
il verrait ces deux grandes chaînes de montagnes
former, en s'appuyant sur la mer, un vaste berceau
concave, borné au nord par les cimes blanchies des
Alpes, au sud par les crêtes abruptes et dépouillées
des Apennins; à l'occident par le massif où se réunissent ces deux systèmes. C'est ce berceau qui
forme la vallée du Pô, vallée qui comprend sur la
rive gauche la plus grande partie du Piémont et de
la Lombardie; et sur la rive droite, les duchés de
Parme, de Modène, de Plaisance, et plus bas vers la
mer une portion de la Romagne. Cette vallée cruellement morcellée par la politique, en dépit des lois
les plus élémentaires de la géographie, est d'une
fertilité admirable; c'est au point de vue agricole,
la plus belle partie de la Péninsule italique, et l'on
pourrait presque dire, sans exagération, le jardin
de l'Europe. Il est vrai que la nature l'avait prédes-
tinée à devenir la terre classique de l'irrigation.
Tout en effet a été créé ici pour rendre l'arrosage
des terres facile et fructueux.

Ainsi : au pied des Alpes et à l'origine des innombrables affluents du Pô, s'étendent de vastes
lacs qui emmagasinent une eau salutaire que les canaux d'irrigation se chargent de répandre ensuite
sur les plaines qui descendent jusqu'au Pô.

Les principaux d'entre ces lacs, sont : le lac
Majeur sur le Tessin, le lac de Come sur l'Adda, le

lac de Garda sur le Mincio, le lac d'Iseo sur l'O-
glio ; ils sont alimentés par les affluents qui reçoivent eux-mêmes le produit des glaciers, de telle
sorte que le volume est d'autant plus considérable
que la chaleur est plus intense.

Les plaines situées entre le pied des Alpes et le
Pô, sont d'ailleurs admirablement disposées pour
recevoir les eaux d'irrigation. Elles s'étendent en
pentes douces et régulières. A l'aide de peu de travaux on arrose de grandes surfaces, et ce qui n'a
point été absorbé par le sol, s'écoule facilement par
des *colateurs* qui viennent tous déboucher dans le
Pô, qui est lui-même le grand *colateur* de toute la
vallée.

Ce n'est donc point à l'aide des eaux du Pô que
l'on arrose, mais uniquement à l'aide de celles de
ses affluents. Ce fleuve ne pouvait être en effet que
le réservoir général de toutes les eaux d'égoutte-
ment, puisqu'il occupe la partie la plus basse de la
vallée, et que la pente de ses eaux est d'ailleurs
très-faible.

Voyez, monsieur, quel admirable ensemble : au
sommet des Alpes des glaciers intarissables ; plus
bas des lacs, seconds réservoirs naturels; puis des
plaines unies, vastes, régulières ; enfin plus bas encore un grand canal de desséchement, le Pô qui reçoit et emporte jusqu'à la mer les eaux qui n'ont

point été utilisées et qui deviendraient nuisibles aux récoltes.

Mais en même temps que la nature disposait la partie supérieure de la vallée du Pô pour l'irrigation, elle obligeait les habitants à conquérir dans sa partie inférieure d'immenses surfaces! Cette partie inférieure jusqu'à Mantoue, peut-être même jusqu'à Crémone, formait en effet à des époques reculées une suite d'étangs ou de Marais qui ont été rendus peu à peu à la culture par l'endiguement.

Cette zone de conquête, la plus vaste de l'Europe, a pour limite une courbe concave sensiblement parallèle aux crêtes des Alpes et des Apennins, dont le sommet serait situé dans les environs de Crémone, et dont les deux côtés regagneraient la mer en passant sur la rive gauche par Mantoue et l'extrémité méridionale des collines Euganéenes et sur la rive droite par des points situés aux environs de Parme, de Modène et de Ravenne.

La plus grande longueur de cette zone : de Crémone, à l'extrémité de la branche du Pô de Maestra, n'a pas moins de 168 kilomètres en ligne droite, et sa largeur moyenne entre Mantoue et les environs de Modène, 30 kilomètres environ. C'est donc une surface totale de 5,040 kilomètres carrés conquise sur les eaux. Il a fallu endiguer ici, non-seulement le Pô lui-même, mais la partie inférieure de tous ses affluents.

La situation de cette contrée est des plus criti-
ques, car lorsque survient une crue, les eaux du Pô
et celles de ses affluents contenues avec peine par
les digues insubmersibles élevées sur les rives, la
dominent de plusieurs mètres sur une immense
étendue. C'est une situation analogue à celle de la
Hollande, peut-être même plus dangereuse; les
vastes plaines des Pays-Bas en effet, n'ont qu'à redouter la mer furieuse, tandis qu'il existe ici une
foule d'ennemis dont les lignes d'attaque ont un immense développement. C'est ainsi que la Polesine de
Rovigo est menacée à la fois par le Pô, par l'Adige,
le Tartaro, le Mincio, etc.; que la partie supérieure
du duché de Parme doit redouter en même temps
les eaux du Tanaro, de la Secchia et du Pô.

Les digues continues et insubmersibles qui bordent ainsi le Pô sur ses deux rives, prennent leur origine aux environs de Crémone et s'étendent de là jusqu'à l'Adriatique, sur une longueur de 279 kilomètres. Celles qui contiennent les affluents, commencent environ des points où le cours de ces derniers
rencontre les deux limites de la zone de conquête.

On ignore à quelle époque ces digues ont été
élevées pour la première fois. Quelques-uns veulent faire l'honneur de cette grande entreprise à la
civilisation étrusque, cette sœur aînée de la puissance romaine; ce qui paraît certain c'est qu'elles
existaient en grande partie à l'époque des empe-

reurs. Sous les barbares elles furent négligées et détruites. Peu à peu et à l'époque de cette seconde puissance italienne qui jeta de si vives lueurs de gloire et de liberté au moyen-âge, ces grands travaux furent repris et ils n'ont fait depuis que se perfectionner.

Ainsi donc, monsieur, si nous considérons l'Italie septentrionale en masse, deux grands faits matériels se dévoilent à nous. C'est d'abord l'endiguement qui est la condition d'existence des zones inférieures, puis l'irrigation rendue possible et réalisée en effet par l'heureuse disposition des glaciers, des lacs, des plaines et des fleuves. C'est à ces conditions naturelles que l'Italie doit de s'être placée à la tête des nations de l'Europe dans l'art d'utiliser les cours d'eau et se défendre contre eux. C'est là qu'il faut aller étudier comment on trace les canaux d'irrigation, grands et petits, comment on distribue avec équité et régularité leur volume; dans quelle proportion la richesse du sol se trouve accrue par l'irrigation, comment enfin on dompte les fleuves.

C'est à tort, vous le voyez, monsieur, qu'on s'élève souvent contre l'endiguement continu et insubmersible du Pô. Sans doute cet endiguement offre de grands dangers pour les campagnes; il oblige à de grandes dépenses d'entretien, mais il était inévitable pour rendre la culture possible. Comment, en effet, aurait-on pu cultiver, habiter des plaines basses inondées par les eaux, même dans l'état ordinaire du fleuve? Sans doute si le niveau de ces plaines eût été un peu plus élevé comme dans la plupart de nos grandes vallées et accessible seulement aux crues moyennes, et si elles n'avaient pas eu d'ailleurs une si grande étendue, on eût été libre de choisir entre le système des levées submersibles et celui des levées insubmersibles, mais il n'en était point ainsi malheureusement : il fallait commencer par créer en quelque sorte le sol artificiellement.

Quoiqu'il en soit, cet endiguement indispensable n'en est pas moins la plaie de cette contrée et la dure compensation de son admirable fertilité.

LETTRE XX.

Les irrigations de la Lombardie.

Après avoir jeté un coup-d'œil sur la situation topographique de l'Italie septentrionale, étudions plus en détail la Lombardie.

Ce pays, limité au nord par les Alpes, au sud par le Pô, à l'ouest par l'impétueux Tessin, à l'est par le Mincio, a une surface de 21,567 kilomètres carrés, une population de 2,500,000 âmes, soit par kilomètre carré 115 habitants, population supérieure à celle de la France (65 habitants), à celle de la Grande-Bretagne, non comprise l'Irlande (76,5 habitants), et qui n'est surpassée en Europe que par celle de la Belgique (125 habitants).

La Lombardie renferme un grand nombre de villes riches et populeuses au pied des Alpes : Brescia, Bergame, Come ; plus bas, au centre des plaines arrosées, Milan la capitale, Monza, Lodi, Crème ; plus bas encore, aux bords du Pô, Pavie la ville savante, Crémone, Casalmaggiore. On peut diviser la Lombardie en haute et basse : deux contrées entièrement différentes au point de vue de la richesse et de la production.

La première montueuse, accidentée, pittoresque, comme la Suisse, s'étend sur le dos des Alpes qui élèvent de ce côté, et sans transition, leurs cimes blanchies au milieu des nuages. On rencontre là des pics de deux, trois et même quatre mille mètres. C'est une contrée pauvre, stérile et solitaire, où la population de quelques cantons ne dépasse certainement pas 7 habitants par kilomètre carré. Quelques champs cultivés avec peine sur les penchants abruptes des montagnes ; quelques pâturages dans le fond des vallées profondes, des bois dans les hautes régions : telle est ici la seule ressource des habitants.

Mais c'est plus bas, dans les vastes plaines, entre les montagnes et le Pô, que sont accumulées la richesse agricole et la population du pays. Cette basse Lombardie n'est qu'un jardin où s'étalent à l'envie de riches pâturages, des champs couverts de maïs, des rizières, des arbres fruitiers nombreux et pressés comme dans une forêt, et dont les rameaux soutiennent avec peine les pampres féconds des vignes.

C'est l'irrigation secondée par une agriculture savante qui a donné naissance à toutes ces richesses.

La surface arrosée s'élève à 315,000 hectares (1),

____

(1) Voyez la lettre II.

en ne comprenant toutefois dans ce chiffre que l'irrigation qui se fait par les grands canaux ; car si on y ajoute celle qui a lieu à l'aide des petites dérivations, des cours d'eau de peu d'importance et des sources, on arrive au chiffre de 420,000 hectares.

Voici comment cette surface se divise entre les divers cours d'eau de la contrée, tous affluents du Pô :

Tessin.	47,000 hectares
Adda.	95,555
Brembo.	10,950
Serio.	17,680
Ollio.	90,795
Mella.	14,520
Clisio.	29,900
Mincio.	8,600
Total pour les grandes dérivations.	315,000
Petites dérivations faites sur les fleuves précédents, sources, etc.	105,000
Total général.	420,000 hectares

ou 4,200 kilomètres carrés.

Cette immense surface arrosée est presque uniquement comprise, avons-nous dit, dans la basse Lombardie, dont la surface totale est au plus de 8,000 kilomètres carrés ; *de telle sorte, qu'entre les*

Alpes, le Pô, le Tessin et le Mincio, plus de la moitié de la surface cultivée est à l'arrosage.

Quelle différence avec nos départements méridionaux, où la dixième, la vingtième partie de la surface est à peine irrigable !

Le volume des eaux employées pour cette immense irrigation s'élève à 360 mètres cubes d'eau par seconde ; c'est à très-peu près une fois et demie le débit de la Seine à Paris dans son état moyen, et plus de quatre fois et demie son volume d'étiage.

Il n'y a certainement pas d'agriculture au monde qui, dans un espace aussi restreint , possède des instruments aussi puissants de fécondité

Ainsi s'explique l'admirable richesse de cette contrée.

On peut diviser les canaux d'irrigation de la manière suivante :

1° Ceux qui sont situés entre le Tessin et l'Adda ;

2° *Id.* Entre l'Adda et le Serio ;

3° *Id.* Entre le Serio et l'Oglio ;

4° *Id.* Entre l'Oglio et le Mincio.

Enfin, pour les quelques portions du territoire de la Lombardie qui s'avancent au-delà du Mincio, il y a encore quelques canaux situés entre le Mincio et le Tartaro.

Canaux entre le Tessin et l'Adda.

On compte entre ces deux cours d'eau 5 grands canaux d'irrigation; savoir : le Naviglio-Grande, la Muzza, la Martesana, le canal de Pavie, le canal de Bereguardo.

Naviglio-Grande.

Ce canal est dérivé du Tessin à Tornavento; il côtoye les bords escarpés de ce cours d'eau sur une longueur de 17 kilomètres, et s'en éloigne peu jusqu'à Abbiategrasso; mais arrivé à ce point, il change complètement de direction pour gagner Milan. Sa longueur est de 50 kilomètres, et sa chute totale de 34^m 424.

Ce canal construit, comme nous l'avons dit, au moyen-âge, et avant l'invention des écluses de 1160 à 1190 n'a pas été cependant tracé sans art. Si dans la partie supérieure la pente est trop considérable, elle est beaucoup mieux répartie dans le tronc inférieur, où elle ne dépasse pas en certains points 0,37, et même 0,12 par kilomètre.

La portée actuelle du Naviglio-Grande s'élève à 51 mètres cubes par seconde; ce volume est distribué à l'aide de 116 bouches. En dehors de ses irrigations particulières, le Naviglio-Grande donne encore des eaux au canal de Bereguardo qui s'embranche sur lui et au canal de Pavie auquel il se joint sous les murs de Milan, dans la grande darse de cette ville.

La surface arrosée en été s'élève à 38,000 hectares ; mais il convient de remarquer qu'une assez grande quantité d'eau se perd par l'effet de l'évaporation ou des filtrations.

Pendant l'hiver, les eaux qui sont principalement utilisées au mouvement des moulins et des usines, n'arrosent que des prés (marciti) dont la surface ne dépasse pas 800 hectares.

Muzza.

Ce grand canal, dont nous avons déjà parlé, fut construit vers 1220 (1) : il fut établi en partie dans un ancien lit qui servait déjà à quelques irrigations particulières. Il prend naissance sur la rive droite de l'Adda, près de Cassano. Sa largeur moyenne est de 37 mètres ; mais elle varie entre 25 et 50. Sa longueur comme canal d'irrigation seulement, est de 38,616 mètres, et elle s'élève à 70,700 mètres, en comprenant les déchargeoirs.

Le Naviglio-Grande et la Muzza ressemblent, par les sinuosités de leurs cours, les irrégularités de leurs rives, leurs déclivités fortes et irrégulières, à de véritables cours d'eau naturels.

Ce n'est pas sans étonnement qu'on voit, au milieu de l'ignorance des douzième et treizième siècles,

(1) Voyez la page 48, lisez xiiie siècle.

les populations de ces contrées entreprendre et accomplir des travaux aussi importants : il faut sans doute attribuer ce fait à la puissance des municipalités italiennes, à l'émulation générale qui suivirent la paix de Constance.

Canal de Martesana.

Ce canal fut construit vers 1475, en vertu d'un décret du duc François Sforza. Il se dérive de l'Adda, à Trezzo, et se dirige de là vers Milan où il communique avec le Naviglio-Grande. Sa portée est de 27 mètres cubes d'eau par seconde. Sa largeur varie de 18 à 14 mètres dans le tronc supérieur et de 9 à 12 mètres dans le tronc inférieur ; les eaux d'irrigation se distribuent à l'aide de 85 bouches ; la surface arrosée en été est de 23,560 hectares.

J'ai dit que le Naviglio-Grande et le Martesana se réunissaient sous les murs de Milan. Cette réunion a lieu à l'aide d'une sorte de canal de ceinture, appelé Naviglio-Interno. Ce canal est également très-ancien, et c'est sur lui, dit-on, que la première écluse a été construite.

En vertu de leur grande section, le Naviglio-Grande et le Martesana servent aussi à la navigation, en sorte que Milan se trouve en réalité au centre d'un canal à point de partage qui réunit l'Adda et le Tessin.

Canal de Pavie.

Ce beau canal qui sert à la fois à l'irrigation et à la navigation, a été commencé en 1805, en vertu d'un décret de Napoléon. Il fut entièrement terminé seulement en 1819. Il va de la Darse de Milan au Tessin, sous les murs de Pavie.

Sa longueur totale, qui est de 33,330 mètres, est divisée en 12 biefs par un nombre égal d'écluses. Sa pente totale est de 56 m. 51 ; elle se trouve rachetée

1° Par les écluses dont la chute totale est de. 43,01

2° Par la pente des biefs, dont la moyenne est de 0,4 par kilomètre. . . 13,50

Total égal. 56,51

C'est le Naviglio-Grande qui fournit au canal de Pavie son volume qui est de 6 à 7 mètres cubes d'eau par seconde.

Les bouches de prise d'eau sont au nombre de 25 ; elles servent principalement aux irrigations et secondairement au roulement de plusieurs usines. La surface arrosée en été est d'environ 3,600 hectares.

Canal de Bereguardo.

Ce canal a été construit comme le précédent, au double point de vue de l'irrigation et de la navigation, en 1457, par les ordres de François Sforce, duc de Milan, il est également dérivé du Naviglio-Grande, qui lui fournit son volume d'eau. Sa longueur est de 18,848 mètres ; sa chute totale de 23 m. 80; 20 m. 67 sont rachetés à l'aide de onze écluses ; 3m. 13 sont répartis sur toute l'étendue des biefs dont la pente varie de 0,07 à 0,50 par kilomètre. Il est alimenté par un volume de 4 m. 33 c. par seconde, qui est presqu'entièrement utilisé pour l'irrigation.

Les canaux d'irrigation situés au-delà de l'Adda jusqu'au Mincio et au Tartaro sont beaucoup plus petits que les précédents, et comme ils ne présentent rien de remarquable, il serait inutile de les passer ici en revue.

Vous le voyez, monsieur, ce sont des canaux comme ceux dont je viens de dire quelques mots qu'il nous faut en France aujourd'hui.

Depuis l'apparition des chemins de fer, les canaux de navigation ne seront proposables qu'autant qu'ils pourront servir à la fois à l'irrigation et à la navigation.

FIN.

NOTES.

NOTE Ier.

Texte des divers projets de loi présentés sur l'endiguement.

Nous donnons ici, à titre de documents, le texte des divers projets de loi qui ont été proposés pour l'encaissement des cours d'eau.

En 1842, M. le ministre des travaux publics, présenta un premier projet à la chambre des pairs. Ce projet, comme nous l'avons dit, ne fut point accepté, et la commission à qui il avait été renvoyé lui substitua un texte nouveau. Le rapport de la commission n'eut pas de suite.

Dans la session de 1846, l'honorable M. de Lafarelle prit l'initiative à la chambre des députés, et présenta, à l'appui de sa proposition, un autre projet qui fut soumis à une commission nouvelle. Enfin cette commission a également donné sa rédaction.

Toutes ces vaines tentatives montrent bien la difficulté de la matière.

Beaucoup de bons esprits pensent aujourd'hui que ce n'est point à une loi nouvelle qu'il faut demander la solution de toutes les difficultés que soulève l'organisation des cours d'eau au point de vue de l'endiguement ; mais bien à un règlement d'administration publique. La législation actuelle, quoique disséminée dans plusieurs textes épars, est cependant suffisante ; elle accorde à l'administration tous les pouvoirs nécessaires pour agir, pour contraindre les propriétaires à construire les travaux défensifs qu'elle juge indispensables, et à se soumettre aux règlements d'eau qu'elle arrêtera.

Le mal actuel ne vient donc pas de l'insuffisance de la législation; il est dû uniquement à ce que les dispositions principales de cette dernière n'ont presque jamais été appliquées jusqu'ici.

Droit de coaction, droit de police, de réglementation, l'administration a tout dans la main en vertu des lois existantes; elle n'a qu'à le vouloir, qu'à coordonner, qu'à vivifier par un bon règlement la législation actuelle : ceci soulève naturellement une réflexion.

Lorsqu'une branche de l'administration publique est en souffrance, on s'habitue trop, selon nous, à demander le remède à des lois nouvelles. On oublie qu'il est encore plus important d'appliquer une loi que de la faire. Combien d'abus ne pourrait-on pas faire disparaître de nos jours, si l'on voulait appliquer consciencieusement, sérieusement, le formidable ensemble de notre législation? C'est plutôt l'administration que la législation qu'il faudrait réformer et simplifier. C'est surtout l'esprit d'initiative et de progrès qu'il faudrait donner à tous ceux qui ont en main la puissance publique.

On croit avoir tout fait lorsqu'une loi nouvelle est rendue, et le plus souvent on s'est borné à réveiller momentanément l'attention publique, quand toutefois on ne l'a point égarée par des idées fausses, par des espérances trompeuses. Je n'en veux pour exemple que les lois d'irrigation votées récemment sur le droit d'aqueduc et d'appui. Pense-t-on sérieusement que cela puisse suffire pour donner une vive impulsion à l'irrigation sur tous les points du pays? Non, sans doute. Des études commencées par l'administration sur les points où il semble possible de créer des canaux, des encouragements, des récompenses accordées aux personnes qui se seraient signalées par leur succès et leur initiative, seraient mille fois plus efficaces. En France, on l'a dit depuis longtemps, nous sommes un peu routiniers, et nous discutons longtemps et longuement avant de nous mettre à l'œuvre (voyez plutôt les chemins de fer!). C'est donc à corriger ces mauvaises tendances qu'on devrait surtout s'appliquer.

Quoiqu'une loi nouvelle sur les endiguements ne paraisse pas aujourd'hui nécessaire, nous donnerons cependant les divers textes qui ont été discutés, parce que c'est dans ces textes qu'il faudra aller puiser une partie des dispositions du règlement qu'il est indispensable d'arrêter.

PROJET DE LOI

Sur l'endiguement des rivières et des fleuves,

PRÉSENTÉ PAR LA COMMISSION DE LA CHAMBRE DES PAIRS.

TITRE PREMIER. — *De la déclaration d'utilité publique.*

Art. 1ᵉʳ. L'utilité publique pourra être déclarée, soit d'office, soit à la demande des parties intéressées, pour les travaux d'endiguement et de défense à exécuter sur les bords des fleuves, rivières et torrents navigables et non navigables.

Art. 2. Cette déclaration aura lieu par une ordonnance royale rendue en la forme des règlements d'administration publique, et qui déterminera provisoirement la circonscription du syndicat.

Art. 3.—La déclaration sera toujours précédée d'une enquête dont les formes seront déterminées par un règlement d'administration publique.

TITRE II. — *De l'exécution des travaux.*

Art. 4.—Les travaux seront exécutés et la dépense sera supportée par les propriétaires intéressés, sauf les subventions qui pourraient être accordées sur les fonds de l'État.

Néanmoins l'exécution pourra être concédée à des tiers dans les cas prévus par la présente loi.

SECTION PREMIÈRE. — *De l'exécution par les propriétaires.*

Art. 5.—L'ordonnance portant déclaration d'utilité publique

et fixation provisoire de la circonscription sera publiée et affichée pendant quinze jours dans chacune des communes comprises dans le périmètre des terrains protégés par les travaux.

Art. 6.—Dans le mois qui suivra l'accomplissement de cette formalité, les propriétaires intéressés seront convoqués par le préfet en assemblée générale, à l'effet de se constituer en association et de nommer un syndicat pour la gestion des intérêts communs. Le nombre des syndics pourra varier de trois à sept, et sera déterminé par un arrêté du préfet.

L'assemblée générale sera présidée par le préfet, si la circonscription embrasse des terrains situés sur plusieurs arrondissements, et par le sous-préfet, si les terrains sont compris dans un seul arrondissement.

Les propriétaires pourront se faire représenter par des fondés de pouvoir spéciaux.

Lors de la première organisation du syndicat, le tiers des syndics sera choisi par le préfet parmi les propriétaires intéressés.

Art. 7.—L'assemblée générale ne pourra délibérer qu'autant que les membres présents surpasseraient en nombre le tiers des intéressés, et qu'ils représenteraient entre eux plus de la moitié des terrains compris dans le périmètre.

Art. 8.—Les syndics pourront, aussitôt après leur nomination, prendre communication de tous les documents recueillis par l'administration et qui auront servi de base à la déclaration d'utilité publique.

Art. 9. — Dans les deux mois qui suivront leur nomination, les syndics sont tenus de remettre au préfet :

1° Les plans et devis des travaux de défense à exécuter ;

2° Leur avis motivé sur le mode d'exécution à employer ;

3° Un plan cadastral indiquant les terrains qui doivent former la circonscription définitive ;

4° Un tableau de répartition en plusieurs classes, des propriétés comprises dans la circonscription;

5° L'indication de la contribution proportionnelle de chaque classe dans la dépense.

Art. 10. — Les projets de travaux et les propositions des syndics seront déposés pendant un mois à la mairie de la commune, ou si les travaux s'étendent sur plusieurs communes, à la mairie de celle qui sera désignée par le préfet au centre de la circonscription syndicale.

Un registre sera ouvert pour recevoir les observations des parties.

Art. 11. —Toutes les pièces de l'instruction seront, à l'expiration de ce délai, adressées par le préfet, avec l'avis motivé des ingénieurs, au ministre des travaux publics qui arrêtera les plans, les devis, le système et le mode d'exécution des travaux.

Il ne pourra être ultérieurement apporté aucun changement à ces dispositions, sans que les syndics aient été préalablement entendus.

Art. 12. — La circonscription définitive de l'association, la classification des terrains et la répartition proportionnelle de la dépense par classes seront approuvées par une ordonnance royale rendue en la forme d'un règlement d'administration publique.

La même ordonnance réglera l'organisation de la société syndicale ainsi que les pouvoirs et les obligations des syndics.

Elle décidera s'il y a lieu d'accorder une subvention sur les fonds du Trésor public et en fixera le montant.

Art. 13. — D'après les bases fixées par cette ordonnance, les syndics procéderont au classement définitif des propriétés et à la répartition du montant de la dépense entre les propriétaires intéressés aux travaux.

Les rôles de répartition seront rendus exécutoires par le préfet.

Le recouvrement en aura lieu dans les formes établies pour les contributions directes et jouira du privilége attaché à l'impôt foncier.

Art. 14. — Le syndicat sera renouvelé tous les cinq ans. Les syndics en exercice pourront être indéfiniment réélus.

L'association syndicale, après l'achèvement des travaux, subsistera pour leur entretien et les réparations.

Art. 15. — A défaut par les propriétaires intéressés de se réunir en assemblée générale sur la convocation du préfet, de se constituer en association syndicale et de nommer des syndics, il sera dressé par le préfet ou le sous-préfet un procès-verbal qui constatera l'inutilité de la convocation.

Art. 16. — Les propriétaires intéressés seront de nouveau convoqués par le préfet, un mois après le jour fixé pour la première assemblée, et mis en demeure d'organiser le syndicat.

Art. 17. — Dans le cas où cette seconde convocation n'amènerait aucun résultat, le syndicat sera remplacé par une commission de trois à sept membres, nommée d'office par le ministre des travaux publics, sur la proposition du préfet.

Cette commission exercera les pouvoirs et remplira les obligations des syndics.

Les commissaires pourront être rétribués; l'indemnité qui leur serait accordée sera réglée par le ministre sur l'avis du préfet, et le montant de cette indemnité sera confondu avec les autres dépenses de l'association.

Art. 18. Les propriétaires pourront toujours faire cesser les pouvoirs de la commission, en offrant de se constituer en association et de nommer leurs syndics, sans préjudicier aux actes accomplis par la commission jusqu'à l'établissement du syndicat.

Art. 19. Les syndics qui n'accompliraient pas les obligations imposées par la loi ou par l'ordonnance d'organisation, pourront être, après une mise en demeure et sur le rapport du préfet, suspendus de leurs fonctions par arrêté du ministre, et remplacés par des commissaires en nombre égal, qui administreront jusqu'à l'époque fixée pour le renouvellement du syndicat.

SECTION II. — *De l'exécution par les concessionnaires.*

Art. 20 Dans le cas prévu par l'article 16, outre le droit conféré au ministre des travaux publics d'instituer d'office une commission syndicale, le gouvernement aura la faculté de concéder, avec ou sans subvention de l'État, l'exécution des travaux d'endiguement.

Art. 21. La concession sera faite par une ordonnance royale, rendue dans la forme des règlements d'administration publique, sur des projets présentés par les demandeurs en concession et approuvés par le ministre.

Cette ordonnance fixera les clauses et conditions de la concession.

TITRE III. — *De l'attribution des terrains produits par l'endiguement.*

Art. 22. Les ingénieurs des ponts-et-chaussées lèveront sur toute la ligne des travaux à exécuter, un plan destiné à marquer les limites actuelles du lit des eaux. Ce plan sera immédiatemen déposé à la mairie de la commune, ou si les travaux s'étendent sur plusieurs communes, à la mairie de celle qui sera indiquée par le préfet au centre de la circonscription.

La durée du dépôt sera de deux mois. Ce délai ne courra que du jour de l'avertissement qui devra être donné aux intéressés dans la forme établie par l'article 6 de la loi du 3 mai 1841.

Art. 23. Les propriétaires riverains qui se croiraient fondés à contester les limites assignées au lit par le plan déposé, seront tenus, à peine de forclusion, d'intenter, dans les trois mois qui suivront l'expiration de ce délai, contre l'État en la personne du préfet du département, une action en bornage qui sera instruite et jugée comme matière sommaire devant les tribunaux compétents.

Cette action sera introduite par assignation, sans dépôt préalable du mémoire exigé par la loi du 5 novembre 1790.

Art. 24. Les plans non contestés dans le délai fixé par l'article précédent, et les rectifications ordonnées par les jugements et arrêts qui auront statué sur les réclamations des riverains, seront définitivement arrêtés par une ordonnance du roi, et serviront de base à l'attribution des terrains.

Art. 25. La propriété des terrains retranchés du lit des fleuves, rivières ou torrents par les travaux d'endiguement, sera, à partir de la limite fixée par l'ordonnance royale, dévolue soit aux associations syndicales, si elles ont supporté la dépense en totalité, ou dans une proportion acceptée par l'administration des travaux publics, soit aux concessionnaires qui auront exécuté les travaux à leurs risques et périls, avec ou sans subvention de l'État.

Art. 26. Les associations syndicales posséderont collectivement et par indivis les terrains retranchés pendant dix ans, et les syndics seront chargés, comme mandataires de l'association, d'administrer lesdits terrains, de pourvoir à leur conservation, de les planter et mettre en culture s'il y a lieu. Ils rendront compte de leur gestion en assemblée générale des intéressés.

À l'expiration du terme fixé pour l'indivision, les terrains retranchés seront estimés par trois experts nommés d'office, sur la requête des syndics, par le président du tribunal de première instance, et licités entre les membres de l'association syndicale devant un notaire commis par l'ordonnance qui aura prescrit l'estimation.

Art. 27. Le cahier des charges servant de base à la licitation déterminera, de la manière la moins onéreuse à l'ensemble des terrains retranchés, un mode d'accès au nouveau lit en faveur des propriétaires de l'ancienne rive, et les terrains ne pourront être adjugés qu'à la charge de cette servitude.

Art. 28. Le prix provenant de l'adjudication sera réparti entre les membres de l'association syndicale dans la proportion de leur part contributive dans la dépense.

Art. 29. La servitude réservée par l'article 26 aux propriétaires de l'ancienne rive, sur les terrains retranchés, s'exercera également et aux mêmes conditions, dans le cas où ces terrains sont dévolus à des concessionnaires.

TITRE IV. — *Dispositions générales.*

Art. 30. Seront enregistrés au droit fixe d'un franc les actes de licitation des terrains retranchés entre les membres du syndicat.

Art. 31. Pendant vingt-cinq ans, à partir de la réception des travaux, les terrains retranchés seront exempts de la contribution foncière.

Art. 32. Les contestations relatives à la répartition et au recouvrement des taxes et la confection des travaux seront portées devant le conseil de préfecture, sauf recours au Conseil d'État.

Art. 33. Sont et demeureront abrogées toutes les dispositions des lois antérieures, en ce qu'elles ont de contraire à la présente loi. (1)

____

(1) M. le comte d'Argout, rapporteur.

PROJET DE LOI

Sur l'endiguement des fleuves, rivières et torrents,

PRÉSENTÉ PAR M. DE LA FARELLE, DÉPUTÉ.

———

TITRE PREMIER. — *De l'exécution des travaux par les associations syndicales ou par des concessionnaires.*

Art. 1er. — Les propriétaires intéressés aux travaux d'indiguement, de redressement et aux travaux défensifs à opérer sur les bords des fleuves, rivières et torrents navigables ou non navigables, flottables ou non flottables, pourront être réunis en associations volontaires ou forcées, dans le but d'une défense commune.

Art. 2. — Le préfet convoque en assemblée les propriétaires intéressés, soit sur leur demande, soit d'office, quand il juge nécessaire la formation d'une association.

Il règle, par un arrêté, le mode de convocation, de formation et de délibération de l'assemblée. L'assemblée est présidée par lui ou par un délégué.

Art. 3. — Si les propriétaires représentant la portion la plus considérable des terrains à protéger par des travaux défensifs émettent un vœu favorable à la formation d'une association, il est immédiatement procédé par le préfet à la nomination d'un syndicat provisoire pris parmi les principaux intéressés.

Ce syndicat est chargé de préparer un projet de règlement,

de faire toutes les démarches et remplir toutes les formalités préliminaires, de réunir tous les documents nécessaires pour la constitution et l'organisation définitive de l'association.

Art. 4. — Si la majorité des propriétaires intéressés, mentionnés dans l'article précédent, ne donne pas son assentiment à la formation d'une association, ou si ces propriétaires font défaut à deux convocations successives et de mois en mois, faites par le préfet, celui-ci, dans le cas où il persiste à croire cette association nécessaire, ordonne qu'il soit procédé à une enquête dans les formes prescrites par un règlement général d'administration publique.

Cette enquête a pour objet de constater la nécessité de travaux défensifs et de l'organisation d'une association pour les exécuter.

Les conseils municipaux des communes dont le territoire est intéressé, sont consultés.

Leurs délibérations et les pièces de l'enquête sont transmises, avec l'avis de l'ingénieur en chef et du préfet, au ministre compétent.

Sur le vu de ces pièces, une ordonnance royale prescrit, s'il y a lieu, la formation de l'association.

En vertu de cette ordonnance, le préfet procède à la nomination du syndicat provisoire, comme il est dit à l'article précédent.

Art. 5. — Sur les diligences du syndicat provisoire ou du préfet, une ordonnance rendue dans la forme des règlements d'administration publique détermine toutes les règles et conditions de l'association en ce qui touche :

1° La nature et l'étendue des travaux à opérer, la rédaction des plans et devis par les ingénieurs des ponts-et-chaussées, leur publicité, leur examen et leur approbation par l'autorité administrative supérieure ;

2° Le périmètre des terrains que les travaux doivent protéger, leurs divisions par classes, et la proportion dans laquelle chacune de ces classes doit contribuer à la dépense;

3° L'organisation de la société syndicale, le nombre des syndics définitifs, le mode de leur nomination, la durée de leurs fonctions, leurs pouvoirs et leurs obligations, leur remplacement, s'il y a lieu, par des agents-syndics, même salariés, en cas de refus ou de négligence extrême de leur part dans l'exercice de leur mandat ;

4° La formation du budget annuel de l'association, le mode de paiement des dépenses, les formes de la comptabilité et de la reddition des comptes ;

5° Tous les autres objets non réglés par la présente loi, qui rentrent dans les formes de procéder ou dans les moyens d'exécution, propres à l'association.

Art. 6. — La même ordonnance statue sur la part que le Trésor public doit supporter dans la dépense des travaux, à raison de l'intérêt d'ordre public que l'État peut y avoir, ou fixe la subvention que le gouvernement a pu juger convenable d'accorder, à titre d'encouragement.

Elle déclare, en outre, l'utilité publique des travaux à exécuter, afin de régulariser les applications de la loi du 3 mai 1841 que ces mêmes travaux peuvent réclamer.

Art. 7. — Toutes les discussions et contestations relatives aux plans, devis et projets des travaux, seront soumises à la décision du préfet ou du ministre compétent, selon l'importance des ouvrages et d'après les règles fixées par l'ordonnance régulatrice, sauf recours au Conseil d'État du chef des parties intéressées.

Art. 8. — Toutes les contestations relatives au tracé du périmètre général, à celui du périmètre particulier des diverses classes de propriétés, à la proportion suivant laquelle chaque classe sera tenue de contribuer à la dépense, seront soumises à une commission spéciale, nommée, composée, délibérant et statuant comme il est prescrit aux art. 42 et suivants de la loi du 16 septembre 1807, toujours sauf recours au Conseil d'État.

Art. 9. — Les rôles de répartition de la dépense entre les intéressés, proportionnellement à leur intérêt, sont dressés par les syndics d'après les bases fixées par l'ordonnance royale mentionnée à l'art. 5. Ils sont ensuite rendus exécutoires par le préfet, le recouvrement en a lieu dans les formes établies pour les contributions directes et avec les priviléges attachés à la perception de l'impôt foncier. Toutes les contestations relatives à la répartition et au recouvrement des taxes, ainsi qu'à la confection des travaux, sont portées devant le conseil de préfecture, sauf recours au Conseil d'État.

Art. 10. — L'association syndicale, au lieu de procéder elle même à la confection et à l'entretien des travaux défensifs, peut, à la majorité mentionnée dans l'art. 2, les concéder soit à des propriétaires riverains qui le demandent, soit à des entrepreneurs étrangers, moyennant l'abandon total ou partiel des terrains à conquérir sur les eaux.

Art. 11. — S'il s'agit de travaux défensifs à opérer contre des fleuves et rivières navigables ou flottables, et si les associations se refusent soit à exécuter ces travaux, soit à en faire elles-mêmes la concession, le gouvernement peut en concéder, de son chef, l'exécution et l'entretien, avec ou sans subvention, à des entrepreneurs, moyennant l'abandon total ou partiel des terrains à conquérir sur les eaux.

Cette concession, dans le cas du présent article, comme dans celui de l'article précédent, doit être approuvée et réglée par une ordonnance rendue dans la forme des règlements d'administration publique, et après l'accomplissement de toutes les formalités préliminaires imposées aux associations syndicales quand elles demeurent chargées des travaux.

TITRE II. *De l'attribution des terrains produits par l'endiguement.*

Art. 12. — Avant toute exécution des travaux, les ingénieurs des ponts-et-chaussées lèvent sur toute la ligne un plan constatant le cours des eaux et le lit qu'elles recouvrent dans leur état pérenne le plus élevé.

Ce plan est déposé à la mairie de chaque commune où les propriétés riveraines sont situées.

Avis de ce dépôt est publié et affiché conformément à l'art. 6 de la loi du 3 mai 1841.

La durée de ce dépôt est d'un mois, et ce délai ne court qu'à dater du jour de l'avertissement donné aux intéressés dans la forme prescrite au § précédent.

Art. 13. — Les propriétaires riverains qui seraient fondés à contester l'exactitude du plan de l'état des lieux sont tenus, à peine de forclusion, d'intenter devant les tribunaux compétents, contre le préfet du département, une action en rectification qui sera instruite et jugée sommairement.

Cette action est introduite par assignation, sans dépôt préalable du mémoire exigé par la loi du 5 novembre 1790.

Les délais de l'appel sont réduits à un mois, à partir de la signification du jugement.

Art. 14. — Néanmoins s'il s'agit d'une rivière torrentielle dont les plus fortes eaux pérennes ne recouvrent qu'une faible partie de son lit de sable ou de cailloux, les deux lignes servant de limites à la voie qui doit être laissée libre dans l'intérêt bien entendu des propriétés riveraines, sont déterminées par un arrêté du préfet.

Cet arrêté est rendu par le préfet, en Conseil de préfecture, sur le vu des plans et rapports dressés par les ingénieurs des ponts-et-chaussées, préalablement rendus publics, comme il est prescrit aux §§ 2, 3 et 4 de l'art. 11, sur le vu des observations écrites, adressées au sujet de ces plans et rapports par les conseils municipaux des communes intéressées, par les syndicats des associations riveraines et par les propriétaires riverains eux-mêmes ; enfin, sur le vu de l'avis motivé des commissions spéciales, mentionnées à l'art. 8.

L'arrêté préfectoral ainsi rendu ne peut être attaqué du chef des syndicats ou de celui des propriétaires intéressés que par la voie du recours au Conseil-d'État.

Art. 15. — Les plans non contestés dans les délais fixés par les art. 12 et 13, ou rectifiés en vertu des jugements, arrêts ou ordonnances qui ont statué sur les réclamations des riverains, sont arrêtés par une ordonnance générale du roi, et servent de base à l'attribution des terrains.

Art. 16. — Les terrains conquis sur les bords des fleuves, rivières et torrents, dans les limites fixées par l'ordonnance qui vient d'être mentionnée, sont dévolus, soit aux associations, soit aux concessionnaires qui ont exécuté les travaux.

Ces terrains sont pris et possédés collectivement par le syndicat, qui les cultive et en retire les produits au profit de l'association jusqu'à leur consolidation.

L'assemblée générale propose, et une ordonnance royale détermine l'époque où cette possession collective doit prendre fin, et où les terrains conquis doivent être vendus. Cette vente a lieu à la requête des syndics, aux enchères publiques et après estimation faite par trois experts nommés d'office par le président du tribunal de première instance.

Art. 17. — Toutefois, lorsqu'il n'existe qu'une distance moyenne de cent mètres entre le nouveau lit de la rivière et la limite de la propriété des anciens riverains, chacun de ces derniers est autorisé à acquérir par voie de préemption, sur le prix d'estimation des trois experts, la portion de terrains conquis, interposée entre sa propriété et le nouveau lit de la rivière.

Ce droit de préemption pour les propriétaires intéressés peut même leur être accordé, quoique les terrains conquis aient une largeur moyenne de plus cent mètres, lorsque l'assemblée générale de l'association en a témoigné le vœu, et qu'il a été sanctionné par l'ordonnance royale mentionnée à l'art. 5.

Ce droit doit être exercé avant la mise aux enchères.

Art. 18. — Dans le cas où le droit de préemption n'a pas pu être ou n'a pas été exercé, le cahier des charges détermine de la manière la moins onéreuse à l'association, un mode d'accès au nouveau lit en faveur des propriétaires de l'ancienne rive, ainsi que les moyens de rétablir les écoulements et les prises d'eau. Les nouveaux terrains ne peuvent être adjugés qu'à la charge de ces servitudes.

Cet article et le précédent sont applicables aux concessionnaires; l'ordonnance de concession fixe le délai dans lequel le droit de préemption devra être exercé, sous peine de déchéance.

Art. 19. — Le prix provenant de l'adjudication des terrains conquis ou de leur vente par voie de préemption, est réparti entre tous les membres de l'association, dans la proportion de leur part contributive à la dépense, sauf l'application par le syndicat de tout ou partie de ce même prix au paiement des travaux ou à la dépense de leur entretien.

TITRE II. — *Dispositions générales.*

Art. 20. — Sont enregistrés au droit fixe d'un franc, les actes de licitation des terrains conquis sur les eaux, ainsi que les actes d'achats faits en vertu du droit de préemption.

Art. 21. — Pendant vingt-cinq ans, à partir de la réception des travaux, les terrains conquis sur les eaux sont exempts de la contribution foncière, mais ils sont sujets à la taxe spéciale perçue pour l'entretien des endiguements.

Art. 22. — Toutes les associations actuellement existantes, légalement instituées, soit par des ordonnances royales rendues dans a forme des règlements d'administration publique, soit par des arrêtés préfectoraux, en vertu du décret du 4 messidor an XIII, sont maintenues suivant leurs statuts actuels. Les terrains conquis et les alluvions artificielles provenant des travaux exécutés à l'avenir par les associations actuellement autorisées appartiennent auxdites associations, sauf conventions contraires, antérieures à la présente loi.

Art. 23. — Sont et demeurent abrogées toutes les dispositions des lois antérieures, en ce qu'elles ont de contraire à la présente loi.

F. DE LA FARELLE,

Député, membre de la Commission spéciale
chargée d'étudier la question.

PROJET DE LOI

PRÉSENTÉ PAR M. LE MINISTRE DES TRAVAUX PUBLICS EN 1842.

De la déclaration publique.

Art. 1er. L'utilité publique pourra être déclarée soit d'office, soit à la demande des parties intéressées, pour les travaux d'endiguement et de défense à exécuter sur les bords des fleuves, rivières et torrents navigables ou non navigables.

Art. 2. Cette déclaration aura lieu par une ordonnance royale rendue en la forme de règlement d'administration publique et qui déterminera provisoirement la circonscription du syndicat.

Art. 3. La déclaration sera toujours précédée d'une enquête dont les formes seront déterminées par un règlement d'administration publique.

TITRE II.

De l'exécution des travaux.

Art. 4. Les *travaux seront exécutés* et la dépense sera supportée par les propriétaires intéressés, sauf les subventions qui pourront être accordées sur les fonds de l'État.

Néanmoins l'exécution pourra être concédée à des tiers dans les cas prévus par la présente loi.

SECTION Ire.

De l'exécution par les propriétaires.

Art. 5. L'ordonnance portant déclaration d'utilité publique

et fixation provisoire de la circonscription , sera publiée et affichée , pendant quinze jours , dans chacune des communes comprises dans le périmètre des terrains protégés par les travaux.

Art. 6. Dans le mois qui suivra l'accomplissement de cette formalité , les propriétaires intéressés seront convoqués par le préfet, en assemblée générale, à l'effet de se constituer en association, et de nommer un syndicat, pour la gestion des intérêts communs ; le nombre des syndics pourra varier de trois à sept et sera déterminé par un arrêté du préfet.

L'assemblée générale sera présidée par le préfet, si la circonscription embrasse des terrains situés sur plusieurs arrondissements, et par le sous-préfet si les terrains sont compris dans un seul arrondissement.

Les propriétaires pourront se faire représenter par des fondés de pouvoirs spéciaux.

Lors de la première organisation du syndicat , le tiers des syndics sera choisi , par le préfet , parmi les propriétaires intéressés.

Art. 7. L'assemblée générale ne pourra délibérer qu'autant que les membres présents surpasseront en nombre le tiers des intéressés , et qu'ils représenteront entre eux plus de la moitié des terrains compris dans le périmètre.

Art. 8. Les syndics pourront aussitôt après leur nomination prendre communication de tous les documents recueillis par l'administration et qui auront servi de base à la déclaration d'utilité publique.

Art. 9. Dans les deux mois qui suivront leur nomination, les syndics seront tenus de remettre au préfet :

1° Les plans et devis des travaux de défense à exécuter ;

2° Leur avis motivé sur le mode d'exécution à employer ;

3° Un plan cadastral indiquant les terrains qui doivent former la circonscription définitive ;

4° Un tableau de répartition en plusieurs classes des propriétés comprises dans la circonscription ;

5° L'indication de la contribution personnelle de chaque classe dans la dépense.

Art. 10. Les projets des travaux et les propositions des syndics seront déposés pendant un mois à la mairie de la commune, ou, si les travaux s'étendent sur plusieurs communes, à la mairie de celle qui sera désignée par le préfet au centre de la circonscription syndicale.

Un registre sera ouvert pour recevoir les observations des parties.

Art. 11. Toutes les pièces de l'instruction seront, à l'expiration de ce délai, adressées par le préfet, avec l'avis motivé des ingénieurs, au ministre des travaux publics qui arrêtera les plans, les devis, le système et le mode d'exécution des travaux.

Il ne pourra être ultérieurement apporté aucun changement à ces dispositions sans que les syndics aient été préalablement entendus.

Art. 12. La circonscription définitive de l'association, la classification des terrains, et la répartition proportionnelle de la dépense par classe, seront approuvées par une ordonnance royale rendue en la forme de règlement d'administration publique.

La même ordonnance réglera l'organisation de la société syndicale, ainsi que les pouvoirs et les obligations des syndics.

Elle décidera s'il y a lieu d'accorder une subvention sur les fonds du trésor public et en fixera le montant.

Art. 13. D'après les bases fixées par cette ordonnance, les syndics procéderont au classement définitif des propriétés et à la répartition du montant de la dépense entre les propriétaires intéressés aux travaux.

Les rôles de répartition seront rendus exécutoires par le préfet.

Le recouvrement en aura lieu dans les formes établies pour les contributions directes et jouira des priviléges attachés à l'impôt foncier.

Art. 14. Le syndicat sera renouvelé tous les cinq ans; les syndics en exercice pourront être indéfiniment réélus; l'association syndicale, après l'achèvement des travaux, subsistera pour leur entretien et leur réparation.

Art. 15. A défaut par les propriétaires intéressés de se réunir en assemblée générale sur la convocation du préfet, de se constituer en association syndicale, et de nommer des syndics, il sera dressé par le préfet et le sous-préfet un procès-verbal qui constatera l'inutilité de la convocation.

Art. 16. Les propriétaires intéressés seront de nouveau convoqués par le préfet, un mois après le jour fixé pour la première assemblée, et mis en demeure d'organiser le syndicat.

Art. 17. Dans le cas où cette seconde convocation n'amènerait aucun résultat, le syndicat sera remplacé par une commission de trois à sept membres, nommée d'office par le ministre des travaux publics sur la proposition du préfet.

Cette commission exercera les pouvoirs et remplira les obligations des syndics.

Les commissaires pourront être rétribués; l'indemnité qui leur serait accordée sera réglée par le ministre, sur l'avis du préfet, et le montant de cette indemnité sera confondu avec les autres dépenses de l'association.

Art. 18. Les propriétaires pourront toujours faire cesser les pouvoirs de la commission en offrant de se constituer en association et de nommer leurs syndics sans préjudicier aux actes accomplis par la commission jusqu'à l'accomplissement du syndicat.

Art. 19. Les syndics qui n'accompliraient pas les obligations imposées par la loi ou par l'ordonnance d'organisation, pourront être, après une mise en demeure et sur le rapport du préfet, suspendus de leurs fonctions par arrêté du ministre, et remplacés par des commissaires en nombre égal, qui administreront jusqu'à l'époque fixée pour le renouvellement du syndicat.

SECTION II.

De l'exécution par les concessionnaires.

Art. 20. Dans le cas prévu par l'article 16, outre le droit conservé au ministre des travaux publics, d'instituer d'office une commission syndicale, le gouvernement aura la faculté de concéder, avec ou sans subvention de l'État, l'exécution des travaux d'endiguement.

Art. 21. La concession sera faite par une ordonnance rendue dans la forme des règlements d'administration publique sur des projets présentés par les demandeurs en concession et approuvés par le ministre.

Cette ordonnance fixera les clauses et conditions de la concession.

TITRE III.

De l'attribution des terrains produits par l'endiguement.

Art. 22. Les ingénieurs des ponts-et-chaussées lèveront, sur toute la ligne des travaux à exécuter, un plan destiné à marquer les limites actuelles du lit des eaux.

Ce plan sera immédiatement déposé à la mairie de la commune, ou, si les travaux s'étendent sur plusieurs communes, à la mairie de celle qui sera indiquée par le préfet, au centre de la circonscription.

La durée du dépôt sera de deux mois; ce délai ne courra

que du jour de l'avertissement qui devra être donné aux intéressés dans la forme établie par l'article 6 de la loi du 3 mai 1841.

Art. 23. Les propriétaires riverains qui se croiraient fondés à contester les limites assignées au lit, par le plan déposé, seront tenus, à peine de forclusion, d'intenter, dans les trois mois qui suivront l'expiration de ce délai, contre l'État, en la personne du préfet du département, une action en bornage, qui sera instruite et jugée comme matière sommaire devant les tribunaux compétents.

Cette action sera introduite par assignation, sans dépôt préalable du mémoire exigé par les lois du 5 novembre 1790.

Art. 24. Les plans non contestés dans le délai fixé par l'article précédent, et les rectifications ordonnées par les jugements et arrêts qui auront statué sur les réclamations des riverains, seront définitivement arrêtés par une ordonnance du roi, et serviront de base à l'attribution des terrains.

Art. 25. La propriété des terrains retranchés du lit des fleuves, rivières ou torrents par les travaux d'endiguement, sera, à partir de la limite fixée par l'ordonnance royale, dévolue, soit aux associations syndicales, si elles ont supporté la dépense en totalité, ou dans une proportion acceptée par l'administration des travaux publics, soit aux concessionnaires qui auront exécuté les travaux à leurs risques et périls, avec ou sans subvention de l'État.

Art. 26. Les associations syndicales posséderont collectivement et par indivis les terrains retranchés, pendant dix ans, et les syndics seront chargés, comme mandataires de l'association, d'administrer lesdits terrains, de pourvoir à leur conservation, de les planter et mettre en culture s'il y a lieu. Ils rendront compte de leur gestion en assemblée générale des intéressés.

A l'expiration du terme fixé pour la division, les terrains retranchés seront estimés par trois experts commis d'office, sur la requête des syndics, par le président du tribunal de première instance, et licités entre les membres de l'association syndicale devant un notaire commis par l'ordonnance qui aura prescrit l'estimation.

Art. 27. Le cahier des charges servant de base à la licitation déterminera, de la manière la moins onéreuse à l'ensemble des terrains retranchés, un mode d'accession au nouveau lit en faveur des propriétaires de l'ancienne rive, et les terrains ne pourront être adjugés qu'à la charge de cette servitude.

Art. 28. Le prix provenant de l'adjudication sera réparti entre les membres de l'association syndicale, dans la proportion de leur part contributive dans la dépense.

Art. 29. La servitude réservée par l'article 26 aux propriétaires de l'ancienne rive sur les terrains retranchés, s'exercera également et aux mêmes conditions, dans le cas où ces terrains seront dévolus à des concessionnaires.

TITRE IV.

Dispositions générales.

Art. 30. Seront enregistrés au droit fixe de 1 franc les actes de licitation des terrains retranchés entre les membres du syndicat.

Art. 31. Pendant vingt-cinq ans, à partir de la réception des travaux, les terrains retranchés seront exempts de la propriété foncière.

Art. 32. Les contestations relatives à la répartition et au recouvrement des taxes, et à la confection des travaux, seront portées devant le conseil de préfecture, sauf recours au conseil d'État.

Art. 33. Sont et demeurent abrogées toutes les dispositions des lois antérieures, en ce qu'elles ont de contraire à la présente loi.

———

Nous avons essayé de rédiger un projet de règlement sur l'endiguement des cours d'eau. Le but de ce règlement étant de coordonner les dispositions éparses de la législation actuelle. Quoique ce texte soit nécessairement très-incomplet, nous le donnons ici comme une première ébauche. La grande difficulté de ce travail, c'est de développer convenablement tout ce que la législation actuelle a de bon, de pratique, tout ce qui a été sanctionné par la saine expérience des faits sans aller au-delà; car ce serait alors empiéter sur le domaine de la loi et sortir des limites naturelles entre lesquelles une simple ordonnance royale doit toujours se renfermer.

Il nous semble que, sans aborder dès à présent les grandes difficultés légales de la matière, telles que : la propriété du lit des cours d'eau, l'attribution des terrains conquis, difficultés contre lesquelles une simple ordonnance sera toujours à peu près impuissante, il serait possible de réaliser déjà de très-grandes améliorations en se bornant à développer et à coordonner trois grands principes :

1° L'étude générale des travaux;

2° L'exécution de ces travaux (article 33 de la loi du 16 septembre 1807);

3° L'entretien (art. 34 de la même loi).

Sans doute, ce ne serait là qu'une œuvre incomplète; mais enfin on mettrait à profit tous les principes contenus dans la législation actuelle, sans aller au-delà.

Si les travaux d'endiguement étaient conçus, exécutés, défendus d'après des principes simples, uniformes et sanctionnés par l'expérience, ce serait déjà un très-grand, un immense progrès;

la plupart des intérêts qui se trouvent aujourd'hui en souffrance seraient satisfaits, et l'on remettrait à l'avenir le soin d'aborder les autres questions non encore résolues.

Ce plan est plus simple , mais peut-être aussi est-il plus pratique, plus facile à réaliser qu'une législation complète et nouvelle qui aurait la prétention de tout résoudre à la fois.

Quoi qu'il en soit, nous ne présentons le texte suivant qu'avec une extrême réserve. On remarquera qu'il contient plusieurs principes nouveaux qui ne se trouvent point dans les projets précédents. Ces principes se rapportent à l'étude des projets et surtout à l'entretien et à la défense des travaux construits. Ce dernier point de vue est le plus pratique , le plus essentiel de la question.

A quoi sont dus, en effet, la plupart des désastres, si ce n'est au défaut de surveillance et d'entretien? Nous proposons pour organiser convenablement l'entretien et la défense des travaux la création de *syndicats généraux*, dont la première pensée appartient à M. le sous-secrétaire d'État des travaux publics. Cette institution aurait pour objet d'établir de l'unité et de l'ensemble dans les mesures des syndicats particuliers et de corriger par là l'un des plus grands vices de ces derniers.

Règlement d'administration publique sur les endiguements.

TITRE Ier (1).

De l'étude générale des travaux d'endiguement ou de défense.

Art. 1er. A l'avenir tous les travaux défensifs contre les cours

(1) Ce premier titre manque dans tous les projets de loi présentés jusqu'ici.

d'eau quelconques, navigables ou non navigables, flottables ou non flottables, établis en vertu des lois du 14 floréal an XI et 16 septembre 1807, seront exécutés dans des vues d'ensemble et de manière à former un système complet de défense et de régularisation aux points de vue des intérêts de l'agriculture et de l'industrie. A cet effet, le territoire du royaume sera divisé en un certain nombre de bassins généraux', dans chaque bassin non-seulement on comprendra le cours d'eau principal, navigable ou non navigable, flottable ou non flottable, mais encore tous les affluents dont le régime peut influer d'une manière quelconque sur l'état de ce cours d'eau principal.

Des arrêtés ministériels déterminent le nombre et l'étendue de ces bassins, ainsi que les affluents qu'ils comprennent.

Art. 2. Ces arrêtés règlent la manière dont les études devront être faites pour être conçues dans une vue d'ensemble pour toute l'étendue d'un même bassin.

Art. 3. Tous les cours d'eau qui ne seront point compris dans l'arrêté constitutif des bassins qui doit être rendu conformément à l'article 1er, et que l'administration jugera devoir être d'un intérêt général, feront également l'objet d'études et de règlements spéciaux.

Chaque préfet fera dresser, avant le   prochain, pour les cours d'eau de cette nature compris sur le territoire de son département des plans généraux d'endiguement et de curage, et des règlements d'eau conformément aux droits qui lui sont conférés par la loi du 14 floréal an XI. Ces règlements ne seront arrêtés qu'après avoir été coordonnés avec ceux du bassin dans lequel les cours d'eau sont situés.

Les plans d'alignement et les règlements pour chacun de ces cours d'eau étant arrêtés seront déposés dans les archives de la mairie de la commune pour ce qui concerne le territoire de cette dernière.

TITRE II.

De l'exécution des travaux d'endiguement ou de défense.

———

(Développement de l'article 33 de la loi du 16 septembre 1807):
Lorsqu'il s'agira de construire des digues à la mer, ou contre les fleuves, rivières et torrents navigables ou non navigables, la nécessité en sera constatée par le gouvernement et la dépense supportée par les propriétaires protégés, dans la proportion de leur intérêt aux travaux, sauf le cas où le gouvernement croirait utile et juste d'accorder des secours sur les fonds publics.

Art. 4. Les propriétaires intéressés aux travaux défensifs contre les cours d'eau *de toute nature* peuvent être réunis en associations volontaires ou en associations forcées dans l'intérêt de la défense commune.

Art. 5. Le préfet convoque en assemblée les propriétaires intéressés, soit sur leur demande, soit d'office, quand il juge nécessaire, la formation d'une association.

Il règle par l'arrêté de convocation le mode de réunion et de délibération de l'assemblée.

L'assemblée est présidée par lui ou par un délégué.

Art. 6. Si les propriétaires représentant plus de la moitié de la surface des terrains à protéger émettent un vœu favorable à la formation d'une association, il est immédiatement procédé par le préfet à la nomination d'un syndicat provisoire pris parmi les propriétaires intéressés.

Ce syndicat provisoire est chargé de proposer un projet de règlement, de donner son avis : sur l'étendue et le périmètre des terrains qui doivent être compris dans l'association, sur le mode d'exécution et d'entretien des travaux, de réunir enfin tous les documents nécessaires pour l'organisation définitive de l'association.

Art. 7. Si les propriétaires représentant plus de la moitié de la surface des terrains à défendre ne donnent pas leur assentiment à la formation d'une association, ou si ces propriétaires font défaut à deux convocations successives et de mois en mois, faites par le préfet, celui-ci, dans le cas où il persiste à croire cette association nécessaire, ordonne qu'il soit procédé à une enquête dans les formes prescrites par un règlement général d'administration publique.

Cette enquête a pour objet de constater la nécessité des travaux défensifs et de l'organisation d'une association pour les exécuter.

Les conseils municipaux des communes dont le territoire est intéressé sont consultés.

Leurs délibérations et les pièces de l'enquête sont transmises avec l'avis de l'ingénieur en chef et du préfet au ministre des travaux publics.

Sur le vu de ces pièces, une ordonnance royale prescrit, s'il y a lieu, la formation de l'association.

En vertu de cette ordonnance, le préfet procède à la nomination du syndicat provisoire, comme il est dit à l'article précédent.

Art. 8. Dans le cas d'une association volontaire ou d'une association forcée, et sur les diligences du syndicat provisoire ou du préfet, une ordonnance royale, déclare l'utilité publique des travaux à exécuter, afin de régulariser au besoin l'application de la loi du 3 mai 1841, elle arrête l'organisation définitive de l'association syndicale et en général tout ce qui touche aux formes de procéder et aux moyens d'exécution. L'ordonnance royale étant rendue, le préfet nomme les syndics définitifs qu'il peut choisir parmi les syndics provisoires.

Art. 9. La constitution de l'association syndicale, celle de la commission spéciale à créer en vertu des articles 42 et suivants de la loi du 16 septembre 1807, seront basées sur les règles générales établies par l'ordonnance royale déjà rendue sur cette matière, il en sera de même pour le mode d'exécution et de payement des travaux, pour la rédaction des rôles de contribution et leur recouvrement.

Les réclamations qui pouraient s'élever contre les décisions de la commission spéciale, seront portées devant le conseil d'État, en vertu de l'article 17 de la même ordonnance. Toutefois, les réclamants devront être entendus par la commission, qui se réunira de nouveau à cet effet. Un délai d'un mois est accordé aux intéressés pour présenter leurs observations de vive voix devant la commission.

Art. 10. Dans le cas où les syndics n'accompliraient pas les obligations qui leur sont imposées, ils peuvent, après une mise en demeure, être suspendus de leurs fonctions par le préfet et remplacés par des agents-syndics; ces derniers reçoivent, aux frais de l'association, une indemnité déterminée par l'arrêté qui les nomme.

Art. 11. Lorsqu'un propriétaire voudra construire des travaux défensifs quelconques contre un cours d'eau ni navigable, ni flottable, réglementé en vertu des articles 1 et 2, ou de l'article 3 du titre I, il ne pourra le faire sans autorisation.

Si ce cours d'eau est compris dans les arrêtés constitutifs de l'étendue des bassins, en vertu des articles 1 et 2, le propriétaire devra s'adresser au préfet, qui lui fera donner l'alignement et prescrire la nature, la forme et les dimensions des ouvrages.

Si ce cours d'eau, n'étant pas compris dans lesdits arrêtés, est un de ceux mentionnés à l'article 3, l'autorisation sera accordée par le maire de la commune qui se conformera aux plans et aux règlements déposés aux archives de la mairie, conformément aux prescriptions du dernier paragraphe de l'article 3.

Dans le premier cas, les travaux seront reçus par les ingénieurs des ponts-et-chaussées, et dans le second par le maire de la commune (1).

TITRE III.

De l'entretien des travaux d'endiguement ou de défense (2).

(Développement de l'article 34 de la loi de 1807.) Lorsqu'il y aura lieu de pourvoir aux dépenses d'entretien ou de réparation des mêmes travaux, au curage des canaux qui sont en même temps de navigation et de dessèchement, il sera fait des règlements d'administration publique qui fixeront la part contributive du gouvernement et des propriétaires, il en sera de même lorsqu'il s'agira de levées, de barrages, de pertuis, d'écluses auxquels les propriétaires de moulins ou d'usines seraient intéressés.

Art. 12. Des syndicats généraux sont institués pour l'entre-

(1) Il serait désirable de pouvoir ajouter ici une sanction pénable, telle que celle-ci :

Faute par le propriétaire de demander l'alignement ou de se conformer aux prescriptions qui lui auront été données, il sera poursuivi devant le conseil de préfecture et condamné à une amende de 50 à 200 francs et à la démolition, s'il y a lieu.

(2) Le titre III manque dans tous les projets de loi présentés jusqu'ici.

tien des travaux défensifs en temps ordinaire, et pour leur défense en temps de crue.

Art. 13. Chaque cours d'eau ou portion de cours d'eau sur les rives duquel auront été exécutés des travaux défensifs dont la conservation importe à de grands intérêts, sera, sur les propositions des ingénieurs, divisé par l'administration supérieure, en une ou plusieurs sections.

A la tête de chaque section, on placera un syndicat général. Le syndicat général se compose de la réunion de tous les présidents des syndicats particuliers, compris dans la section. Le ministre compétent nomme le président du syndicat général, détermine le lieu et l'époque des réunions, le mode de convocation et de délibération.

Art. 14. Les syndicats généraux ont pour objet :

1° De veiller, de concert avec les ingénieurs, les autorités locales et les syndicats particuliers, à la défense de la vallée dans toute l'étendue de leur section ; 2° de proposer chaque année au préfet du département, sur l'avis des ingénieurs et des syndicats particuliers, le montant de la taxe d'entretien qui sera mise à la charge de chaque association dans une même section ; 3° de proposer toute autre taxe extraordinaire rendue nécessaire par des circonstances imprévues ; de voter, répartir et régulariser toutes les dépenses communes entre les divers syndicats de la section, d'après les formes et conditions arrêtées par l'administration.

Les délibérations du syndicat général établissant des taxes d'entretien ou taxes extraordinaires, sont transmises par le président aux syndics des diverses associations ; elles sont affichées pendant quinze jours à la mairie de la commune de la situation des lieux, afin que les propriétaires puissent présenter leurs observations.

Sur le vu des délibérations des syndicats généraux et des observations des propriétaires, le préfet arrête définitivement le montant des taxes, après avoir consulté l'ingénieur en chef. Les syndics de chaque association dressent en ce qui les concerne les rôles de répartition qui sont rendus exécutoires par le préfet.

Toutes les contestations relatives au recouvrement des rôles, aux réclamations des individus imposés à la confection des travaux d'entretien, seront portées devant le conseil de préfecture, sauf recours au conseil d'État.

Art. 15. La garde ou la surveillance des ouvrages défensifs se distingue en garde ordinaire et extraordinaire; la première a pour objet de conserver les travaux dans un état parfait d'entretien, et la seconde de les protéger en temps de crue.

Art. 16. La garde ordinaire ou d'entretien a lieu sous la direction des ingénieurs et la surveillance des syndicats généraux et particuliers.

Chaque ligne de digues est confiée aux soins d'un ingénieur en chef, et divisée en arrondissements; chaque arrondissement est surveillé par un ingénieur ordinaire qui est secondé par tous les syndicats généraux et particuliers compris dans son arrondissement.

Enfin, chaque arrondissement est divisé par cantons, et à chaque canton on attache un garde-digue ou agent à poste fixe.

Art. 17. Les garde-digues sont nommés par le préfet sur la présentation du syndicat général et des ingénieurs : l'arrêté qui les nomme fixe leurs traitements, et la proportion dans laquelle chaque syndicat particulier doit y contribuer, lorsque le canton comprend plusieurs syndicats particuliers.

Ces agents sont chargés de veiller, sous l'autorité des ingénieurs et la surveillance des syndicats, au parfait entretien et à la conservation des digues, ils prêtent serment devant le jugede-paix , et dressent des procès-verbaux qui font foi en justice jusqu'à preuve contraire.

Art. 18. Pour tout cours d'eau ou portion de cours d'eau , sur lequel seront construits des ouvrages défensifs importants, l'administration établira des niveaux ou points fixes.

Lorsque la crue atteint ces niveaux, les ingénieurs organisent *la garde extraordinaire.*

Un règlement d'administration publique détermine , pour chaque cours d'eau ou portion de cours d'eau , les moyens à prendre dans cette circonstance , et notamment : 1° Une surveillance constante de jour et de nuit; 2° La création de magasins munis de tous les outils et appareils nécessaires ; 3° Et en général tous les moyens reconnus propres à éviter les inondations. La même ordonnance fixe, lors de la garde extraordinaire, les attributions respectives des ingénieurs, des syndics généraux et particuliers.

Art. 19. Les travaux relatifs à l'entretien annuel d'une section soumise à la surveillance d'un syndicat général , seront donnés à l'adjudication.

Ces adjudications auront lieu , dans les formes ordinaires, devant le préfet ou son délégué , assisté de l'ingénieur chargé des travaux et du président du syndicat général intéressé.

L'administration déterminera dans chaque cas particulier, sur la proposition des ingénieurs et du syndicat général , les conditions diverses de l'adjudication , le nombre d'années pendant lesquelles elle devra durer, les formes de comptabilité : Elle charge le syndicat général de répartir les dépenses entre les syndicats particuliers proportionnellement à l'intérêt de chacun.

Les travaux d'entretien relatifs à une même section , peuvent faire l'objet d'un ou de plusieurs lots suivant les cas.

L'administration reste juge des cas où il serait nécessaire d'exécuter les travaux en régie.

Art. 20. Entre les syndicats d'une ou plusieurs sections, il pourra être établi des caisses de réserve et de secours pour faire face aux dépenses imprévues.

Le fonds de ces caisses de secours est constitué à l'aide de réserves prélevées chaque année sur les taxes d'entretien de chaque syndicat.

Sur la proposition des ingénieurs, des syndicats généraux et particuliers, un règlement d'administration publique institue la caisse de secours, fixe le prélèvement annuel, le mode de perception et la justfication des dépenses.

Art. 21. Tous ceux qui, lors d'une inondation ou d'un danger imminent, étant requis par le maire de la commune ou toute autre autorité compétente, de prêter main forte, ne se rendraient pas sur les lieux menacés, seront punis des peines fixées par l'article 475 du code pénal.

Les maires requerront les voitures et bateaux nécessaires pour les transports des matériaux, secours, hommes et bestiaux. Chaque heure de retard pour fournir un bateau ou une voiture, donnnera lieu à une amende de six francs par voiture et de douze francs par bateau.

Art. 22. Toutes les associations actuellement existantes légalement instituées, soit par des ordonnances royales rendues dans la forme des règlements d'administration publique, soit par des arrêtés préfectoraux, en vertu du décret du 4 messidor an XIII, sont maintenues suivant leurs statuts actuels, sauf toutefois les changements qu'il est nécessaire de faire subir à ces mêmes statuts, pour organiser l'entretien et la défense des digues, conformément aux prescriptions du titre III.

NOTE II.

Lettre de M. le préfet du Var,

A. M. le ministre de l'agriculture et du commerce.

———

Nous croyons que l'on ne lira pas sans intérêt l'extrait suivant d'une lettre adressée par M. le préfet du Var à M. le ministre de l'agriculture et du commerce, sur la question des irrigations dans ce département. On verra en lisant cet extrait, que M. le préfet du Var est convaincu comme nous, que de simples dispositions législatives ne sont point suffisantes pour donner une impulsion à l'irrigation, qu'il est indispensable que l'administration prenne elle-même l'initiative en stimulant par des études, par des encouragements, l'action des propriétaires.

M. le préfet pense aussi que les propriétaires non riverains, devraient être admis au partage de l'eau *là où l'abondance de son volume rend ce partage possible et sans inconvénient.* N'est-il pas évident, en effet, que tant qu'on voudra dans ces cas spéciaux et avec le Code civil, limiter aux riverains seuls le partage de l'eau, il sera impossible de retirer du volume des cours d'eau toute l'utilité possible. L'article du Code civil qui veut *que chaque riverain rende à la sortie de ses fonds à son cours ordinaire l'eau dont il s'est servi* est évidemment contraire à tous les vrais principes d'une bonne irrigation. Pour faire une répartition logique, complète, économique, il faudrait pouvoir embrasser toute la surface irrigable naturellement.

M. le préfet croit aussi qu'on devrait assimiler les canaux

d'irrigation à créer, aux travaux ayant pour objet le dessèchement des marais, et leur appliquer les dispositions de la loi du
16 septembre 1807, qui oblige les propriétaires à concourir,
dans la proportion de leur intérêt, à l'exécution de ces canaux.
Cette idée est partagée aujourd'hui par beaucoup de bons esprits. Il est certain que l'un des plus grands obstacles à l'exécution des canaux d'irrigation, c'est la dépendance dans laquelle
celui qui construit le canal (entrepreneur, compagnie ou syndicat)
se trouve vis-à-vis des propriétaires riverains, ces derniers n'ont
qu'à se coaliser, qu'à s'entendre, pour faire baisser les prix d'arrosage ; l'entrepreneur a besoin d'eux, il est sans défense contre leur mauvaise foi ou leurs retards calculés. Pour obvier à
cet inconvénient, il faudrait que le propriétaire dont le champ
devient irrigable, ce qui augmente par cela même sa valeur, payât
une plus-value, s'il n'achetait le droit d'arroser. Cette question
est l'une des plus importantes que soulèvent les irrigations.

*Extrait de la lettre de M. le préfet du Var à M. le ministre
de l'agriculture et du commerce, en date de Draguignan,
26 février 1846.*

MONSIEUR LE MINISTRE,

Je viens de recevoir la dépêche que vous m'avez fait l'honneur de m'adresser le 18 du courant, relativement aux mesures
que j'ai prises dans le but d'étendre les irrigations dans le département du Var.

Dans mon opinion, on ne parviendra point à étendre en
France les irrigations, et à utiliser par conséquent les immenses

ressources qu'offrent les cours d'eau, tant que l'autorité centrale continuera à s'en rapporter à l'intérêt et aux efforts des riverains pour la création des dérivations. Il arrivera, de loin en loin, que des propriétaires riches imiteront le beau et fructueux exemple donné par M. le comte d'Esterno, et soumettront, comme lui, à l'irrigation, une certaine étendue de leurs domaines ; mais, selon moi, des exemples, dont l'expérience atteste la rareté, ne seront jamais suivis par les petits propriétaires, si l'administration ne fait pas étudier pour eux, et à un point de vue général, les dérivations pouvant féconder leurs terres, c'est-à-dire si elle ne se place pas à leur tête et ne prend point l'initiative.

Quoique l'irrigation soit sous le climat du Midi plus nécessaire que dans toute autre contrée, quoique ses avantages y soient généralement connus et appréciés, les cours d'eau, particulièrerament dans le Var, y sont peu et très-mal utilisés. Il n'est pas rare de voir ici des rivières abondantes traverser de vastes plaines sans aucun profit pour les champs desséchés de ces plaines arides. Lorsqu'on cherche la raison de cet état de choses, si préjudiciables aux intérêts généraux, on est porté à l'attribuer à l'incurie des propriétaires ; mais l'incurie, dont je ne conteste pas toutefois l'existence, n'en est pas la seule cause : celle-ci réside presque exclusivement dans les obstacles que rencontre la création de toute dérivation dont le trajet s'étend sur une grande longueur, et qui traverse, par conséquent, de nombreux héritages particuliers.

La loi du 29 avril 1845 est venue amoindrir ces obstacles ; mais elle est loin de les avoir fait disparaître et d'avoir rendu inutiles l'intervention et l'iniative de l'administration : ce qui le prouve mieux que toutes les remarques que je pourrais faire sur l'insuffisance de cette loi, c'est que, depuis sa promulgation, nul ici n'a songé à en réclamer l'application ou le bénéfice pour réaliser les dérivations de quelque importance ; dérivations qui,

dans la pensée des auteurs de cette loi, devaient infailliblement
naître, en peu de temps, des dispositions, du reste très-utiles et
très-bienfaisantes qu'elle consacre. Les intéressés ont continué
à se montrer inactifs en vue des obstacles que cette loi ne permet pas de vaincre. Le sentiment de ces obstacles a frappé d'impuissance leur bonne volonté. Restant isolés, ils sont demeurés
stationnaires,

Pour les rivières dont le volume est, en été, peu considérable, les articles 645 et 646 du Code civil sont suffisants, surtout lorsqu'à ces articles et à la loi du 29 avril précitée on aura
ajouté le droit pour les riverains d'appuyer des barrages sur
l'héritage d'autrui, adjonction sans laquelle la loi du 29 avril ne
serait, pour un grand nombre de cas, qu'une lettre morte.
Mais je les considère comme directement contraires aux véritables intérêts de l'agriculture, lorsqu'il s'agit de rivières dont le
volume est important. Je pense, Monsieur le ministre, qu'à
l'égard de ces derniers cours d'eau, des dispositions moins
étroites et moins restrictives devraient être adoptées. *Il conviendrait d'admettre les propriétaires* non riverains *au partage
de l'eau là où l'abondance de son volume rend ce partage possible et sans inconvénient.*

C'est sous l'influence de ces faits et de ces pensées, Monsieur
le ministre, et après m'être rendu compte des abus régnant dans
l'aménagement des eaux publiques, et du dédain, soit volontaire,
soit forcé, dont leur superflu a été l'objet jusqu'à ce jour de la
part de ceux qui auraient pu se l'approprier, que j'ai prescrit et
poursuivi le travail auquel vous avez bien voulu donner votre
approbation. Ce travail a été entrepris à la fin de 1840 : il a
commencé par l'exploration de tous les cours d'eau du département, par le jaugeage de leur débit au moment de l'étiage, par
le jaugeage des eaux déjà affectées aux irrigations, et par le relevé de la contenance des terrains qu'elles fertilisent. Les jau-

geages ont été renouvelés pendant l'étiage des années suivantes, afin de déduire les moyennes du volume d'eau de chaque rivière pendant la période d'irrigation. Après avoir recueilli ces premières données, qui ont montré l'étendue des ressources dont on n'avait point encore tiré parti et combien peu les eaux déjà dérivées étaient mises à profit. M. Bosc a opéré le nivellement des rivières et des canaux nouveaux à pratiquer, et fixé, tant sur le terrain, à l'aide de repères invariables, que sur les plans par lui levés *ad hoc*, et aujourd'hui déposés à la préfecture, la pente générale des rivières et la direction des canaux à creuser pour absorber l'excédant non utilisé des eaux qu'elles débitent. Il a fait aussi le nivellement des canaux déjà existants et rapporté sur le terrain et sur les plans par lui dressés la direction du *prolongement* à donner à ces canaux, afin de porter sur une plus grande contenance l'irrigation qu'on leur doit partout où le volume d'eau qu'ils débitent excédent les besoins de celle-ci. Voici, Monsieur le ministre, le détail des dépenses que ces opérations et l'impression du mémoire dans lequel elles sont consignées ont occasionnées :

1° Achat de deux baromètres de Buntems pour les nivellements généraux. . . . .

2° Achat du tube de Petot pour les jaugeages. .   1,074 f.

3° Achat d'un niveau à bulle d'air et accessoires. .

4° Confection des plans généraux de chaque rivière, avec indication de leur pente, des canaux existants, des usines qu'ils mettent en mouvement, des terrains qu'ils arrosent et des canaux nouveaux à exécuter.   2,221

5° Confection d'une carte hydrographique du département à l'échelle de 1 à 80,090, c'est-à-dire d'un plan d'assemblage des plans de chaque rivière. . . .   300

6° Traitement de M. Bosc pendant les années 1841, 1842, 1843, 1844, 1845 et 1846, à raison de 2,000 fr. par an. 12,000

Nota. Aucun traitement n'a été accordé pour l'année 1840.

7° Remboursement à M. Bosc des avances qu'il a faites pour frais de voyage et de nourriture, salaire des agents et hommes de peine employés par lui au nivellement des rivières et des canaux, et de leur jaugeage, de 1840 au 1er août 1844. 7,125

8° Remboursements du 1er août 1844 au 1er août 1845. . . . . 1,053(1)

9° Impression du mémoire de M. Bosc. 608

10° Minute du plan d'assemblage qui doit être joint à ce mémoire, levé à l'échelle de. . . . . . . mémoire.

11° Lithographie de cet atlas. . . . . mémoire.

Total. 24,381

Comme vous le voyez, Monsieur le ministre, les opérations confiées à M. Bosc, et dont les résultats sont énumérés dans le rapport de cet homme de l'art, ont coûté 24,381 fr. C'est là une dépense bien modique si on la compare avec les améliorations dont elle doit, dans un avenir peu éloigné, doter le pays. Il serait possible de la réduire dans les autres départements du montant des frais afférents à la confection des plans généraux des rivières. Ces plans sont utiles à l'administration et aux ingénieurs, mais ils ne sont pas indispensables.

Le rapport de M. Bosc, et dont je vous adresse, suivant vos désirs, cent exemplaires, n'est que la première partie de la mis-

____

(1) Sur cette somme, celle de 921 francs sera remboursée au département par les entrepreneurs du canal de Roquebrune.

sion que je m'applaudis d'avoir confiée à cet homme de l'art. Il reste maintenant à rédiger et à soumettre à l'approbation du conseil des ponts-et-chaussées les projets définitifs de chacun des canaux dont la possibilité a été reconnue et constatée. Cette seconde partie est en cours d'exécution. Ainsi que je l'ai fait remarquer dans mon rapport du 13 octobre dernier, son achèvement est vivement désiré.

C'est encore à M. Bosc que j'ai confié cette seconde partie. Conformément à l'autorisation que j'en ai reçue du conseil général, j'ai adjoint à ce géomètre des hommes propres à l'aider dans la confection des devis et plans des projets définitifs. Sur ma proposition, le conseil général a décidé que le traitement de M. Bosc continuerait à lui être alloué jusqu'à ce que la rédaction de ces projets soit terminée; mais afin de diminuer les charges du département, cette assemblée a décidé que les frais des opérations qui restent à faire pour recueillir les éléments constitutifs de ces projets seraient avancés par le département, et que les associations qui les feront exécuter seront tenues de rembourser ces avances. Un délai de deux ans est nécessaire pour que tous les projets à faire, tant des canaux nouveaux à creuser que des *prolongements* de canaux déjà existants, soient dressés. Ainsi, pour avoir le chiffre total des dépenses des travaux dont il s'agit, il faut ajouter à la somme de 24,381 fr. mentionnée plus haut une somme de 4,000 fr., montant du traitement de M. Bosc pendant les deux années qui seront consacrées aux projets définitifs, c'est-à-dire aux projets qui doivent servir de base à l'adjudication et à l'exécution des canaux. Ces projets sont au nombre de dix. Les frais de chacun d'eux sont présumés devoir s'élever, en moyenne, à 500 fr. au plus. Ainsi le département aura à faire l'avance d'une somme de 5,000 fr. environ.

Comme vous le voyez, Monsieur le ministre, ce qui a été fait ici est, en grande partie, la réalisation, mais particulièrement sous le point de vue agricole, de la pensée des hommes éclairés qui réclament depuis longtemps l'institution d'ingénieurs spéciaux hydrauliciens, institution qui, secondée par des dispositions législatives mieux combinées et plus favorables que les nôtres, a si puissamment contribué à élever la Lombardie au degré de prospérité dont elle jouit sous le rapport de la richesse du sol et des irrigations.

J'ai dit, en commençant ce rapport, que tant que dans la question des arrosages l'autorité publique ne prendra point l'initiative et ne substituera point son action, qui affaiblit et dissipe tous les obstacles, à l'action isolée et impuissante des propriétaires, on n'arrivera à aucun des résultats vers lesquels elle s'efforce depuis quelques années de diriger les esprits. Ma conviction, sur ce point, est complète; le conseil général l'a partagée entièrement. Cette assemblée a compris avec moi que des facultés législatives ne suffisaient pas, et que, pour atteindre sûrement le but du gouvernement, savoir : l'*extension des cultures fourragères*, ce que je lui proposais valait mieux que tous les encouragements financiers : aussi s'est-elle empressée de mettre à ma disposition les moyens que j'ai réclamés d'elle.

L'achèvement des projets définitifs sera un grand pas de fait dans la voie où j'ai engagé le département. Après cet achèvement, il restera à rechercher les meilleures mesures à prendre pour assurer l'exécution des canaux et en faire sortir les avantages qu'ils doivent procurer. Le conseil général m'a promis d'avance son concours; je ne doute pas qu'aidé de son appui je ne parvienne à faire naître l'esprit d'association et à mettre le pays en possession des bienfaits que j'ai en vue de réaliser.

Il est une mesure qui simplifierait considérablement la tâche que l'administration aura alors à remplir. Elle consisterait à assimiler les canaux à créer aux travaux ayant pour objet le desséchement des marais, et à leur appliquer, en conséquence, les dispositions de la loi du 16 septembre 1807, qui oblige les propriétaires à concourir, dans la proportion de leur intérêt, à l'exécution de ces derniers ouvrages. Dans une brochure récente, M. de Pistoye, chef de bureau au ministère des travaux publics, s'est efforcé de démontrer que les règles qui les concernent s'appliquaient aussi aux premiers. Il serait à désirer que le conseil d'État vînt fixer l'opinion sur la valeur de la doctrine soutenue avec beaucoup de force et de talent par M. de Pistoye, et que, pour ma part, je serais disposé à partager.

Une considération qui fait hésiter un grand nombre d'intéressés à entrer dans les associations, c'est la crainte que le chiffre des travaux, tel que ce chiffre résulte des évaluations, ne soit dépassé. Vous savez, Monsieur le ministre, combien il est rare de voir les procès-verbaux de réception concorder avec les devis primitifs. Cette crainte, que l'expérience a rendue générale, n'a donc rien qui doive surprendre. Je me propose de lui ôter toute influence, en priant le conseil général de prendre, à la charge du département, à titre de subventions, les éventualités qu'on redoute, c'est-à-dire le montant de toutes les sommes qui, dans l'exécution des travaux, dépasseraient l'évaluation de ceux-ci. Cette décision est préférable à toute subvention directe. Je ne doute pas que, si elle est prise, elle n'exerce une influence décisive sur la solution des difficultés que je prévois ; elle fera tomber la défaveur que quelques intérêts particuliers égarés, les faux calculs d'un égoïsme mal entendu, s'efforcent encore de susciter contre l'œuvre dont il s'agit.

J'ai particulièrement recommandé à M. Bosc de faire dans la rédaction des devis une large part à toutes les éventualités, c'est-à-dire de les calculer de telle sorte que l'exécution ne vienne pas donner un démenti à leurs prévisions. J'ai eu pour but, dans cette recommandation, d'ôter tout prétexte à la critique des intéressés, de les rassurer complétement, et de rassurer le conseil général lui-même sur les conséquences de l'engagement que je n'hésiterai point à provoquer de son patriotisme éclairé, si j'en reconnais le besoin.

L'exécution des canaux à ouvrir à neuf donnera lieu à moins d'embarras, Monsieur le ministre, que l'exécution du prolongement de ceux qui existent déjà. Les co-usagers de ces derniers canaux, invoquant leurs prétendus droits de propriété absolue, ne manqueront pas de s'opposer à ce qu'ils soient *prolongés*, et à ce que les terrains voisins des leurs, qui jamais n'ont été soumis à l'irrigation, n'en reçoivent ainsi les bienfaits ; ils tiendront au commode privilége dont ils jouissent aujourd'hui d'avoir un volume d'eau plus considérable que les besoins ne l'exigent, et surtout à celui d'en user comme il leur plaît et quand bon leur semble. L'administration a les moyens de vaincre ces résistances égoïstes, et je suis bien disposé à en user. J'ai l'espoir fondé qu'elles fléchiront sous la connaissance préalable que je compte donner de ces moyens.

Je suis avec respect, Monsieur le ministre, votre très-humble et très-obéissant serviteur,

Le préfet du Var, Signé : J. RICQUARD.

NOTE III.

Statistique des cours d'eau de la Haute-Garonne, au point de vue de l'endiguement et du curage.

Nous donnons ici *in extenso* le rapport adressé à M. le préfet de la Haute-Garonne, sur le curage et l'endiguement des cours d'eau de ce département; ce rapport dont nous avons parlé dans la lettre III, est extrait des annales des chemins vicinaux, il est remarquable au point de vue statistique.

CURAGE

Des cours d'eau non navigables.

Rapport de l'agent-voyer en chef de la Haute-Garonne au Préfet de ce département.

Monsieur le préfet,

Le 11 décembre dernier, vous m'avez fait l'honneur de m'é-crire pour me demander les renseignements les plus détaillés sur tous les cours d'eau non navigables du département, dans le but

de faire préparer des règlements d'administration publique, et
d'assainir les vallées dévastées par les inondations.

Je me suis empressé aussitôt de distribuer le travail par circonscription d'agent-voyer cantonal, et de fournir les instructions nécessaires pour que tous les documents nécessaires me
soient adressés sous la même forme. Je dois, avant tout, vous
dire, Monsieur le préfet, que le personnel des agents-voyers n'a
reculé devant aucune difficulté, et que malgré la saison rigoureuse, les carnets me sont arrivés complets aux époques que
j'avais fixées ; j'aurai l'honneur de vous adresser un compte-
rendu de ces premières opérations en vous demandant, pour les
agents-voyers cantonaux, une gratification imputable sur les
1,500 fr. votés par le conseil général en 1844.

489 cours d'eau ont été vérifiés et mesurés ; dans ce nombre
il en est qui ne débordent jamais, ou qui ne dégradent que les
parcelles riveraines sur une très-faible étendue. Le but de l'association syndicale est de diviser la tâche de la réparation générale entre tous les intéressés, suivant le degré d'intérêt de chacun. On conçoit que, lorsque les eaux s'étendent dans un rayon
d'une certaine largeur, il y ait plus que les champs riverains qui
doivent supporter les charges ; il est inutile alors de rechercher
exactement la superficie de chaque parcelle et de rédiger un rôle
d'imposition proportionnelle ; mais lorsque les eaux ne s'étendent qu'à une distance de 10 à 20 mètres de chaque côté du
cours d'eau, elles ne portent préjudice qu'aux riverains, dans
la proportion de la longueur de chaque propriété ; alors la recherche de la contenance de chaque parcelle devient inutile,
puisqu'elle ne changerait pas sensiblement le rapport de l'imposition.

Cette considération m'a amené à classer 422 cours d'eau dans
la catégorie des simples fossés d'écoulement ou nauzes, dont les
frais de réparation devront être supportés par les riverains,

conformément aux dispositions des instructions préfectorales du 23 novembre 1834, insérées au Recueil des actes administratifs, n° 772.

Il n'en est pas de même pour les 67 autres cours d'eau, inondant chacun plus de 100 hectares de terrains ; ils devraient être rangés suivant un ordre d'étude qui correspondît aux dommages causés presque chaque année ; aussi les ai-je classés dans un ordre de submersibilité décroissante. La première classe est composée de 9 cours d'eau inondant plus de 1,000 hectares, la deuxième classe comprend 8 autres cours d'eau inondant de 500 à 1,000 hectares; enfin, la troisième classe se compose de 50 cours d'eau inondant de 100 à 500 hectares. On voit donc que les 422 ruisseaux éliminés de ce premier classement ont un degré d'importance bien inférieur. Il est possible qu'une étude plus complète démontre la nécessité de former une quatrième classe ; mais comme les 67 rivières à l'étude représentent une longueur de 1,418 kilomètres, et une superficie de terrain submergée atteignant près de 38,000 hectares, cette classification n'a rien de pressé. Le personnel serait d'ailleurs insuffisant pour conduire simultanément toutes les opérations graphiques.

Je dois également faire une autre remarque : c'est vers leurs confluents que les ruisseaux débordent sur la plus grande largeur. Or, les règlements d'administration des rivières des trois premières classes devant comprendre la réparation des affluents dans toute l'étendue de la zone submersible, la partie inférieure d'un grand nombre de ruisseaux se trouvera réparée, l'écoulement étant plus rapide, la partie supérieure se dégorgera plus facilement ; on peut donc supposer qu'avec peu de réparations les riverains seront délivrés des inondations.

DÉSIGNATION.	LONGUEUR des cours en mètres.	SUPERFICIE des terrains submergés en hectares.	NOMBRE de communes dont le territoire est traversé.	NOMBRE D'USINES établies sur le cours d'eau.	NOMBRE D'USINES alimentées par des canaux de dérivation.	NATURE DES USINES.	N° d'ordre d'études.
1re CLASSE.							
Touch............	84,859	5,505	27	4	9	Moulins à farine.	1
Lhers............	64,000	4,536	36	0	1	Moulin à farine.	2
Louge...........	100071	3,727	36	3	43	Moulins à farine, scierie et carderie de laine.	3
Save............	86,816	2,558	28	0	51	Moulins à farine, scierie, filature, foulerie, pressoir d'huile.	4
Nère............	37,130	1,142	18	0	6	Moulins à farine.	5
Leze............	25,373	1,091	9	0	3	0	6
Girou...........	34,543	1,085	19	1	6	0	7
Gesse...........	51,475	1,055	14	0	18	Moulins à farine et scierie.	8
Aussonnelle......	42,382	1,015	13	5	1	Moulins à farine.	9
2me CLASSE.							
Thésauque........	20,289	957	9	0	0	0	10
Mouillonne.......	17,969	834	8	1	0	Moulin à farine.	11
Bure............	16,596	795	3	0	1	Moulin à farine.	12
L'Oune..........	39,171	783	21	9	50	Moulins à farine, scierie, foulerie, forges et scierie de marbre.	13
Saune...........	32,597	738	17	8	8	Moulins à farine.	14
Noue............	47,363	596	16	8	14	Moulins à farine et scierie.	15
Marès...........	18,567	529	7	0	2	Moulins à farine.	16
Eaubelle.........	16,517	522	4	0	0	0	17
3me CLASSE.							
Hize............	34,138	483	9	0	0	0	18
Marcaisonne......	27,746	474	20	0	0	0	19
Saudrune........	24,637	473	8	2	0	Moulins à farine.	20
Garagnou........	7,195	431	3	0	0	0	21
Ceilloune........	23,910	424	9	0	0	0	22
Laudot..........	44,870	396	5	0	4	Moulins à farine.	23
Rieutort-de-Labart	7,050	353	2	0	0	0	24
Larjo...........	26,762	335	9	0	0	0	25
L'Amadou........	10,850	300	2	0	0	0	26
L'Aoussoue.......	10,686	53	4	0	0	0	27
L'Ousse.........	9,410	263	4	0	0	0	28
Gimonne.........	24,578	258	11	0	2	Moulins à farine.	29

DÉSIGNATION.	LONGUEUR des cours en mètres.	SUPERFICIE des terrains submergés en hectares.	NOMBRE de communes dont le territoire est traversé.	NOMBRE D'USINES. établies sur le cours d'eau.	NOMBRE D'USINES. alimentées par des canaux de dérivation.	NATURE DES USINES.	N° d'ordre d'études.
			SUITE DE LA 3me CLASSE.				
Sausse............	17,860	253	10	0	0	0	30
Lavet............	16,476	237	6	0	3	Moulins à farine.	31
Merdagnon.......	6,620	235	2	0	0	0	32
Haumont.........	12,100	233	4	0	0	0	33
L'Anedou........	11,040	221	4	0	0	0	34
Launat...........	19,752	216	10	1	0	Moulin à farine.	35
Labareille........	6,970	209	2	0	0	0	36
Gardigeol........	13,376	208	4	0	4	Moulins à farine.	37
Roussec..........	16,075	206	6	2	17	Moulins à farine et scierie.	38
Labras...........	14,515	205	6	0	35	Moulins à farine, scieries, foulons, papeterie et pressoirs.	39
Rieutort – de – Lagard...........	5,935	192	2	0	0	0	40
Lagrasse.........	16,830	188	12	0	6	Moulins à farine.	41
Soumès..........	16,130	181	6	0	1	Moulin à farine.	42
Rabé............	8,001	172	5	0	0	0	43
Cardenal.........	7,460	168	4	0	0	0	44
Cabirol..........	6,550	164	2	1	0	Moulin à farine.	45
Seyrac...........	5,186	156	1	0	0	0	46
Rieupudé........	9,340	154	6	0	0	0	47
Vendinelle.......	20,430	152	6	4	0	Moulins à farine.	48
Grifoulet........	6,944	149	3	0	0	0	49
Calhers..........	13,422	148	3	0	0	0	50
Tédélou..........	26,741	147	7	0	0	0	51
Joc..............	16,852	138	6	0	0	0	52
Merdanson.......	24,000	138	7	0	0	0	53
Saint–Coulomb...	8,100	134	6	2	0	Moulins à farine.	54
Camezou.........	16,954	129	6	2	0	Moulins à farine.	55
Sec..............	8,809	121	2	0	0	0	56
Linx.............	40,447	118	3	0	5	Moulins à farine et à plâtre.	57
Canaou..........	4,800	114	2	0	0	0	58
Savignol.........	2,637	112	1	0	0	0	59
Vié..............	6,300	111	1	0	0	0	60
Bizene...........	7,712	109	3	0	0	0	61
Bernesse.........	15,250	107	7	0	0	0	62
Saverette........	10,665	106	2	0	0	0	63
Touch-de-Massay.	7,497	101	4	0	0	0	64
Cassignol........	6,716	101	4	1	0	Moulin à farine.	65
L'Aragon........	10,843	100	5	0	0	0	66
Margastaud......	15,095	100	9	1	0	Moulin à farine.	67

Cette classification intéresse au même point les quatre arrondissements, c'est ce qui est établi par le tableau suivant :

Intérêt des arrondissements.

DÉSIGNATION DES CLASSES.	ARRONDISSEMENTS			
	de Toulouse.	de Muret.	de St-Gaudens.	de Villefranche.
1re Classe.	5	5	5	2
2me Classe.	1	3	2	3
3me Classe.	13	16	15	15
Totaux. . . .	19	24	22	20

Les chiffres portés dans les quatre dernières colonnes indiquent le nombre de cours d'eau ou de parties de cours d'eau qui devront être réglementés dans chaque arrondissement.

Avant d'examiner les moyens que l'on pourra employer pour prévenir les inondations, j'ai recherché les causes de cette expansion subite des eaux dans les plaines, après quinze et dix-sept heures de pluie continue. Ces causes sont : 1° l'exhaussement du lit produit par les dépôts de sable ou terres que la rupture des digues et le déplacement du courant facilitent en retardant la vitesse des eaux ; 2° l'engorgement du lit par les éboulements des berges, les plantations d'arbres et la croissance de broussailles et buissons; 3° un système d'écoulement des eaux pluviales des terrains supérieurs mieux entendu; 4° le grand nombre d'usines établies sur les ruisseaux eux-mêmes, ou les barrages construits contrairement aux lois qui régissent la matière; 5° la diminution des pentes par mètre, produite par les sinuosités du lit, dont le développement atteint souvent un quart en sus de la longueur de la vallée.

L'abaissement du lit des ruisseaux n'est possible qu'autant que l'on fera une réparation d'ensemble sur tous les cours d'eau d'une section de terrain. Il faut d'abord régulariser le cours de la rivière qui reçoit des affluents, en régler le niveau et établir des repères fixes à chaque confluent. À quoi servirait l'approfondissement du Gerou, de la Saune, du Marès, si d'abord on ne s'était occupé de régler le fond de la rivière de Lhers? Cette considération doit de plus fort faire adopter la classification proposée; car les rivières de première classe sont les principales veines qui joignent leurs eaux à celles de la Garonne.

Les éboulements nombreux ont engorgé le lit des rivières; nous les avons attribués d'abord aux plantations d'arbres que les propriétaires ont faites sur les berges; le vent, en agitant la tige, fait soulever les racines, désunit les terres qui sont alors plus perméables, et qui sont entraînées par leur propre poids à la moindre corrosion du pied de la berge. Une seconde cause est celle du défaut d'inclinaison du talus. On ne peut pas compter sur la stabilité des terres, lorsque les talus sont réglés suivant un angle de 45 degrés. Les expériences faites par M. Leblanc, chef de bataillon du génie, démontrent que la stabilité n'est acquise que lorsque les terres d'une nature analogue à celles de la Haute-Garonne sont réglées à une pente de 0,66 par mètre, correspondant à un angle de 33 à 34 degrés.

Au lieu de cela, le lit des petites rivières présente un profil transversal irrégulier, dont les berges sont formées d'aspérités et de creux, ne formant pas en moyenne un angle de 70 degrés. Pour les garantir des débordements, les propriétaires amoncellent des terres, sur les bords de leurs champs, et accélèrent par cela même la destruction de leurs défenses.

On aurait un avantage immense à changer la forme de la section transversale. En ne donnant qu'une faible largeur au plafond, on réglerait la ligne de thalweg pendant les basses eaux, et l'on ne verrait pas un lit sinueux dans un lit rectiligne. Dès que les eaux s'élèvent, elles ne recouvrent pas également tout le fond du lit ; et en coulant, suivant la direction de la plus grande profondeur, elles se jettent sur les berges qu'elles corrodent et détruisent. Il faudrait donc un lit resserré dans le fond et des talus fortement inclinés.

La longueur des rivières des trois classes est de 1,418 kilomètres en mesurant les sinuosités de leurs cours. Les personnes qui connaissent la Touch, la Sarre, la Gesse, etc., penseront comme nous, que les redressements des courbes amèneraient au moins la diminution d'un quart de la longueur totale, soit pour les trois classes 354 kilomètres de moins à entretenir. Je ne compte pas la superficie rendue à l'agriculture, parce que si d'un côté nous réduisons les longueurs, nous augmenterons les largeurs ; du moins peut-on affirmer que ces élargissements ne diminueront pas la contenance des terres cultivables. Le redressement du lit aura encore l'avantage d'imprimer au courant une rapidité plus grande. Ainsi, en supposant que la pente actuelle d'un hectomètre soit de 0,10 ou de 0,001 par mètre, par la diminution du quart de la longueur, elle deviendra 0,00133.

Pour parvenir à ce perfectionnement, il serait à désirer que les chambres législatives déterminassent les droits de l'administration sur l'expropriation des terrains en cas de refus de vente amiable. Dans la discussion des bureaux sur le projet de loi présenté par M. de Lafarelle, un membre de la chambre des députés a émis cette opinion, qu'en vertu des dispositions de l'article 2 de la loi du 14 floréal an XI, l'expropriation pouvait être autorisée quand un règlement d'administration publique, homologué par ordonnance royale, la prescrivait. Il serait bien important de faire décider sur ce point.

Il existe dans le département 586 moulins ou usines alimentés par les ruisseaux ou rivières non navigables ni flottables ; 143 sont établis sur le cours lui-même ; 443 sont construits sur des canaux de dérivation ; sur les cours d'eau des trois classes dont je m'ocupe plus spécialement, ces nombres sont réduits à 57 pour le premier, et à 287 pour le second : en tout 344.

On conçoit l'importance et l'utilité de ces établissements ; ils intéressent tout le monde : malheureusement quelques-uns seulement en supportent les charges écrasantes. On se plaint généralement de la trop grande élévation des barrages, de l'insuffisance ou de l'absence des déversoirs ou vannes de fond ; il est donc essentiel que l'administration, en réglementant les cours d'eau, s'occupe aussi des usines qu'ils mettent en mouvement. Les mesures à adopter en général consisteront dans le creusement d'un nouveau lit, en maintenant l'ancien comme canal de dérivation, et à reporter en amont certaines prises d'eau aujourd'hui beaucoup trop élevées.

Il est certain que ces barrages causent de grands dommages à la propriété ; la nature des opérations que j'avais prescrites ne me permet pas d'évaluer les pertes annuelles occasionnées par ces établissements ; les renseignements qui m'ont été fournis embrassent tous les terrains inondés : je m'en occuperai donc d'une manière générale, sans distinguer les causes et les effets qui leurs sont particuliers.

La superficie totale du département de la Haute-Garonne est de 629,684 hectares, savoir : Toulouse, 159,979 ; Muret,

163,319 ; Saint-Gaudens, 212,772, et Villefranche, 93,614. Si l'on comparait les 38,000 hectares de terrains inondés à la surface du département, on aurait 1/16 environ ; mais cette proportion serait mal établie pour connaître la réduction du produit des terres cultivables ; il fallait séparer chaque partie du sol par nature de culture ou de destination pour arriver à apprécier les pertes des céréales ou des fourrages que les débordements détruisent chaque année.

Ce dépouillement m'a paru si important, que j'ai fait prendre un relevé des détails contenus dans chaque matrice cadastrale des communes du département : j'en donne ici le résumé.

Division du territoire du département en hectares
SUIVANT LEUR NATURE DE CULTURE.

DÉSIGNATION des arrondissements.	TERRES et terrains plantés, pépinières.	VIGNES.	PRÉS.	ALLÉES, jardins, vergers, pâtis, réservoirs viviers, mares.	BOIS.	CHATAIGNERAIES et sapinières.	FRICHES, graviers et rivages.	BRUYÈRES, ramiers, saussaies et pâtures.	SUPERFICIE des chemins.	SUPERFICIE des ruisseaux et rivières.	SUPERFICIE occupée par les constructions.	BASSINS, canaux, mines.	SUPERFICIE TOTALE par arrondissement.
Muret.	108,269	45,704	5,621	1,434	20,484	5,199	4,055	5,673	813	4,563	2,837	0	163,319
Toulouse.	85,168	43,800	5,694	1,524	40,067	469	890	3,081	3,169	1,869	4,421	0	159,979
Villefranche. . .	74,427	5,470	3,994	435	6,521	5	402	2,242	548	370	2,111	74	93,614
Saint-Gaudens. .	73,525	7,309	24,159	1,956	51,906	0	2,916	40,468	1,030	1,514	2,928	36	212,772
Totaux. . .	338,389	72,285	39,468	5,349	88,975	5,199	5,272	51,464	5,560	5,316	12,297	110	629,684

En général toutes les vallées sont composées de terres labou-
rables ou de prairies. Ce n'est que très-rarement que l'on y
trouve des bois, des vignes, des jardins, des constructions, etc.
Toutes ces surfaces doivent être distraites de la contenance totale, et alors la superficie se réduit à 377,859 hectares. C'est de
ce nombre qu'on doit retrancher les 37,987 hectares de terrains
inondés, et on trouve alors que le dixième environ des céréales
et des fourrages est détruit ou dégradé par les eaux de nos ruisseaux.

Je ne tiens aucun compte de la différence de produit de ces
terres avec celles des coteaux ou de la plaine non submergée ;
ce n'est pourtant pas contestable ; mais comme cet aperçu général ne peut pas donner un détail exact, je préfère me tenir en-
dessous de la réalité, que d'être accusé d'exagération.

Après une analyse de si grands désastres, on serait tenté de
croire que les frais de réparation des anciens et le creusement
des nouveaux lits vont être au-dessus des ressources des propriétaires intéressés ; il n'en est pas ainsi pourtant : les 37,987
hectares de terrains submergés représentent un capital d'au
moins 114 millions de francs, en n'évaluant le prix d'un hectare qu'à 3,000 fr. ; l'intérêt que devrait produire cette somme
est 6,698,050 francs ; mais admettons que le foncier, quoique
d'une qualité supérieure et estimé à un prix plus modéré, ne
puisse produire qu'un intérêt de 4 p. 0|0, le revenu devrait être
de 4,560,000 fr. ; je voudrais qu'il me fût possible d'établir un
compte exact des récoltes qu'auraient données ces terres en 1845 ;
je suis persuadé que je n'arriverais pas à moitié de cette somme ;
voilà donc un revenu annuel de 2,280,000 fr. perdu pour les
propriétaires ou 60 fr. par hectare.

Le défaut d'études complètes m'empêche de faire une estimation exacte des travaux à exécuter pour la réparation des trois
classes de cours d'eau ; mais, comme les principaux ouvrages

consistent en terrassements sur un sol facile à fouiller, les erreurs que je pourrai commettre seront peu importantes, fussent-elles même d'un million de mètres cubes. Un cinquième de la longueur actuelle peut être considéré comme devant être fait à neuf dans les champs, les quatre autres cinquièmes à réparer. Mais comme l'ouverture doit présenter une largeur beaucoup plus forte que celle qui existe actuellement, j'estime que le mètre courant de la première classe peut être compté à raison de 15 fr. 40 c. l'un pour les travaux neufs, et à 4 fr. 30 c. pour la réparation. Ces prix multipliés par les longueurs, donnent une dépense totale de 3,459,823 fr. pour les neuf cours d'eau de la première classe. Cette somme représente 1⧸19 de la valeur des terrains inondés; je ne tiens pas compte du raccourcissement de longueur produit par le redressement des courbes.

Si, comme on le propose pour la rivière de Lhers, l'imposition était fixée à 10 fr. par hectare; on pourrait consacrer à cette réparation une somme annuelle de 217,140 fr., et avoir entièrement terminé les travaux dans seize années; chaque hectare aurait fourni une somme de 160 fr., tandis que le 2 p. 0⧸0 perdu par les inondations aurait produit 960 fr. Dans ces seize années le propriétaire aurait donc gagné une somme de 800 fr. par hectare. Peut-on dire dès-lors que c'est un sacrifice qu'il devra s'imposer? Ayant résumé ces renseignements dans le tableau ci-après, je me dispense d'entrer dans les mêmes développements pour la deuxième et la troisième classe.

Comparaison des dépenses et des revenus.

DÉSIGNATION DES CLASSES.	LONGUEUR DES COURS D'EAU.	PRIX MOYEN du 1/5 à faire à neuf.	PRIX MOYEN des 4/5 à réparer.	DÉPENSE.	SUPERFICIE INONDÉE EN HECTARES.	MONTANT DE L'IMPOSITION ANNUELLE PAR HECTARE.	PRODUIT.	DURÉE DE L'IMPOSITION.	SOMME DÉPENSÉE par hectare pendant la durée des travaux.	REVENU PRÉSUMÉ par hectare pendant la durée des travaux.	DIFFÉRENCE EN FAVEUR DU PROPRIÉTAIRE.	REVENU ordinaire dans l'état actuel des choses pendant la durée des travaux.	
	mèt.	fr. c.	fr. c.	fr.		fr.	fr.	ans.	fr.	fr.	fr.	fr.	
1re classe.	580,659	15 49	4 30	3,459,823	21,714	10	247,140	16	160	1,920	1,760	960	
2e classe.	209,055	10 00	2 70	869,669	5,754	10	57,540	16	160	1,920	1,760	960	
3e classe.	678,647	3 50	1 35	1,207,990	10,519	10	105,190	12	120	1,440	1,320	720	
TOTAUX et moyennes.	1,418,351	3 fr. 90 c.		5,537,482	37,987	10	379,870	15	150	1,800	1,650	900	

Cette somme de 750 francs, multipliée par le nombre d'hectares à assainir, donne un capital de 28,489,250 fr. ; ainsi, en
supposant que l'évaluation des travaux soit faite en dessous de la

réalité, cette augmentation de produit serait réduite, mais jamais absorbée ; on ne sera donc pas obligé de prendre sur le revenu actuel.

Les dépenses d'entretien, réparties sur le nombre d'hectares à assainir, seront presque insignifiantes : elles consisteront dans le salaire de cantonniers chargés de la police, de la surveillance et des réparations, à mesure que quelques légères dégradations se manifesteront. Tous les propriétaires riverains des petits cours d'eau sont convaincus qu'à peu de frais on maintient les profils des rivières dès que le lit est régulièrement établi et les levées solidement faites.

Lorsque l'on songe aux résultats immenses que l'on obtiendrait par le recreusement et l'endiguement des cours d'eau, on est étonné que déjà chaque vallée n'ait pas son règlement d'administration et ses travaux commencés, si ce n'est achevé. C'est qu'en descendant jusqu'au détail de l'exéution, on voit naître des difficultés qu'aucune loi ne peut faire disparaître. Par une disposition législative on peut introduire une marche uniforme, et supprimer cette multiplicité de règlements particuliers à chaque cours d'eau, mais on ne parviendra jamais à créer un premier fonds pour solder les travaux préparatoires ou d'études.

La loi du 14 floréal an XI prescrit une répartition d'impôt sur tous les terrains submergés, suivant le degré d'intérêt de chaque propriétaire à la réparation. Avant que d'établir les rôles de cette contribution, il faut avoir constaté par des nivellements la position relative de chaque parcelle, par rapport au plan des plus hautes eaux. En agissant avec la plus grande économie possible, les frais d'études et de rédaction des plans et nivellements peuvent être évalués à 1 fr. 90 c. par hectare. (C'est ce qui aura été dépensé pour Lhers.)

Il est impossible de prélever l'impôt sans avoir fait les opérations graphiques, et ces opérations ne sont possibles qu'après la création d'un impôt. On ne parviendra jamais à vaincre cette première difficulté, si le conseil général ne met à la disposition de M. le préfet une somme quelconque, soit à titre de subvention pour études de cours d'eau, soit comme prêt remboursable à la fin de toutes les opérations.

La réparation des cours d'eau intéresse une assez grande masse de population, pour qu'elle puisse être classée dans les travaux d'utilité publique et d'intérêt général ; pourquoi admettrait-on une différence entre ces travaux et ceux de l'irrigation dont les premières dépenses doivent être supportées par l'État ? Le but de ces deux améliorations est l'augmentation de produits ; elles doivent les accroître dans une proportion à peu près égale. L'endiguement des cours d'eau doit profiter à tous les départements, tandis que l'établissement des canaux d'irrigation n'est possible que dans certaines contrées.

Chaque année, les propriétaires demandent des dégrèvements d'impôts pour pertes de récoltes par les inondations : ces réductions de cotes que le ministère accorde ne pourraient-elles pas êtres converties en subvention de l'État ?

Je pense, Monsieur le préfet, que le conseil général entrera dans les vues exposées, et que, tout en votant une somme de dix mille francs au moins pour frais de premières études, il demandera que l'État accorde une subvention pour l'exécution des travaux. Si, cependant, le vote de cette somme était refusé, il resterait pour dernière ressource le prêt dont j'ai déjà parlé.

Que l'on mette à la disposition du préfet une somme totale de vingt mille francs pendant toute la durée des études, et les opérations seront encore possibles. Le n° 1 des cours d'eau à étudier est le Touch. Cette rivière inonde 5,500 hectares et devra coûter, pour frais de recherches des parcelles inondées, une somme de 10,450 fr., qui seraient payés sur les 20,000 fr. prêtés. Les rôles de contributions étant mis en recouvrement, on commencerait à rapporter à la masse les 10,450 fr. avancés, pendant que pour les études du cours d'eau n° 2, on absorberait les 9,550 fr. restant.

Le roulement continuerait jusqu'à l'achèvement complet des soixante-sept cours d'eau classés, et le département rentrerait dans le capital prêté. Je me permets d'entrer dans ces explications, convaincu que je suis que, sans l'adoption de l'un de ces deux moyens, l'endiguement des cours d'eau restera inexécutable, malgré le bien qui devra en résulter et le grand désir manifesté par tous les propriétaires. On ne parviendra jamais à créer une imposition volontaire ou à obtenir une avance de fonds, sans que l'administration ait elle-même arrêté la distribution de la charge entre tous les intéressés.

Je résume mon rapport. Il conviendrait que le conseil général, dans sa prochaine session, prît les résolutions suivantes :

1° Arrêter que les cours d'eau du département seront étudiés et réglementés ;

2° Que les opérations seront faites suivant le classement présenté dans le tableau contenu dans ce rapport ;

3° Que les agents voyers seront chargés de la direction des opérations ;

4° Que le département fournira un crédit annuel de dix mille francs pendant la durée des études ;

5° A défaut, que le département mettra à la disposition de M. le préfet un crédit de vingt mille francs, remboursables après l'achèvement des études des soixante-sept cours d'eau ;

6° Former le vœu que l'État accorde une subvention annuelle pour les travaux de recreusement et d'endiguement ;

7° Demander que l'expropriation soit applicable au redressement des cours d'eau.

Je joins à ce rapport un tableau hydrographique des cours d'eau du département.

J'avais également préparé une carte générale de tous les systèmes d'écoulement des eaux de la Haute-Garonne. Quelques inexactitudes de copiste me privent de vous en faire l'envoi.

Je suis avec respect, Monsieur le préfet, votre très-humble et très-obéissant serviteur,

L'agent voyer en chef,

A. DUTOUR.

Toulouse, le 23 juillet 1845

NOTE IV.

Extrait du vœu émis par le conseil général de l'agriculture,

DANS SA SÉANCE DU 7 JANVIER 1846.

Le conseil général de l'agriculture demande « qu'un service d'agence soit créé dans chaque département, pour y étudier les questions relatives à l'irrigation, et spécialement pour détermiiner quels sont actuellement les volumes d'eau susceptibles d'être affectés à cette irrigation sur les cours d'eau non navigables ni flottables. »

Lettre de M. le préfet de la Sarthe à M. le ministre de l'agriculture et du commerce.

Le Mans, 11 décembre 1845.

Monsieur le ministre,

En réponse à votre lettre du 2 courant, j'ai l'honneur de vous informer qu'un service d'agents garde-rivières vient d'être organisé dans le département de la Sarthe, sur la proposition que j'en ai faite au conseil général et avec l'assentiment et le concours de cette assemblée.

Je transmets ci-joint à Votre Excellence : 1° mon rapport au conseil général ; 2° la délibération de cette assemblée ; 3° un projet de règlement sur les attributions du service ; 4° l'arrêté de nomination ; 5° le projet de règlement pour la rivière de l'Orne Saonoise ; 6° Copie de la lettre de M. le ministre des travaux publics autorisant M. de Hennezel à diriger le service des cours d'eau.

Dès l'année 1843 , j'avais proposé au conseil général cette utile création ; mais malheureusement l'utilité n'en fut pas alors bien comprise par le conseil général, qui fut, de plus, arrêté par des scrupules de légalité. En 1844, je restreignis ma proposition, qui fut alors adoptée ; mais en 1845 les esprits m'ayant paru mieux éclairés sur cette question, je crus devoir donner à mes idées toute l'extension qui me paraissait nécessaire pour obtenir tout l'effet désirable, et la comparaison de mon rapport avec la délibération du conseil vous démontrera que cette fois j'ai été assez heureux pour faire partager à cette assemblée mes vues sur une question d'un intérêt aussi capital.

La lecture des diverses pièces ci-jointes vous fera connaître les idées dans lesquelles ce projet a été conçu, et je ne crois n'y devoir joindre que quelques explications.

Le personnel sera ainsi composé, pour l'année 1846 : 1° M. de Hennezel est autorisé par M. le ministre des travaux publics à en prendre la direction sous le titre d'agent-voyer principal ; il touchera une indemnité de 1,000 fr. . . . . . . 1,000 fr.

2° Deux agents géomètres ayant chacun des appointements de 1,500 fr. 3,000

4,000

De plus, 800 fr. seront consacrés aux frais divers, tels qu'aides, porte-chaînes, etc. 800

Total. . . . . . . 4,800 fr.

La loi du 12-20 août 1790 me paraît conférer à l'administration tous les pouvoirs nécessaires pour prendre ces diverses mesures, et j'espère trouver dans la loi du 14 floréal an XI les ressources spéciales nécessaires pour faire face aux travaux. Cette législation, quoique incomplète, me paraît devoir suffire pour les premiers essais, et il serait peut-être à désirer qu'une organisation de ce genre fût tentée dans un assez grand nombre de départements, afin qu'au bout de quelques années on pût avoir l'expérience nécessaire pour rédiger une bonne loi sur cette matière.

Je suis avec respect, Monsieur le ministre, votre très-humble et obéissant serviteur,

Le maître des requêtes préfet de la Sarthe,

Signé EUG. MANCEL.

NOTE V.

Rapport du préfet de la Sarthe au conseil général.

COURS D'EAU.

Vous avez partagé, l'année dernière, mes vues pour l'organisation d'un service des cours d'eau, et vous m'avez encouragé à pourvoir à un besoin si pressant pour les intérêts de notre agriculture. Si déjà l'importance de cette organisation n'eût pas été démontrée, les événements de cette année fussent venus lui donner une fatale nécessité. Cinq fois des pluies torrentielles ont causé le débordement de nos cours d'eau, et ont détruit une des ressources principales de notre richesse agricole. Partout les réclamations me sont arrivées ; les riverains de l'Huisne et du Loir, de l'Orne et de la Braye, ont déroulé le tableau de leurs pertes. La ville de Saint-Calais, ravagée dans son intérieur même, a voté une imposition extraordinaire de 20,000 fr. pour se mettre à l'abri de désastres pareils. Vous n'hésiterez pas, messieurs, à seconder des désirs aussi justes, et à compléter l'organisation dont la loi elle-même me fait un devoir.

En effet, la loi en forme d'instruction des 12-20 août 1790, ch. 6, charge les administrateurs de départements de rechercher et d'indiquer les moyens de procurer le libre cours des eaux ; d'empêcher que les prairies ne soient submergées par la trop grande élévation des écluses des moulins, et par les autres ouvrages d'art établis sur les rivières ; de diriger enfin, autant qu'il sera possible, toutes les eaux de leurs territoires vers un but d'utilité générale. Il serait difficile de formuler une loi qui investit l'administration de pouvoirs plus généraux et plus étendus ; et cependant jusqu'à ce jour elle n'a été que bien rarement appliquée, et encore ses dispositions n'ont-elles jamais reçu leur pleine et entière exécution : l'administration n'a guère créé que quelques règlements qui ont eu pour but d'empêcher les ravages occasionnés par le cours des eaux, mais elle n'a jamais cherché à tirer des cours d'eau les immenses produits qu'ils peuvent apporter à la richesse nationale.

C'est qu'il manque à la loi que nous venons de citer un objet essentiel, les moyens de l'exécuter, la création de ressources spéciales faciles à réaliser, et assez considérables pour faire face à la dépense qu'occasionnera un travail complet sur les cours d'eau. Avant la loi du 21 mai 1836, l'administration avait aussi le désir d'améliorer les voies de communication ; la législation lui en indiquait les moyens, mais les ressources d'exécution lui manquaient : ce n'est que lorsque la loi est venue, en 1836, mettre dans ses mains des ressources spéciales d'une facile perception, qu'elle put opérer le bien qu'elle appelait de tous ses vœux. La loi du 21 mai 1836 fut le fruit d'une longue expérience administrative, qui avait appris à connaître les imperfections de législations antérieures, et les vœux des populations les devançaient déjà dans plusieurs de nos départements.

Il s'opère en ce moment dans les esprits un mouvement pareil en ce qui concerne les cours d'eau. Les propriétaires, les industriels, les agriculteurs, les assemblées électives, réclament avec instance une loi sur la réglementation des cours d'eau, et nul doute que, d'ici à quelques années, la législature ne nous donne un code complet sur cette matière ; ce sera certainement un des plus grands bienfaits que devra le pays au régime de ce progrès pacifique sous lequel nous vivons.

Ce n'est pas le moment de nous occuper des dispositions qui devront être prises pour que cette loi soit complète, des mesures qui devront concilier l'industrie, qui a besoin de conserver toute la force motrice de ces cours d'eau, et l'agriculture, qui doit en même temps se défendre contre les maux qu'ils occasionnent et réserver la puissance fécondante qu'ils renferment.

Ce que nous avons à faire, c'est de préparer par l'expérience la meilleure application de la loi future ; *c'est de faire pour une législation bienfaitrice des cours d'eau ce que faisaient plusieurs départements pour la loi sur les chemins vicinaux quand ils en proclamaient d'avance l'utilité en lui donnant une exécution anticipée.* Ces pensées m'ont préoccupé depuis longtemps ; déjà, en 1843, je vous proposais d'en faire une première application ; en 1844, ma proposition représentée obtenait votre assentiment. Cette adhésion a fait faire un grand pas à la question.

Ainsi que je vous le disais en commençant, la législation serait pour le moment suffisante, si l'administration pouvait disposer de ressources complètes. Un portion de ces ressources existe cependant dans la loi du 14 floréal an XI, qui dit dans son art. 3 « que les rôles de répartition des sommes nécessaires au paiement des travaux d'entretien, réparations ou reconstructions, seront dressés sous la surveillance du préfet, rendus exécutoires par lui, et que le recouvrement s'en opérera de la même manière que celui des contributions publiques. »

On peut donc ordonner, on peut exécuter, il ne manque que le moyen de préparer le travail par des études préliminaires, et c'est ce que je vous demande. Aujourd'hui, il ne se donne pas un coup de pioche sur un chemin vicinal, que préalablement des études soigneusement exécutées n'en aient démontré les convenances et l'utilité ; à plus forte raison, ces études doivent précéder les travaux dans ce qui concerne les cours d'eau, où il faut des nivellements, des curages, des redressements, des règlements de hauteur d'eau, dans les ouvrages enfin où une fausse manœuvre peut entraîner de graves inconvénients. Il faut que chaque cours d'eau soit étudié sous tous les points de vue, de manière à ce que les travaux soient dirigés de telle sorte qu'en faisant disparaître toutes les causes de débordements, de stagnation, si funestes aux propriétés riveraines et quelquefois à la salubrité publique, ils conservent, autant que possible, les forces motrices nécessaires à l'industrie et les moyens d'irrigation à l'agriculture.

Sans ce travail préliminaire, nous tenons pour certain qu'on n'arriverait jamais à de bons résultats, ou du moins à des résultats complets, à des travaux durables et productifs, de nature à frapper les esprits, comme les résultats de la loi sur les chemins vicinaux.

Ce sont ces frais préliminaires dont je vous demande le vote annuel, et c'est sous ce rapport que je vous répèterai que votre adhésion à mes vues a fait faire l'année dernière un grand pas à la question. D'après la loi du 14 floréal an XI, chaque cours d'eau doit être régi par un règlement particulier qui indique les travaux à faire pour la mise en état d'entretien, et les mesures nécessaires pour le maintenir. Les rivières du département de la Sarthe manquent en général de règlement, ou ceux qui les régissent sont pour la plupart défectueux. Il s'agit donc de les étudier de nouveau et de les réglementer régulièrement.

C'est là le travail important qui serait dévolu au personnel déjà trouvé, et qui n'attend plus qu'une autorisation nécessaire pour entrer en fonctions. Je me suis assuré le concours de MM. les ingénieurs des ponts-et-chaussées, toujours disposés à seconder les mesures utiles au département.

Si un cours d'eau, ayant obtenu un règlement définitif, ayant un syndicat des propriétaires riverains, avait assez d'importance pour qu'il fût attribué à un agent spécial rétribué sur les ressources fournies par la loi du 14 floréal an XI, les agents du département lui en remettraient la surveillance et redeviendraient libres pour de nouvelles études.

Enfin, messieurs, lorsqu'une expérience vous aura démontré l'importance de cette organisation dont je ne puis vous proposer qu'une première application, je suis persuadé que son immense utilité vous portera à lui donner une plus grande extension, et à en retirer tous les avantages qu'elle peut procurer au département pour prévenir les désastres des inondations et pour développer les bienfaits fécondants des irrigations.

Pour première épreuve, je viens de prendre un arrêté pour le curage complet de l'Orne, et l'anné prochaine, je pourrai vous rendre compte de son exécution.

Pour extrait conforme :

Le Conseiller de préfecture, Secrétaire général,

Signé J. LALANDE.

NOTE VI.

Extrait du procès-verbal des séances du conseil général du département de la Sarthe.

SESSION DE 1845.

COURS D'EAU.

Séance du 3 septembre.

Les membres du conseil général du département de la Sarthe, réunis au lieu ordinaire de leurs séances, au nombre de vingt-six, ont pris la délibération suivante :

M. le préfet a demandé une somme de 4,800 francs pour le service des cours d'eau, savoir : 4,000 francs pour le personnel, et 800 francs pour dépenses du matériel, porte-chaînes, etc. Le personnel serait composé d'un ingénieur chargé de la direction du service, et auquel il serait alloué une indemnité de 1,000 fr., et de deux agents garde-rivières chargés des études, sous la direction de cet ingénieur, avec un traitement pour chacun de 1,200 francs, et une indemnité de 300 francs pour frais de déplacement. Le conseil, sur l'avis conforme de sa commission, a pensé que, pour organiser le service d'une manière satisfaisante, la totalité du crédit demandé par M. le préfet était indispensable. Il invite, en conséquence, la commission des finances à porter au budget ladite somme de 4,800 francs.

A cette occasion, le conseil émet de nouveau le vœu qu'il soit pourvu le plus tôt possible par une loi à tout ce qui concerne le règlement et la police des cours d'eau.

Le registre des délibérations est dûment signé par les membres présents.

Pour extrait conforme :

Le Conseiller de préfecture, Secrétaire général,

Signé **J. LALANDE.**

NOTE VII.

Extrait du registre des arrêtés de la préfecture du département de la Sarthe.

Nous, Maître des requêtes, Préfet du département de la Sarthe, officier de la Légion d'honneur,

Vu les lois des 22 décembre 1789, 12-20 août 1790, 6 octobre 1791, 14 floréal an xi et 18 septembre 1807 ;

Vu la lettre de M. le ministre de l'intérieur, en date du 9 août 1843, et celle de M. le sous-secrétaire d'État des travaux publics du 15 septembre 1845 ;

Vu les délibérations du conseil général des 5 septembre 1844 et 3 septembre 1845 ;

Arrêtons :

Art. 1er. — Il sera organisé dans la Sarthe un service d'agence pour les cours d'eau non navigables ni flottables.

Ce service sera ainsi composé :

       Un agent principal,

       Des agents géomètres,

       Des garde-rivières spéciaux.

L'agent principal et les agents géomètres résideront au Mans.

Attributions générales du service.

Art. 2. — Ce service aura pour but :

1° D'empêcher, autant que possible, les débordements et la stagnation nuisibles des eaux ;

2° De diriger de la manière la plus utile l'emploi des eaux, considérées soit comme forces motrices, soit comme agents fertilisants.

Art. 3. — A cet effet, il sera dressé une carte hydrographique du département et un état général des cours d'eau, faisant connaître, pour chacun d'eux, l'étendue du bassin dont il réunit les eaux, la longueur de son cours dans le département, la surface des terrains submergés, les noms des communes qu'il traverse, le nombre et la nature des usines qu'il alimente.

Ce travail devra, autant que possible, être terminé pour la prochaine session du conseil général.

Art. 4. — Il sera successivement procédé, dans l'ordre qui sera indiqué par nous, à l'étude complète de chaque cours d'eau. Cette étude devra faire connaître, autant que possible :

1° Les moyens de prévenir les inondations nuisibles, ainsi que la stagnation des eaux ;

2° Les terrains susceptibles d'être desséchés, les propriétaires et la contenance exactement circonscrite ;

3° Les terrains susceptibles d'être irrigués, soit par le cours d'eau principal, soit par ses affluents.

Art. 5. — Il sera rédigé, soit avant, soit après cette étude, suivant qu'il sera jugé nécessaire, un projet de règlement pour chaque cours d'eau.

Art. 6. — Tous les plans, rapports, projets de règlements et projets de travaux seront soumis à l'examen et à l'approbation de M. l'ingénieur en chef des ponts-et-chaussées, lorsqu'ils seront relatifs à des objets qui ne peuvent être réglés que par ordonnance royale.

Art. 7. — Les agents des cours d'eau, dûment assermentés, dresseront procès-verbal des délits et contraventions relatifs à la police des eaux.

Art. 8. — Dans des cas spéciaux, ils pourront être envoyés

par nous en mission pour diriger, soit des curages importants, soit des travaux à faire sur des cours d'eau non encore réglementés ni étudiés.

Art. 9. — Les établissements d'usines, de repères, etc., sur les rivières et ruisseaux non réglementés ni étudiés, continueront à faire partie des attributions de MM. les ingénieurs des ponts-et-chaussées.

De l'agent principal.

Art. 10. — L'agent principal est chargé de la direction complète de tout le service des cours d'eau.

Tous les plans, projets, devis de travaux, rapports, etc., qui émaneront de ce service devront être signés et présentés par lui.

Art. 11. — Il sera membre de droit de tous les syndicats formés sur tous les cours d'eau réglementés, et pourra nous proposer de réunir ces assemblées lorsqu'il le jugera convenable.

Art. 12. — Il devra, chaque année, avant la session du conseil général, nous adresser un rapport sur l'ensemble et la situation du service.

Art. 13. — Enfin, il émettra un avis motivé sur toutes les questions concernant des cours d'eau non navigables ni flottables, qui lui seront communiquées par nous.

Des agents géomètres.

Art. 14. — Les agents géomètres des cours d'eau sont placés sous les ordres de l'agent principal.

Ils feront les opérations de lever de plan, de nivellements et de jaugeage, exécuteront les travaux graphiques et recueilleront tous les renseignements qui leur seront demandés par l'agent principal pour l'étude des cours d'eau ; ils se pourvoiront à leurs frais des instruments et fournitures de bureau dont ils auront besoin.

Art. 16. — A toute réquisition de l'agent principal, ils se transporteront sur les points du département qui leur seront désignés par lui, et y séjourneront aussi longtemps que l'exigeront les opérations dont ils seront chargés.

Art. 15. — Ils veilleront à l'exécution des règlements qui interviendront, et, en général, de tous les travaux à effectuer sur les cours d'eau, suivant les ordres qui leur seront donnés par l'agent principal.

Des agents spéciaux.

Art. 17. — Lorsqu'il s'agira de réglementer un cours d'eau, et suivant son importance, il pourra être créé un ou plusieurs agents spéciaux chargés de veiller à l'exécution des travaux neufs, à l'entretien des travaux à exécuter, aux curages, en un mot à la police complète du cours soumis à leur surveillance.

Art. 18. — Les agents seront rétribués aux frais des propriétaires intéressés au cours d'eau, d'après les règles fixées dans les règlements particuliers.

Ils seront également placés sous les ordres de M. l'agent voyer principal, et leurs attributions seront plus spécialement définies dans le règlement particulier qui les instituera.

Art. 19. — Le présent arrêté sera imprimé et publié dans le recueil des actes de cette préfecture, après avoir reçu l'approbation de M. le Ministre de l'intérieur.

Le Mans, le 15 novembre 1845.

NOTE VIII.

Sur le bassin et le régime du Pô.

CONSIDÉRATIONS GÉNÉRALES.

J'ai visité le cours du Pô en 1842, dans le but d'étudier le système si remarquable d'endiguement qui est adopté sur les rives de ce fleuve. Peut-être pourrai-je présenter des résultats qui ne seront pas dénués d'intérêt, en combinant quelques-unes de mes notes avec les ouvrages récemment publiés en Italie sur le même sujet. C'est ce que j'ai essayé de faire.

Les ouvrages ou Mémoires que j'ai principalement consultés sont les suivants :

1° *Cenni idrographi su la Lombardia, dell ingegnere* Elia Lombardini, *estratti dalle notizie naturali e civili su la Lombardia* (Milan, 1844);

2° *Intorno al sistema idraulico del Pô,* par le même (Milan, 1840) ;

3° L'*Idraulica pratica* de Joseph Mari, ouvrage classique pour les ingénieurs italiens ;

Et enfin un Mémoire manuscrit de M. Auguste Masseti, ancien ingénieur en chef des travaux du Pô sous l'Empire. J'ai dû la communication de ce Mémoire à l'obligeance de M. Lombardini, auteur des deux premiers ouvrages cités, et qui est l'un des hydrauliciens les plus distingués de la Lombardie.

Il résulte de ce qui précède que je n'ai guère ici d'autre mérite que celui de traducteur ; mais cette méthode m'a paru plus rationnelle et plus sûre. Il serait difficile, en effet, de se faire une idée juste du régime si compliqué du Pô et du système d'endiguement adopté sur ses rives, en se bornant à coordonner des notes prises rapidement sur les lieux. N'est-il pas préférable de s'en rapporter à cet égard à l'opinion des hommes qui ont fait de ces matières l'étude constante de leur vie !

Je suis loin de me flatter d'avoir traité d'une manière satisfaisante un sujet aussi difficile, et je me tiendrai pour satisfait si ces notes peuvent présenter quelque intérêt aux personnes qui s'occupent de ces matières spéciales.

SECTION I. — ÉLÉMENTS GÉNÉRAUX DU RÉGIME.

Sommaire. — *Longueur du cours, affluents. — Superficie du bassin. — Variabilité du cours du Pô. — Pentes du Pô à l'état ordinaire et lors des crues. — Hauteur et durée des crues, matières du lit, hauteur des berges. — Largeur du lit. — Profondeur du Pô. — Débit du Pô. — Nivellement des grandes crues. — Durée et volume des grandes crues. — Observations faites à Casalmaggiore.*

LONGUEUR DU COURS, AFFLUENTS, SUPERFICIE DU BASSIN.

Le Pô est incontestablement un des fleuves les plus remarquables de l'Europe par la disposition de son bassin, le nombre et la nature de ses affluents. Ce bassin est limité, comme on sait, au nord et à l'ouest par les Alpes, au sud, par les Apennins. Le Pô, après avoir pris sa source au mont Viso, coule dans la direction du nord jusqu'à Turin; puis, au-delà de cette ville, il tourne à l'est jusqu'à l'Adriatique, en passant par Cazale, Valenza, Pavie, Plaisance, Crémone, Guastalla, les environs de Mantoue et de Ferrare. Il atteint l'Adriatique par plusieurs embouchures situées à égale distance environ de Venise et de Ravenne : le fait le plus saillant qu'offre la vallée du Pô, c'est sa submersibilité sur une même étendue.

1° De Villa-Franca, point peu éloigné de sa source, jusqu'à
  Turin, le Pô a une longueur de.. . . . . .   98,150 ^{m}

2° De Turin à Valenza.   114,810

3° De Valenza à Plaisance.   146,330

4° De Plaisanae à Crémone.   39,800

5° De Crémone à l'Adriatique (bouche principale de la Maestra).   273,400

Longueur totale, de Villa-Franca à la mer. . . 672,490 (1)

Je n'ai pas la longueur exacte de Villa-Franca
  au Mont-Viso; cependant, d'après une mesure faite sur une carte à grande échelle, on
  trouve à très-peu près.   50,000

Total pour la longueur du cours du Pô, depuis
  ____

  sa source jusqu'à l'Adriatique. 722,490

          Soit en nombre rond. . . . 723 kilom.

Le Rhône, y compris son lac de Genève, a une longueur un
peu plus considérable : 860 kilomètres; la Loire a un développement de 1,040 kilomètres, la moitié en sus à peu près; la Garonne, depuis sa source jusqu'à Cordouan, a une longueur qui se
rapproche beaucoup de celle du Pô, 750 kilomètres; la Seine
enfin offre un chiffre un peu supérieur : 800 kilomètres (2).
Les affluents de la rive gauche du Pô, qui sont de beaucoup les
plus importants, descendent tous des Alpes; ceux qui influent
le plus sur son régime sont les deux Dora, le Tessin, l'Adda,
l'Oglio, le Mincio. Tous ces affluents, sauf les deux Dora, sortent de ces magnifiques lacs qui couronnent, au pied des Alpes,
les fertiles plaines de la Lombardie. C'est ainsi que le Tessin est

(1) Ces chiffres sont extraits d'un tableau joint à l'ouvrage de M. Lombardini, *Cenni idrografici*; ils résultent de mesures exactes.

(2) Ces chiffres ont été pris dans l'ouvrage intitulé : *Patria* (Paris,
1847).

l'émissaire du lac Majeur, l'Adda du lac de Come, l'Oglio du lac d'Iséo, le Mincio enfin du lac de Garda.

Les affluents de la rive droite, au contraire, descendent des crêtes déboisées des Alpes maritimes et des Apennins ; ils ont un cours plus torrentiel que les précédents, et ils entraînent des masses énormes de sable et de gravier. Les principaux d'entre eux sont : le Vraita, le Macra, le Grana, le Tanaro, le Tidone, Trebbia, Nure, Chiavenna, Arda, Ongina, Taro, Parma, Enza, Crostolo, Secchia et Panaro.

La superficie totale du bassin du Pô jusqu'à Ponte-Logoscuro, point où il a reçu tous ses affluents, est de 6,938,200 hectares, savoir : 4,105,600 en pays de montagne, et 2,832,600 en pays de plaine. Cette surface est un peu inférieure à celle du bassin de la Seine, qui s'élève à 7,780,000 hectares ; inférieure à celle du bassin de la Loire, qui s'élève à 11,670,000 ; à celle du Rhône, qui est de 9,780,000 (1) ; elle est un peu moins du tiers de la superficie totale du bassin du Rhin, qu'on porte à 22,400,000 hectares.

Comme on le verra plus loin, le débit moyen du Pô à Ponte-Logoscuro, point où le fleuve a reçu tous ses affluents, est de 1720 mètres cubes par seconde, ce qui donne par année 54,244 millions de mètres cubes. En répartissant ce débit sur la superficie totale du bassin, il en résulte, pour tout le cours d'une année, une couche d'eau d'une épaisseur de $0^m 781^{mil}$. Cette épaisseur est, comme on le voit, très-considérable, et correspond aux trois quarts environ de la hauteur de pluie annuelle qui tombe à Milan.

On sait, d'après M. Dausse, que le débit total et annuel de la Seine, à Paris, est, année commune, de 7,875 millions, ou seulement le septième du débit du Pô à Ponte-Logoscuro ; la surface du bassin de la Seine jusqu'à Paris est de 4,375,000 hectares.

(1) Voir *Patria*, 1er vol., p. 99.

Le débit annuel de la Seine correspond donc à une couche d'eau d'une épaisseur uniforme de 0,177 seulement. La hauteur de pluie annuelle dans le bassin de la Seine, pouvant être évaluée à 0,63 en moyenne, on voit que le volume débité par ce fleuve s'élèverait tout au plus au quart du volume total fourni par les pluies annuelles.

Il semble résulter de là qu'il tombe beaucoup plus d'eau annuellement dans le bassin du Pô que dans le bassin de la Seine, et qu'une plus forte proportion du volume des pluies annuelles se rend dans le lit du Pô.

VARIABILITÉ DU COURS DU PÔ.

A Turin, le Pô a un volume inférieur à celui de quelques-uns de ses affluents. On le prendrait pour un modeste cours d'eau ; mais, après avoir reçu la Dora Baltea, qui lui apporte les eaux du Mont-Blanc, il prend l'aspect d'un véritable fleuve. A l'embouchure de la Sesia, qui descend du mont Rosa, le Pô commence à divaguer dans ses alluvions ; il forme un grand nombre d'îles ; un peu au-dessus de Valenza il devient serpentant, en réunissant ses eaux dans un seul lit ; mais, après avoir reçu le Tanaro, qui lui apporte beaucoup de matières, il divague de nouveau ; près des bouches du Tessin, il réunit ses eaux en un seul lit, presque rectiligne, jusqu'à l'embouchure du Tidone (si l'on en excepte toutefois la courbure existante près de Saint-Cypriano). Arrivé vers ce point, il recommence à serpenter jusqu'à l'Adda, en roulant les graviers de la Trebbia. De l'Adda à l'Oglio, il divague une troisième fois en mille canaux, en divisant ses alluvions ; enfin, au-dessous de l'Oglio, les îles deviennent plus rares et plus petites ; les eaux se réunissent en un lit étroit et profond jusqu'à l'Adriatique.

PENTES DU PÔ A L'ÉTAT ORDINAIRE ET LORS DES CRUES.

Le Pô présente des inclinaisons très-variables ; on peut ce-

18

pendant les classer de la manière suivante dans l'état ordinaire des eaux :

Entre la Dora et le Tessin, l'inclinaison moyenne varie de 0^m49 à 0^m35 par kilomètre ; entre le Tessin et l'Adda, de 0^m35 à 0^m22 ; entre l'Adda et l'Oglio, de 0^m23 à 0^m13. Au bouches du Tanaro, la pente se réduit à 0^m11, et, vers les dernières limites du fleuve elle descend de 0^m11 à 0^m033.

Au reste, voici un tableau indiquant les pentes diverses du Pô, depuis sa source jusqu'à la mer.

INDICATION des PARTIES DU COURS.	LONGUEUR en KILOMÈTRES.	CHUTE TOTALE en MÈTRES.	INCLINAISON moyenne PAR KILOMÈ^e.
Sources du Pô (mont Viso).	«	«	«
Villa-Franca.............	46,300	74,04	4,60
Poncalieri...............	44,810	11,851	0,80
Moncalieri...............	29,630	17,777	0,60
Turin (embouchure de la Doire Ripuaire..........	7,410	3,629	0,49
Chivasso................	29,630	13,629	0,46
Embouchure de la Doire Baltea...................	13,890	6,182	0,445
Embouchure de la Sesia...	51,850	21,777	1,42
Valenza.................	19,440	7,835	0,39
Embouchure du Tanaro...	14,810	5,478	0,37
Sommo.................	53,700	19,333	0.36
Embouchure du Tessin (Lombardie................	20,370	7,130	0,35
Embouchure de l'Olona....	18,700	5,236	0,28
Id. du Tidone.....	13,980	3,920	0,28
Id. du Lambro...	6,020	1,525	0,254
Id. de la Trebbia..	15,540	3,730	0,240
Plaisance...............	3,210	1,210	0,377
Embouchure de l'Adda....	29,800	6,560	0,220
Crémone................	10,000	2,000	0,200
Isola Pescaroli..........	24,000	4,560	0,190
Casal-Maggiore..........	24,500	4,410	0,18
Embouchure du Crostolo...	21,000	3,600	0,171
Id. de l'Oglio.....	16,500	2,296	0,139
Id. du Mincio.....	28,700	3,587	0,125
Id. de la Secchia.	2,600	0,325	0,125
Quatrelle...............	49,000	5,887	0,121
Ponte-Logoscuro.........	20,300	2,356	0,118
Polesella...............	16,200	1,547	0,095
Crespino...............	12,400	0,819	0,066
Cavanella...............	27,500	1,373	0,050
Embouchure de la Maestra.	30,700	1,000	0,033

Lors des crues, ces pentes sont un peu plus considérables dans les parties inférieures du cours. On en jugera par le tableau suivant, qui indique les résultats d'un nivellement fait à l'époque de la crue du 15 octobre 1842, depuis Palantone jusqu'à la mer, sur une longueur totale de 98,410 mètres.

INDICATION des LIEUX.	DISTANCES d'un point à l'autre.	HAUTEURS au-dessus du niveau de l'Adriatique.	PENTE MOYENNE	
			d'un point à l'autre.	par kilomètre.
Palantone, à l'hydromètre............	14,500	12,777	1,602	0,1105
Ponte Logoscuro. *id.*.	12,150	11,475	0,865	0,071
Zocca............*id.*	7,290	10,312	1,598	0,2192
Guarda Ferraresse. *id.*	8,700	8,714	0,907	0,1043
Cologna..........*id.*	6,650	7,807	0,912	0,1372
Berra............*id.*		6,895		
Embouchure de la Maestra.........*id.*	49,120	0,000	6,895	0,1404

La zone de submersibilité du Pô commence à avoir quelque importance au-dessous de l'embouchure de la Sesia. De ce dernier point à Crémone, sur la rive gauche, la plaine submersible est interrompue par quelques caps qui s'avancent jusque sur les rives du fleuve : tels sont les coteaux de Saint-Sezone à l'embouchure de l'Olona, ceux de Castelnovo et de Spinadesco aux bouches de l'Adda, et enfin les coteaux de Crémone. Au-delà de cette ville, le fleuve coule dans une plaine submersible, extrêmement large, qui s'exhausse peu à peu en s'éloignant de lui jusqu'à la haute plaine.

HAUTEUR ET DURÉE DES CRUES.

Les plus grandes crues du Pô s'élèvent au-dessus de l'étiage de 7ᵐ50 à l'embouchure du Tessin, de 8ᵐ à Plaisance, probablement par l'influence de la Trebbia, de 6ᵐ à Crémone où le lit s'élargit sensiblement, de 6ᵐ50 à Cassal-Maggiore, de 8ᵐ20 à Dosolo, at de 9ᵐ55 à Ostilia. Depuis ce dernier point jusqu'à la mer les crues vont en s'abaissant graduellement ; cependant elles ont encore une hauteur de 8ᵐ68 à Ponte-Logoscuro, et de 8ᵐ45 à la Polesella.

Les crues ordinaires ont une hauteur égale aux deux tiers des plus grandes crues.

Dans la partie supérieure du cours du fleuve, les crues durent seulement trois ou quatre jours, mais dans les parties inférieures leur durée est bien plus considérable, elle s'élève souvent jusqu'à quinze ou vingt jours.

La crue extraordinaire de 1839 s'est soutenue pendant soixante-quinze jours au-dessus du signe de garde de Ponte-Logoscuro. Voici un tableau indiquant la hauteur et la date des plus grandes crues et des plus bas étiages qui ont été observés depuis Plaisance jusqu'à l'Adriatique.

INDICATION des HYDROMÈTRES.	Longueurs.	HAUTEUR de la plus forte crue sur le plus bas étiage.	DATE de la PLUS FORTE CRUE.	DATE du PLUS BAS ÉTIAGE.
		m.		
Plaisance (hydromètre de la Rossa)...		8,00	18 octobre 1839.	22 avril 1834.
Crémone.	38,600	6,00	12 novem. 1801.	
Isola Pescaroli......	23,500	6,29	Id.	24 avril 1825.
Cassal-Maggiore. ...	23,400	6,50	Id.	mai 1847.
Dosolo.	26,500	8,20	13 novem. 1801.	Id.
Burgoforte..........	17,000	8,54	8 novem. 1838.	Id.
San-Benedetto......	22,800	8,89	Id.	Id.
Ostilia.	19,800	9,55	Id.	Id.
Sermide..........	19,000	8,70	Id.	Id.
Quatrelle.	14,500	8,85	Id.	Id.
Cologna...........	50,700	6,24	29 mai 1810.	29 janvier 1812.
Bouche de la Maestra.	55,800	0,00	«	«

MATIÈRES DU LIT.

En Piémont, le lit du Pô est formé de graviers, dont la grosseur diminue progressivement à mesure qu'on s'avance vers l'aval. Du Tessin à l'Adda on ne rencontre que des bancs de sable, et çà et là quelques graviers fins ; il faut en excepter cependant les grosses pierres charriées par la Trebbia ; mais au-dessous le gravier disparaît, le sable devient de plus en plus fin, et passe au limon.

Les berges du Pô se composent de couches alternatives de sable et d'argile, le sable domine dans les parties supérieures du cours, l'argile dans les parties inférieures ; cette circonstance influe puissamment sur la plus ou moins grande résistance des rives et sur la variabilité du lit.

HAUTEUR DES BERGES.

La hauteur ordinaire des berges concorde avec celle des crues moyennes. Voici d'ailleurs un tableau qui indique la dépression du niveau des plaines au-dessous des plus grandes inondations et des crues ordinaires.

LIEUX des OBSERVATIONS.	ÉLÉVATION de la plus haute crue au-dessus des crues ordinaires.	RÉPRESSION DES PLAINES	
		au-dessous de la plus grande crue.	au-dessous de la crue ordinaire.
De Crémone à Isola Pesca-roli (rive gauche)......	2,00	4,80 3,20	0,20 4,20
D'Isola Prescaroli à Casal-Maggiore............	2,15	2,15 3,70	0,00 1,55
De Cassal-Maggiore aux bouches de l'Oglio.			
A Pomponesco (rive gauc.)	2,50	3,00 3,60	0,50 4,40
Des bouches de l'Oglio à celles du Mincio.			
Au-dessus de l'écluse de Rouco – Corrente (rive gauche)............	2,85	4,00	1,15
A Cassino-Gandelli (rive g.)	2,90	4,80	1,90
A Fenilone (rive gauche).	Id.	3,60	0,70
Au Froldo Bulgarini.....	Id.	4,00	1,10
Au Froldo Corregio – Mi-cheli, près de Governolo (rive gauche).........	2,96	4,70 5,30	1,74 2,34
A Portiolo (rive droite)...	2,90	4,20 4,50	1,30 1,60
Des bouches du Mincio à Ostilia.			
Au Froldo de Saccheta (rive gauche).........	2,96	3,00 3,30	0,04 0,34
A Guingentole (rive droite).	3,10	5,50	2,40
A Castel Trivellino, au-des-sus de Revere (rive droi-te).................	3,20	5,20	2,00
D'Ostilia à la Stellata.			
A Bonizzo, au-dessous de Revere.	3,20	5,00	4,80
Au Froldo de Felonica, en-tre Sermide et la Qua-trelle (rive droite).....	3,16	2,60 3,60	0,56 0,44
A la Quatrelle, près la Stel-lata.................	2,80	3,40 4,40	0,60 1,60

LARGEUR DU LIT DU PÔ.

Des bouches du Tessin à celles de l'Oglio, le Pô a une largeur qui varie de 100 à 200 mètres lors de l'étiage, de 200 à 400 mètres lors des eaux moyennes, de 500 à 1,500 mètres dans les crues ordinaires ; enfin de 800 à 3,000 mètres lors des plus grandes crues.

Dans la partie inférieure de son cours, le Pô est plus encaissé : lors de l'étiage sa largeur varie de 100 à 200 mètres, de 200 à 300 mètres dans l'état ordinaire, de 300 à 800 mètres dans les crues moyennes, enfin de 300 à 1,500 mètres dans les plus fortes crues.

PROFONDEUR DU PÔ.

Entre le Tessin et l'Oglio le Pô n'est jamais guéable, même lors des plus bas étiages ; sa profondeur est de 1^{m}50 au moins vers l'emplacement du thalweg. Lorsqu'une berge est corrodée, la profondeur, au pied de cette berge, devient très-considérable et atteint facilement 9 et 10 mètres au-dessous de l'étiage, et quelquefois 15 et 18 mètres, lorsqu'à l'action naturelle du courant se joint la résistance d'un obstacle artificiel, tel qu'un ouvrage saillant.

Au-dessous de l'Oglio, la profondeur du thalweg, lors des plus basses eaux, est au moins de 1^{m}80 ; au pied des berges corrodées on trouve des dépressions de 10 à 12 mètres, et qui descendent même jusqu'à 24 mètres au pied des ouvrages de défense.

DÉBIT DU PÔ.

M. l'ingénieur Lombardini a déduit de quatre jaugeages directs, une formule qui donne le débit du Pô, en fonction de la hauteur des eaux de ce fleuve au-dessus de l'étiage.

Parmi ces quatre jaugeages, trois ont été faits dans les années 1811, 1812 et 1813 par l'hydraulicien Théodore Bonati (1), et

(1) Voyez les *Mémoires de l'Institut lombardo-vénitien*, vol. III, Milan, 1824, p. 45.

le quatrième a été exécuté par les élèves de l'École des ingénieurs de Ferrare, dans l'année 1820 (1).

Ces jaugeages ont été pratiqués à l'aide d'expériences sur la vitesse du courant, et de levées de profil en travers bien exactes. Ils se rapportent d'ailleurs à la partie du fleuve comprise entre Ponte-Logoscuro et Fossa d'Albero. Le Pô a déjà reçu ici tous les affluents.

Cette formule est la suivante :

$$q = 767\,A^{\frac{1}{2}}\sqrt{0,115-0,00069\,A^2}$$

q représente le débit du fleuve par seconde, et A la hauteur moyenne de l'eau au-dessus du fond.

Voici la comparaison des résultats donnés par formule et par les quatre expériences directes (2) :

INDICATION DES EXPÉRIENCES.	NIVEAU de l'eau rapporté au signe de guardia à Ponte-Logoscuro.	DÉBIT PAR SECONDE		DIFFÉRENCE.
		donné par l'expérience directe.	donné par la formule.	
Expérience faite par Bonati, le 19 décembre 1811, à la Rimbaldese..	—3,83	mètres cubes. 1110,40	111,02	+0,0006
Faite par le même le 30 mai 1812, au même lieu...	—3,00	1693,12	1638,73	—0,0320
Expérience de l'École pontificale, faite le 11 juin 1820, à Fossa d'Albero........	—2,33	2176,04	2165,67	—0,0048
Expérience de Bonati, le 12 juin 1815, à Francolino..........	+1,84	4739,62	4779,06	+0,0032

(1) *Recherches géométriques et hydrométriques faites à l'École des ingénieurs pontificaux.* Milan, 1822, p. 16.

(2) Le fond du lit étant à 6,50 en moyenne au-dessous du signe de garde ou le *guardia*.

Du 1ᵉʳ janvier 1827 au 1ᵉʳ janvier 1841, on a fait des expériences sur la hauteur du fleuve à l'hydromètre de Ponte-Logoscuro. C'est à l'aide de ces expériences et de la formule précédente qu'on a déduit le tableau qui suit. Ce tableau donne pour chaque mois, dans l'intervalle de treize années, le débit moyen et les débits *minima* et *maxima* du Pô à Ponte-Logoscuro.

	Janvier.	Février.	Mars.	Avril.	Mai.	Juin.	Juillet.	Août.	Septembre.	Octobre.	Novembre.	Décembre.
Débit moyen du Pô du 1er janvier 1827 au 1er janvier 1841, la hauteur du fleuve étant observée à Ponte-Logoscuro, et les débits étant calculés d'après la formule précédente.	1,144	1,242	1,601	1,609	2,308	21,33	1,573	1,268	1,956	2,236	1,919	1,499
Années.	1833	1829	1835	1835	1834	1830	1829	1828	1828	1832	1828	1828
Débit minimum. .	483	483	532	347 (1)	452	794	794	600	740	669	617	549
Années.	1831	1827	1838	1827	1827	1835	1833	1834	1829	1839	1839	1839
Débit maximum. .	3,217	3,358	3,923	4,296	5,047	4,741	3,382	4,291	4,852	5,090	5,149 (2)	4,953

(1) Étiage des 28 et 29 avril.
(2) Crue extraordinaire du 2 novembre.

Il résulte de ce tableau que le débit moyen du Pô, à Ponte-Logoscuro, pour toute l'année, ou le *module du Pô*, est de 1706 mètres cubes par seconde.

Le plus bas étiage du Pô est celui du 12 mai 1817 ; les eaux descendirent ce jour-là, à l'hydromètre de Ponte-Logoscuro, à 5^m62, au-dessous du signe de guardia.

La plus grande crue est celle du 8 novembre 1839 ; les eaux s'élevèrent alors, vers le même point, à 2^m96 au-dessus du signe de guardia.

En se basant sur la formule précédente, le débit du Pô aurait été, dans le premier cas, de 214 mètres par seconde ; et, dans le second, de 5,149 mètres.

Ces deux nombres sont entre eux comme 1 est à 24.

NIVELLEMENT DES GRANDES CRUES.

Le tableau suivant donne les hauteurs, ou plutôt les nivellements des grandes crues du Pô, depuis le commencement du siècle, pour la partie du fleuve comprise entre Casal-Montferrat et l'Adriatique. Ces hauteurs sont rapportées à l'étiage. On a indiqué à la suite de ce même tableau quelles ont été, dans le courant du dix-huitième siècle, les plus grandes crues à Ponte-Logoscuro.

INDICATION des HYDROMÈTRES.	Distances en kilomèt.	1801 13 Novem.	1807 12 Décem.	1810 18 sep. 20 Mai.	1812 15 Octobre.	1823 5 Octobre.	1823 16 Octobre.	1827 13 Mai. 28 Sept.	1839 20 Octobre.	1839 8 Novem.	1840 6 Novem.	1841 31 Octobre.
Cassal-Monferrato.		«	«	4,00	«	«	«	4,00	4,80	«	«	«
Valenza.	25,00	«	«	«	«	«	«	«	6,80	«	«	«
Mezzana-Corti.	55,00	«	«	6,75	«	«	«	«	6,90	«	6,40	«
Monticelli.	48,60	7,01	«	6,79	6,69	6,58	«	«	7,30	5,44	7,00	6,66
Plaisance.	22,00	7,59	«	«	«	7,09	«	«	8,06	7,05	7,44	7,50
Crémone.	40,80	5,98	«	5,88	«	5,05	4,91	5,24	5,69	5,57	5,69	5,60
Isola-Pescaroli.	24,30	6,28	«	«	6,03	5,43	5,38	5,67	5,96	5,85	5,64	5,75
Cassal-Maggiore.	22,60	6,50	«	«	5,82	5,56	5,51	6,28	6,44	6,42	6,40	6,45
Dosolo.	26,50	8,21	7,82	«	«	«	7,51	«	7,74	7,98	7,77	7,97
Borgoforte.	17,50	8,42	8,22	7,76	8,22	7,33	7,80	8,20	8,08	8,36	7,78	7,87
San-Benedetto.	22,60	7,90	8,00	8,45	8,50	«	8,46	8,60	8,37	8,89	8,21	8,39
Ostilia.	19,40	8,66	8,91	9,02	9,17	«	9,11	9,06	9,09	9,55	8,79	9,04
Sermide.	20,00	8,08	8,23	8,40	8,56	«	8,59	8,43	8,45	8,76	8,04	8,36
Quatrelle.	15,20	8,06	8,36	8,35	8,73	«	8,65	8,56	8,55	8,85	8,30	8,40
Ponte-Logoscuro.	20,30	7,69	7,94	8,45	8,47	«	8,44	8,46	8,31	8,58	8,25	8,09
Polesella.	16,20	«	«	«	7,87	«	7,86	7,94	8,11	8,45	8,03	7,95
Crespino.	12,40	«	«	7,48	7,58	«	7,39	7,50	7,51	7,78	7,64	7,48
Carvanella di Po.	27,50	«	«	«	5,45	«	5,50	5,64	5,72	5,97	5,67	5,63
Bouche de Porto Scanarello.	30,70	0,00	«	«	«	«	«	«	«	«	«	«

Les plus grandes crues du siècle dernier ont été à Ponte-Logoscuro, celles des 8 novembre 1705, à 6^{m}82; 4 nov. 1719, à 6^{m}84; 9 nov. 1729, à 7^{m}13; 6 mai 1733, à 7^{m}27; 23 oct. 1755, à 7^{m}44; 22 sept. 1772, à 7^{m}65; 18 juin 1777, à 7^{m}77, 14 juin 1799, à 7^{m}81.

On voit, par l'examen des chiffres précédents, combien la hauteur des plus grandes crues a augmenté depuis le commencement du dix-neuvième siècle.

DURÉE ET VOLUME DES GRANDES CRUES DU PÔ.

Dans le nouveau tableau qui suit, nous indiquons la durée et le volume des crues du Pô qui, de 1827 au 1er janvier 1841, se sont élevées, à l'hydromètre de Ponte-Logoscuro, à plus de 1^{m}60 au-dessus du signe de guardia.

Le calcul du débit moyen par seconde, et du débit total de ces mêmes crues durant toute la période pendant laquelle les eaux ont dépassé le signe de garde.

COMMENCEMENT ET FIN DE LA CRUE.	DURÉE de la crue en jours.	HAUTEUR maxima au-dessus du signe de garde.	DÉBIT EN MÈTRES CUBES PAR SECONDE.		DÉBIT total de la crue en millions de mètres cubes.
			Maximum.	Minimum.	
Du 12 mai au 1er juin 1827.	20	2,541	5,047	4,530	8,300
Du 30 septembre au 5 octobre 1827. .	5 1/4	1,049	4,692	4,315	4,956
Du 17 septembre au 9 octobre 1829. .	22	1,993	4,852	4,338	8,238
Du 30 septembre au 6 octobre 1833. . .	6 1/4	1,682	4,708	4,382	2,367
Du 4 au 10 octobre 1835.	6	1,750	4,716	4,328	2,244
Du 11 au 20 octobre 1836.	9 1/6	1,910	4,816	4,359	3,437
Du 9 octobre au 25 décembre 1839. .	77	2,962	5,140	4,484	29,831
Du 2 au 18 novembre 1840.	16 1/4	2,642	4,077	5,560	6,402

OBSERVATIONS FAITES A CASAL-MAGGIORE.

Pour compléter les documents que nous venons de donner sur le régime du Pô, nous rapporterons ici les résultats des observations journalières faites sur les hauteurs des eaux du fleuve à l'hydromètre de Cassal-Maggiore. Ces observations qui ont été entreprises du 1er janvier 1827 au 31 décembre 1836, ont permis de calculer quelle était dans une année la durée moyenne des divers états du fleuve. C'est le meilleur moyen de juger le régime, le tempérament d'un cours d'eau. Le tableau suivant indique les résultats auxquels ces calculs ont conduit.

HAUTEUR en mètres, rapportée au zéro de l'hydromètre.	De 0,50 à 0,00	De 0,50 à 0,50	De 0,50 à 1,00	De 1,00 à 1,50	De 1,50 à 2,00	De 2,00 à 2,50	De 2,50 à 3,00	De 3,00 à 3,50	De 3,50 à 4,00	De 4,00 à 4,50	De 4,50 à 5,00	De 5,00 à 5,38	TOTAL.
Jours et dixièmes de jour..	21,40	65,8	85,50	66,00	48,3	36,8	17,5	12,4	5,7	3,80	1,60	0,3	364,3

Le zéro de l'hydromètre correspond au niveau des basses eaux ordinaires ; la grande crue de 1801 s'est élevée de 5m60 au-dessus de ce zéro, et l'étiage de 1817 était à un mètre au-dessous. Les hautes eaux ordinaires correspondent à une hauteur de 2m50 ; la crue ordinaire à 3m40. Enfin on organise la garde des digues, comme nous le verrons plus loin, toutes les fois que le fleuve s'élève à 4m60.

Il résulte du tableau précédent que l'état le plus ordinaire, le plus commun du fleuve, correspond à une hauteur comprise entre 0m50 et 1m00. On peut admettre 0m80.

SECTION II. — ÉTUDE PLUS DÉTAILLÉE DU RÉGIME DU PÔ.

Sommaire. — *Mobilité constante du cours du Pô. — Carac-*

MOBILITÉ CONSTANTE DU COURS DU PÔ, CARACTÈRE PRINCIPAL DU SYSTÈME
DE DÉFENSE EMPLOYÉ.

Dans la section précédente, nous avons fait connaître les éléments généraux du régime du Pô.

Il convient maintenant d'étudier plus en détail ce régime.

Le fait le plus saillant, c'est l'extrême mobilité du cours. Les eaux de ce fleuve, étant toujours troubles et limoneuses, déposent avec la plus grande facilité à la moindre crue. De là résulte, dans la direction du thalweg, une continuelle instabilité ; le fleuve dépose sur une rive, attaque la berge opposée, et y dessine une courbe qui est en relation avec son dépôt, mais cet état n'a rien de fixe ; la moindre crue déplace l'alluvion et la porte sur la rive corrodée.

La direction du thalweg changeant à chaque instant, les alluvions se transforment en corrosion, et réciproquement. Cette succession de dépôts et de corrosions, tantôt lente et tantôt rapide, constitue le défaut le plus essentiel du Pô, défaut auquel il n'est pas possible, du moins généralement, d'imposer un frein.

Ce fleuve est infiniment plus mobile et plus limoneux que le Rhône ; son régime est analogue à celui des rivières de l'ouest de la France, et peut se comparer à celui de la Garonne et de la Midouze, surtout dans leur partie inférieure.

Quand les alluvions formées par le fleuve ne sont pas emportées par les premières crues, elles ne tardent pas à se couvrir de saules et de gazon, et à prendre une consistance qui prolonge leur durée.

Les variations du cours du Pô sont cependant comprises entre certaines limites, car les grandes crues, en formant des îles, redressent la direction du thalweg.

Il y a donc une zone de divagation que le fleuve ne dépasse jamais.

« Si les digues longitudinales et insubmersibles de chaque rive, dit Masseti, avaient été primitivement établies au-delà des limites extrêmes entre lesquelles sont compris les changements du lit du fleuve, il ne serait pas nécessaire de les réparer ; mais dans l'origine on n'a pas eu cette précaution, et on ne pouvait pas l'avoir, puisqu'on ne connaissait pas l'étendue de la zone dans laquelle les divagations du fleuve devaient être comprises, après que l'endiguement aurait contenu les crues au-dessus du niveau des campagnes riveraines. Aussi ces digues furent-elles construites tantôt à une distance trop considérable, tantôt à une distance trop faible, comparativement à la largeur de cette zone. »

On distingue sur le Pô deux sortes de digues : les digues en golène et les digues en froldo. Les golènes étant les portions de berges laissées entre les rives ordinaires du fleuve et les digues insubmersibles, *une digue en golène* est une levée dans l'intérieur des terres, séparée du Pô par un espace qui lui sert de défense. Une digue en froldo, au contraire, est celle dont le talus côtoie directement ses rives (1).

Ces golènes, exposées à toutes sortes de changements, ont été considérées de tout temps comme appartenant de droit au fleuve, et on n'a jamais pensé à les défendre sur toute leur étendue ; une telle entreprise serait peut-être impossible et certainement très-coûteuse.

Cependant les golènes donnent souvent un produit considéra-

____

(1) Les golènes ont pris sur le Rhône le nom de segonnaux, à l'aval de Beaucaire.

ble ; une partie d'entre elles sont cultivées. Ce sont les bois qu'elles produisent qui fournissent les matériaux nécessaires pour la réparation des digues ; elles présentent un caractère bien tranché , c'est que leur niveau supérieur est presque toujours plus élevé que celui des plaines.

En résumé, depuis Crémone jusqu'à la mer, un fleuve boueux, déposant avec la plus grande facilité sans aucune fixité, attaquant demain la rive sur laquelle il dépose aujourd'hui, un fleuve contenu au-dessus des campagnes par deux levées longitudinales à directions irrégulières, tantôt en froldo sur le fleuve même, tantôt séparées de lui par les golènes, tel est l'aspect que nous présente le Pô.

A cause de cette mobilité même , les digues en froldo surtout sont constamment exposées à être attaquées et emportées , et cette attaque est d'autant plus redoutable, qu'on ne peut disposer pour les défendre d'autres matériaux que ceux que fournissent les rives, et principalement les golènes, c'est-à-dire la terre argileuse crue ou cuite, des fascines , des roseaux , matières de peu de résistance, et que l'art doit modifier.

Tel est donc le problème qu'ont eu à résoudre les ingénieurs italiens : *Défendre leurs levées longitudinales contre les attaques incessantes et capricieuses du fleuve.*

Ils ne se sont préoccupés que très-rarement de la navigation ; pour eux, le problème à résoudre consistait presque uniquement à contenir les crues dans des levées insubmersibles, comme dans un vase.

Après beaucoup d'essais infructueux , ils sont parvenus à trouver un bon système de défense. Ce système , aussi variable que le régime du Pô, se base surtout sur l'observation des faits, et, pour le bien pratiquer, il faut non - seulement connaître quelques principes généraux , mais encore posséder une longue expérience du fleuve, l'avoir observé , être capable de prédire ses effets , et de modifier les ouvrages de défense d'après ces effets mêmes.

Ce système , en un mot , est un art véritable. Sauf quelques modifications de peu d'importance , il est d'ailleurs à peu près commun à l'Adige , à la Brenta et à tous les affluents dont le régime se rapproche beaucoup de celui du Pô.

On voit que le caractère général des travaux exécutés par les ingénieurs italiens sur les fleuves de la Lombardie , c'est , avant tout, d'être des travaux de défense , des travaux agricoles. Il a fallu élever d'abord sur les rives deux digues insubmersibles pour limiter et contenir le fleuve , puis défendre ces levées en terre et en fascines contre des attaques incessantes.

C'est précisément à cause de cette obligation de protéger, contre un fleuve continuellement variable dans la direction de son thalweg , des levées uniquement composées de matériaux d'une très-faible résistance, que les Italiens ont dû chercher un système de protection uniquement fondé sur l'expérience , et aussi ingénieux que leurs ressources étaient faibles et impuissantes.

On a bientôt compris qu'il serait impossible de fixer le fleuve suivant des directions invariables , et que penser à construire sur son cours des ouvrages définitifs était un rêve ; qu'en un mot, on devait considérer la défense des levées longitudinales non point comme un ouvrage à faire une fois , mais plutôt comme un entretien constant , annuel , qui n'a rien de fixe dans ses dispositions , qui est aussi variable que l'effet des eaux.

« Il serait surtout à désirer , dit Masseti , que l'on pût régler entièrement le cours du Pô ; mais ce fleuve, dont les eaux transportent toujours beaucoup de matières , coule sur un fond mobile formé au milieu de ses dépôts , et en grande partie de sable pur. Tantôt il présente des profondeurs extraordinaires, tantôt des dépôts qui quelquefois deviennent des îles, et qui , le plus souvent, sont transportés en aval. Toutes ces circonstances donnent naissance à la grande mobilité du lit ; et comme elles existeront toujours , elles opposeront perpétuellement un obstacle insurmontable à un système quelconque, soit de défense, soit de redressement, qui aurait pour but de fixer d'une manière stable le cours entier.

L'espace ou zone compris entre les levées insubmersibles et au milieu duquel le Pô serpente en se jetant tantôt sur une rive et tantôt sur l'autre, doit donc être considéré comme de son domaine, et ce serait peine et dépenses perdues que de vouloir l'obliger à suivre une ligne fixe.

S'il avait été possible , non pas de fixer suivant une ligne absolument invariable , mais au moins de limiter dans une zone assez étroite le thalweg du fleuve ; si on avait pu parvenir à déterminer un lit mineur aussi stable que le lit majeur, le grand problème de la sécurité de la Lombardie et de la conservation assurée de ses digues eût été résolu ; mais une longue expérience a démontré cette vérité : *Qu'il n'était possible d'attendre cette conservation, cette sécurité, que de soins constants et toujours renouvelés.*

Voici quels sont les principes généraux du système de défense employé.

On donne d'abord aux levées , qui sont toujours et uniquement longitudinales , des directions aussi droites et aussi adoucies que possible ; les courbes que ces levées dessinent sur l'une et l'autre rive sont en général parfaitement réciproques ; on évite avec le plus grand soin toutes les saillies offensives.

Lorsque le courant du fleuve se jette sur une digue , ce qui arrive surtout à celles qui sont en froldo , on se borne quelquefois à retirer cette digue, c'est-à-dire à la transporter à une certaine distance dans l'intérieur des terres , en laissant entre le fleuve et la levée nouvelle un certain espace qui sert de golène, et qui est abandonné.

Ce remède est le plus prompt et le plus économique de tous ceux qu'on emploie, car il consiste uniquement en un transport de terre. Il ne présente d'ailleurs aucune difficulté de construction. En arrière des parties menacées on forme une espèce de poche ou de couronne. C'est pour cela qu'on appelle ces sortes d'ouvrages *coronnelles*.

On emploie ce moyen lorsqu'en retirant ainsi la levée insubmersible on peut la mettre à l'abri des attaques du fleuve, sans être obligé d'abandonner d'importantes localités ou des surfaces trop étendues, et cela arrive lorsque la corrosion n'est que provisoire, lorsque la modification du lit qui donne naissance à cette corrosion ne doit pas être de longue durée.

Si, en effet, le thalweg doit bientôt abandonner la digue qu'il attaque avec tant de violence aujourd'hui, si, dans quelques mois, il doit atterrir ce qu'il corrode, ne serait-ce pas une dépense vaine que celle d'ouvrages considérables destinés à dévier sa direction, ouvrages qui seraient atterris à peine achevés.

Mais s'il n'est pas possible de retirer dans l'intérieur des terres une digue en froldo, sans abandonner des lieux habités et importants, il faut un autre remède à la corrosion. On peut employer alors deux moyens : 1° donner à la rive attaquée une courbure telle qu'il y ait équilibre entre l'effort des eaux et la résistance qu'elle présente ; 2° ou bien chercher à éloigner le thalweg, à détruire la cause de corrosion par des ouvrages saillants jetés en avant de la digue *lavori in acqua* (ouvrages sous l'eau).

Ces ouvrages sont, le plus souvent, des espèces d'*épis*, ou plutôt de *tapis*, toujours submersibles, qu'on appelle *pennels* (*pennelli*); c'est l'épi dans sa dernière forme, modifié, ou plutôt progressivement perfectionné par une longue expérience.

Les *pennels* (car pour plus de facilité nous leur conserverons ce nom) sont le remède le plus puissant que possèdent les Italiens pour protéger leurs digues menacées ; comme il est fort coûteux, ils ne l'emploient que dans les cas extrêmes.

Quelquefois les ouvrages sous l'eau se bornent à des talus artificiels ; mais ils sont toujours chers, et leur entretien commande de grands sacrifices. Il arrive aussi qu'au bout d'un certain temps ils deviennent inutiles, le fleuve s'éloignant de la digue menacée.

Il est enfin certaines longueurs de digues en froldo qui sont constamment attaquées par le fleuve, et, pour les protéger, il serait nécessaire de maintenir à perpétuité, et à l'aide de grandes dépenses, des ouvrages sous l'eau de toute espèce : alors on a recours à un remède extrême, les rectifications ; mais ce parti est le plus coûteux de tous.

En résumé : quand cela est possible, transport des digues dans l'intérieur des terres, ou régularisation de la rive suivant la courbure d'équilibre, ou enfin déviation du thalweg par des ouvrages sous l'eau ; tels sont les caractères généraux du système de défense des ingénieurs italiens.

L'emploi des coronnelles *ou des simples transports des digues en arrière* est surtout fréquent en Lombardie.

Les ingénieurs italiens, voyant dans cette partie de son cours le Pô changer à chaque instant de direction, attaquer tantôt la rive droite et tantôt la rive gauche, ont jugé qu'il était impossible de régler à jamais un état de choses aussi capricieux, et ils ont pris le parti de faire des ouvrages provisoires et toujours appliqués à l'état présent des lieux. Peut-être n'est-ce là qu'une économie apparente.

J'ai vu certains points où les digues avaient été construites trois ou quatre fois successivement ; il est vrai que ces constructions ne sont pas très-dispendieuses, parce qu'avec la terre de l'ancienne digue on construit une partie de la nouvelle, et que le travail se réduit à un simple *transport*.

Quand on a besoin de terre, on la prend toujours du côté du fleuve, *sur la golène*. Les rayons des coronnelles sont très-variables, et souvent aussi très-courts.

En Lombardie, il est admis en principe que quand on retire *un froldo en coronnelle* on ne doit aucune indemnité au propriétaire riverain, à moins qu'on ne lui abatte sa maison.

Mais un autre ennemi des digues du Pô, aussi redoutable que les déviations continuelles du thalweg, ce sont les filtrations.

Ce que nous venons de dire des levées du Pô, au-dessous de Crémone jusqu'à la mer, s'applique aussi à celles qui défendent les vallées du Mincio, de l'Oglio, de la Secchia, du Panaro, et principalement de l'Adige et de la Brenta. Les mêmes causes ont dû amener les mêmes effets. Le régime de ces affluents ayant une grande analogie avec celui du Pô, il en est de même des systèmes de défense adoptés sur les uns et sur les autres.

Un des faits les plus importants du régime du Pô qu'il est nécessaire de signaler, ce sont les grands redressements que le fleuve opère quelquefois par lui-même dans la direction de son cours.

REDRESSEMENTS NATURELS OPÉRÉS PAR LE FLEUVE.

Le Pô, coulant dans une vallée toute composée de ses alluvions et offrant peu de résistance, dessine un grand nombre de courbes ; les unes ont un développement considérable, le fleuve semblant revenir sur lui-même après un long parcours, les autres, au contraire, sont beaucoup plus courtes.

Ces deux genres de sinuosités n'ont rien de fixe ; les secondes surtout varient à chaque instant à la moindre crue, car elles sont la conséquence des dépôts qui se forment sur l'une des rives et qui se modifient sans cesse par l'effet des courants qui les coupent en les changeant en îles, ou les transportent en aval, ou enfin les font disparaître.

Quant aux premières, aux grandes courbes, elles sont un peu moins variables, car elles ne sont supprimées ou rectifiées que par les crues extraordinaires.

Il existe sur le Pô de nombreux exemples de suppression, qui ont apporté dans la longueur du cours un raccourcissement considérable. Les Italiens donnent à ces changements le nom de *salti* (sauts), à cause de la pente considérable que gagne ainsi le fleuve ; tel fut, en 1777, le saut de *Coltaro*, en face de Gussola, au-dessous de Casal-Maggiore, qui sépara de la rive droite une vaste étendue de terrain déjà cultivée. Sur une longueur primitive de 7,000 mètres, le raccourcissement total ne fut pas moindre de 5,000 mètres.

Dans les années 1807 et 1810, les deux sauts de *Mezzanove*, entre Caselle-Laudi, Castelnovo et Bocca d'Adda, dans la province de Lodi, produisirent un raccourcissement de 12,000 mètres sur une longueur primitive de parcours de 16,000 mètres. Ces deux changements de lit furent produits par les crues du 30 novembre 1807 et 8 juin 1810.

Quand le Pô attaque une rive, il la corrode avec une grande rapidité, surtout si la résistance naturelle de cette dernière est peu considérable. M. Lombardini cite un fait qui en peut donner une idée.

Entre l'*Adda* et l'*Oglio*, à Isola-Pescaroli, postérieurement à 1825, la corrosion était si rapide sur la rive droite, en face de *Pieve-Ottoville*, que, dans l'espace de quatre années, elle s'avança de 750 mètres dans l'intérieur des terres, emportant avec elle des propriétés d'une grande valeur. La crue du mois de septembre 1829 fit cesser cet état de choses, et reporta le fleuve sur la rive gauche, en coupant les alluvions opposées.

Un tel effet, ajoute M. Lombardini, ne fut point obtenu par

la crue du mois de mai 1827, quoique plus forte et plus durable, par la raison que la direction vicieuse du fleuve n'était pas encore arrivée à ce point de nécessiter une rectification, fait qui ne peut se produire que par des allongements très-considérables dans la longueur du cours.

LOI GÉNÉRALE DES OSCILLATIONS HORIZONTALES DU PÔ.

Si l'on généralise ce que nous venons de dire, on pourra admettre, en se fondant sur l'observation, que dans la disposition horizontale du Pô il se passe deux phénomènes qui se reproduisent à des intervalles de temps à peu près constants et distincts les uns des autres.

Le premier est la variation continuelle, incessante, des petites courbes, qui a lieu à chaque crue; la seconde est la variation des grandes courbes, qui se manifeste seulement dans les circonstances extraordinaires. Il résulte de là que le fleuve oscille continuellement entre deux lignes extrêmes, qu'il ne saurait dépasser en occupant successivement toutes les positions intermédiaires.

La cause de ces variations, de ces vibrations si l'on veut, réside presque entièrement dans l'existence des matières charriées par le fleuve; il faut donc admettre que ces mouvements de matières obéissent aussi à cette loi de vibration et d'oscillation.

Il est certain qu'un phénomène du même genre se reproduit plus ou moins dans tous les fleuves dont les eaux transportent et déposent dans l'étendue de leurs cours; aussi paraît-il difficile, sinon impossible, de créer un lit mineur fixe, à un fleuve charriant des matières, des troubles.

SECTION III. — ORGANISATION DES DIGUES DU PO, ET SYSTÈME EMPLOYÉ POUR LEUR DÉFENSE.

Sommaire. — *Hauteur et profil des digues du Pô, principales*

*mesures administratives.—Principales causes des corrosions.
— Corrosions permanentes, corrosions accidentelles. — Remèdes aux corrosions permanentes. — Remèdes aux corrosions accidentelles. — Simples revêtements en fascinages.—
—Redressements des talus, coronnelles. — Revêtements sous
l'eau. — Ouvrages saillants. — Théorie des pennels. —
Résumé.*

J'arrive maintenant à l'étude détaillée des principes techniques qui dirigent les ingénieurs italiens dans l'entretien et la construction des digues.

Avant d'exposer ces principes, je décrirai les principales dimensions des digues du Pô et leur mode d'organisation.

DE LA HAUTEUR DES DIGUES, DE LEUR PROFIL, PRINCIPALES MESURES ADMINISTRATIVES.

Nous avons vu qu'il y avait deux sortes de levées, les digues en froldo et les digues en golène ; que de plus on donnait le nom de *coronnelles* à ces sortes de poches que l'on pratique en retirant ces digues dans l'intérieur des terres, lorsqu'elles sont attaquées. Cela posé, voici quelles sont les dimensions principales des unes et des autres.

Les digues en froldo se font avec une largeur en couronne de 8 mètres ; la hauteur de leur sommet est, comme pour les digues en golène et les coronnelles, uniformément située à 0^m80 au-dessus des plus hautes crues ; les talus sont généralement de deux pour un.

La largeur au sommet des digues en golène est de 6 mètres, et celle des coronnelles de 7 mètres ; les talus sont, comme pour les froldo, inclinés à deux pour un.

Soit pour se prémunir contre les filtrations, soit pour fortifier les digues, on les accompagne le plus souvent, du côté des campagnes, de contre-levées qu'on appelle *banches* et *sotto-banches*, suivant qu'elles s'appuient directement contre la digue ou contre les banches.

Les banches ont sur les digues en froldo et en coronnelle une largeur de 6 mètres au sommet, et ce dernier est situé à 4^{m}20 au-dessous de la plus haute crue, ou à 2 mètres du couronnement de la digue. Les talus sont de deux pour un.

Les banches sur les digues en golène ont seulement une largeur de 4 mètres, avec un talus de un et demi de base pour un de hauteur.

Les sotto-banches s'exécutent avec une largeur de 6 mètres dans les froldo, et en général dans toutes les digues de construction nouvelle. Leur sommet est à 3 mètres au-dessous de la plus haute crue, avec des talus de deux de base pour un de hauteur. Pour les digues en golène, leur largeur se réduit à 4 mètres. Dans le premier cas, leurs talus sont de deux pour un, et dans le second de un et demi seulement.

On appuie les digues par des banches toutes les fois que la plaine riveraine est située à plus de 3^{m}50 au-dessous de la plus haute inondation, et de sotto-banches quand cette côte excède 5^{m}50. Dans les parties où le terrain est marécageux, on donne toujours à ces dernières 6 mètres en couronne.

On voit qu'avec ces profils les digues du Pô doivent occuper un espace fort considérable; mais les talus des banches et sotto-banches ne sont pas tout-à-fait perdus pour la culture; les propriétaires riverains se chargent de les ensemencer de plantes fourragères, ce qui augmente la solidité de la levée.

Cela posé, voici les principales mesures administratives adoptées pour la conservation et l'entretien des digues, et qui sont consacrées, soit par des règlements, soit par l'habitude.

Il y a pour les levées insubmersibles du Pô un service spécial d'ingénieurs. Dans chaque province on a divisé ces levées en arrondissements, qui ont chacun à leur tête un ingénieur ordinaire. Chaque arrondissement est subdivisé lui-même en sections, qui sont surveillées par des gardiens, dont l'habitation est située sur les rives du fleuve. Chaque gardien a environ une longueur de 10 kilomètres sous son inspection ; il veille à la conservation des talus, inspecte les travaux des entrepreneurs, observe l'élévation journalière des eaux, et règle la hauteur des vannes de tous les canaux qui se jettent ou qui prennent leur origine dans le Pô. Nous verrons tout-à-l'heure l'utilité de ces gardiens en temps de crue.

Pour chaque province il y a un entrepreneur général avec lequel on passe un marché à série de prix, pour un certain nombre d'années ; il est tenu d'exécuter tous les travaux jugés nécessaires par les ingénieurs, qui ont à cet égard une grande liberté d'action ; cette mesure a l'immense avantage de fournir des moyens immédiats et sûrs d'exécution. C'est surtout lors des inondations que ces entrepreneurs généraux ont une grande utilité.

La durée ordinaire de ces contrats à série de prix est de six années.

Les digues sont en outre munies, de distance en distance, de magasins qui renferment tout le matériel nécessaire pour leur défense en temps de crue, tels que cordages, bois, lanternes, fascines, etc.

Mais la mesure la plus efficace est sans doute celle qui consiste, lorsqu'une crue se déclare, à placer de 200 mètres en 200 mètres, sur le couronnement des digues, de petites baraques en planches où peuvent s'abriter les gardiens et le nombreux personnel dont la mission est alors de surveiller, le jour et la nuit, les progrès du fleuve et l'état des levées. Ces petites baraques s'appellent *cazottes*, leur emplacement est indiqué par une borne en marbre, et on ménage pour elles un terre-plein sur le couronnement de la digue.

Sur toutes les levées du Pô on rencontre un grand nombre d'hydromètres en marbre, parfaitement organisés et dont les zéros sont tous en relation à l'aide d'un nivellement très-exact. Sur chacun d'eux on indique deux repères, qu'on appelle *signes de guardia*; le premier est placé à 1^{m}50 au-dessous de la plus forte crue, et le second à 1 mètre seulement.

Lorsque les eaux du fleuve atteignent le premier niveau, on dispose les cazottes, on organise la garde à poste fixe sur tous les froldo et en face de tous les ouvrages saillants. Lorsqu'elles sont arrivées *à la seconde guardia*, la garde est organisée aussi sur les golènes, sur toute l'étendue des levées sans exception ; c'est alors que la population entière s'alarme et se met sur pied, qu'accourent les garnisons de toutes les villes voisines, que la crue devient en un mot un événement redoutable, une véritable question d'État.

Pour toutes les digues de la Lombardie, il est défendu de prendre de la terre et de creuser à une distance moindre de 40 mètres du pied des talus, des banches et sotto-banches du côté de la campagne, et de 9 mètres du côté de la golène.

Les plantations sont en outre proscrites à une distance moindre de 4 mètres de l'un et de l'autre côté, dans le but d'éviter les filtrations.

Dans toute la partie inférieure du cours du Pô, et principalement dans la Polésine, un grand nombre de canaux de dessèment viennent déboucher dans le fleuve ; chacun d'eux est muni d'une vanne qui permet de fermer cette embouchure en temps de crue, et l'écoulement se fait alors par des canaux inférieurs ou est momentanément supprimé. On comprend qu'il importe essentiellement de veiller à la fermeture de ces vannes ; aussi chacunes d'elles a-t-elle un gardien spécial, dont l'habitation est fixée sur la digue même.

Les golènes appartiennent en général aux propriétaires riverains qui jouissent de leur droit d'alluvion, mais cette propriété est soumise à de nombreuses servitudes, soit dans la construction des digues particulières de golène que les propriétaires élèvent souvent pour modérer les effets des crues, soit dans tous les travaux qui pourraient porter une atteinte quelconque à l'existence des levées d'enceinte du Pô.

Au reste, en Italie, la pratique n'a pas dit encore son dernier mot sur les meilleurs règlements à établir dans la surveillance des digues, en temps ordinaires ou en temps de crue, et dans les nombreuses servitudes à imposer à la propriété riveraine dans l'intérêt de la défense du pays, et l'on prépare à cet égard des règlements nouveaux.

Quoi qu'il en soit, ces diverses mesures administratives sont en général très-bien observées par les propriétaires riverains qui sont trop bien éclairés sur leur véritable intérêt par leur position si périlleuse ; il règne à cet égard une sorte d'esprit public qui complète ce que les nombreux règlements qui existent peuvent encore avoir d'imparfait.

Après avoir indiqué d'une manière sommaire les principales mesures administratives qui sont en vigueur pour l'entretien et la conservation des digues, je passe à l'examen des principes techniques.

J'ai déjà indiqué dans la section précédente les principes généraux usités dans la défense des digues du Pô. J'ai résumé ce système en disant qu'on transporte les digues dans l'intérieur des terres, ou qu'on cherche à détruire par des ouvrages saillants la cause même des corrosions, ou enfin qu'on régularise la rive suivant la courbe d'équilibre.

Avant d'entrer dans le détail de ces diverses pratiques, j'examinerai : 1° quels sont les principes qui dirigent les ingénieurs dans la construction des digues nouvelles ; 2° à quoi l'on doit attribuer en général les corrosions qui se manifestent.

Ces deux points établis, on comprendra beaucoup mieux ce que j'ai à exposer ensuite.

DIRECTION DES DIGUES.

J'ai déjà dit que les digues nouvelles se projettent autant que possible suivant des directions droites et des angles adoucis, qu'on évite avec le plus grand soin les parties saillantes, et que l'on fait toujours en sorte qu'il y ait une réciprocité parfaite entre les courbes successives sur l'une et l'autre rive.

On divise les digues en trois sortes, suivant leur position.

La digue *soprastante* est celle qui s'éloigne du cours du fleuve par sa direction et qui n'a d'autre office à remplir que de soutenir latéralement la crue.

La digue *latérale* est parallèle au cours du fleuve, et doit résister à la fois au poids de la crue et au frottement de ses eaux.

La digue *soggiacente* enfin est celle qui est exposée au choc du courant qui, par quelque coude supérieur, débouche lors des crues directement sur la golène et va, en continuant sa route, frapper sa base suivant un angle plus ou moins aigu.

Cette digue est d'autant plus *soggiacente* que cet angle se rapproche davantage d'un angle droit.

Les ruptures du Pô sont presque toujours arrivées sur des digues de cette dernière espèce.

La plus grande partie des levées d'enceinte de ce fleuve sont de cette dernière espèce ; la fréquence de leur corrosion le démontre assez ; ce n'est pas qu'elles aient été, dans le principe, mal disposées ou retirées en arrière sans réflexion, mais c'est plutôt parce que le fleuve, à cause de l'instabilité de sa direction, a rendu *soggiacentes* des digues qui, dans le principe, étaient *latérales* ou *soprastantes*.

Cela posé, on s'impose en général pour projeter des digues nouvelles trois principes.

Le premier est de les tenir le plus possible *soprastantes*, afin que si le cours du fleuve vient à varier, sans qu'on puisse s'y opposer, elles deviennent d'abord latérales avant d'être *soggiacentes* et que, dans ce dernier cas, l'angle du choc soit le plus petit possible. Il faut, pour cela, se procurer un plan bien exact du cours supérieur, indiquant la direction du thalweg, étudier surtout la tendance de ce dernier. Baser la situation d'une digue uniquement sur celle de ce thalweg à l'époque de la construction, sans penser à la direction nouvelle qu'il peut prendre quelque temps après, serait opérer en aveugle. On voit très-souvent, en effet, que par la mobilité continuelle du fleuve une digue est attaquée à peine, après avoir été construite ou retirée en arrière.

Le second principe consiste en ce que les digues doivent être tellement disposées que, par leur direction, elles ne puissent pas gêner l'écoulement des crues, les arrêter, les forcer à s'élever à une hauteur plus grande, d'où résulterait nécessairement une plus forte pression et un péril plus imminent. C'est pour cela qu'entre les levées principales et le fleuve on ne laisse subsister aucune portion de vieille digue qui puisse ou traverser la voie libre que doivent parcourir les eaux, ou les rejeter violemment, ou les enfermer en quelque angle très-aigu, de manière à engendrer des remous et des tourbillons.

Le troisième principe, enfin, veut que les digues, après s'être éloignées du fleuve dans les parties supérieures, ne s'en rapprochent pas brusquement en aval en formant entonnoir de manière à gêner l'écoulement des grandes eaux. Lorsque le courant en effet est ainsi rétréci avec violence, il forme des tourbillons, des remous qui élèvent le niveau des crues à une plus grande hauteur.

Il résulte de ces trois principes que l'existence des levées principales est souvent subordonnée à la disposition naturelle des golènes, à celle des digues particulières que les propriétaires peuvent y construire. Aussi reconnaît-on en Lombardie l'absolue nécessité de veiller d'une manière attentive à la direction de ces levées, et *Joseph Mari*, dans son *Hydraulique pratique*, dit à ce sujet : « On ne doit pas permettre que l'on exécute dans les golènes des digues principales, toutes les fois que leur existence importe à celle des levées particulières ; il ne suffit pas, d'un autre côté, que ces digues de golène soient plus basses que les digues principales, car elles peuvent encore être dangereuses si, relativement à ces levées principales, leur direction est *soggiacente*. Dans tous les cas, dit-il, quelle que soit cette dernière, ces digues de golène produiront toujours un effet très-fâcheux, parce qu'elles gênent l'écoulement des crues du Pô, qui n'a qu'une pente très-faible pour écouler ses eaux. » Aussi cet ingénieur émet-il le vœu que la direction et la construction de ces digues de golène soient placées sous la surveillance spéciale des ingénieurs.

On peut donc résumer en deux mots les principes relatifs à la direction des digues insubmersibles du Pô : éviter toutes les directions saillantes et avancées, et faire en sorte que l'écoulement des crues soit le plus prompt et le plus facile possible.

PRINCIPALES CAUSES DES CORROSIONS : CORROSIONS ACCIDENTELLES, CORROSIONS PERMANENTES.

Voyons maintenant quelles sont sur le Pô les principales causes des corrosions des digues ; car tout le système de défense se fonde sur le principe suivant :

« Quand une corrosion ou une déviation de thalweg se mani-

» feste, étudier le lit du fleuve en amont et en aval, chercher
» quelle est la cause et supprimer cette dernière (1). Ce n'est
» qu'en agissant ainsi qu'on pourra parvenir à protéger la di-
» gue. »

Voici les principales causes des unes et des autres :

1° La première et la plus fréquente, c'est lorsqu'il n'y a pas
équilibre ou réciprocité parfaite entre les courbes d'amont et
d'aval, lorsque le fleuve, par des directions supérieures et vi-
cieuses, est jeté directement contre une rive ou une digue.

2° La seconde est la trop petite largeur du lit. Si, dans cette
circonstance, le fond est plus résistant que les rives, le fleuve
corrodera des deux côtés, jusqu'à ce que l'équilibre se soit
établi.

3° Un fleuve aussi boueux que le Pô dépose les matières qu'il
transporte, dès qu'il rencontre un obstacle capable de diminuer un peu sa vitesse. Ces dépôts élèvent son lit; et si le fleuve
n'a pas la force de les enlever, ils changeront bientôt son cours
en le portant sur l'une des rives.

4° Si les eaux rencontrent un obstacle quelconque, ou dans le
lit ou sur les rives, il se forme des tourbillons qui dévient le
thalweg, et le rejettent contre les digues.

5° Quelquefois un affluent, en se précipitant dans le Pô, dirige son thalweg sur la rive opposée, ou bien c'est ce dernier
qui s'oppose à l'écoulement de cet affluent, qui est alors obligé
de remonter en remous le long des berges qu'il corrode. Cet
effet se vérifie pour la Secchia, qui précède ordinairement de
trois ou quatre jours la crue du Pô ; ou bien encore, il arrive
quelquefois que le le fleuve étant divisé en plusieurs bras, il se
produit un effet semblable au précédent.

6° Souvent des pentes accidentelles se manifestent dans le lit

____

(1) Si toutefois on ne peut retirer la digue en coronnelle.

20

par la moindre résistance de certaines de ses parties, qui sont affouillées, et sur lesquelles se dirige le thalweg, qui suit toujours la plus grande profondeur.

Il arrive que cette circonstance donne lieu à des corrosions qui ne se manifestent pas par les plus grandes crues, mais seulement par les eaux moyennes ou basses ; car, dans les premières, ces déviations latérales sont moins faciles.

7° Une autre cause encore plus commune, sont les alluvions qui s'attachent à une rive, et qui deviennent d'autant plus saillantes que la corrosion de la rive opposée augmente. Tant que l'alluvion subsiste, la corrosion se maintiendra.

8° Il est de principe qu'une corrosion supérieure en engendre toujours une inférieure, le thalweg traversant toute la largeur du fleuve ; cet effet se produit de proche en proche, jusqu'à ce que ce thalweg ait gagné le milieu du lit.

9° Sur les rives du Pô il se rencontre quelquefois des couches puissantes d'argile inattaquables, qui tapissent le fond, et s'avancent en forme d'épi submersible en rejetant le thalweg sur la rive opposée.

10° Une île qui surgit au milieu du fleuve doit engendrer inévitablement une corrosion ; car il faut bien que ce dernier compense la largeur qu'il perd.

11° Il arrive souvent que des vents impétueux rejettent les eaux du fleuve contre les digues ; et s'il se rencontre dans ces dernières quelques couches de sable, elles ne tardent pas à être attaquées.

12° Si un torrent débouche dans le fleuve et y vomit des matières d'une plus grande résistance que la rive opposée ; si la petite vitesse des crues est impuissante à les transporter en aval, il est évident qu'elles ne tarderont pas aussi à dévier le thalweg.

13° On peut enfin citer encore une foule d'autres causes de

corrosion, telles que la mauvaise direction des digues formant épi, les obstacles de toute nature que les crues rencontrent sur les golènes, et une foule d'autres circonstances que nous ne détaillerons pas ici.

En résumé, on voit qu'on peut classer les corrosions en deux grandes classes. Les unes ont un caractère tranché de permanence, les autres sont accidentelles et passagères. Les premières naissent lorsque la direction supérieure du thalweg est vicieuse, et qu'il est rejeté directement contre une rive ou une digue ; tant que le fleuve ne sera pas rectifié, la corrosion subsistera.

Les secondes proviennent des causes accidentelles que nous avons énumérées ; tels sont les dépôts si variables qui se font dans le lit, les diverses déclivités du fond, les inégalités de résistance dans les rives, etc. Ici, en détruisant la cause même, on détruit l'effet, *la corrosion*.

Dans chaque cas particulier, lorsqu'une corrosion se manifeste, il est d'une extrême importance de reconnaître d'où elle provient, afin d'en détruire la cause. Découvrir ces causes dans chaque cas particulier, et les détruire, telle est la base du système de défense adopté.

REMÈDES AUX CORROSIONS PERMANENTES.

Considérons en particulier les corrosions permanentes.

Il est facile de se convaincre que le seul moyen à employer est *de rectifier les rives de telle sorte qu'il y ait équilibre entre la résistance et l'effort du courant, que dans ces changements successifs de direction ce dernier ne rencontre aucune résistance qu'il y ait enfin une parfaite réciprocité entre les directions d'amont et d'aval.*

Tel est le principe qui dirige les ingénieurs italiens, lorsqu'ils veulent s'opposer à une corrosion dont la cause ne peut être immédiatement détruite ; ils se bornent, quoi qu'il en coûte, à rétablir l'équilibre ; ils regardent comme impossible de pouvoir résister au fleuve par d'autres moyens. Ils s'appuient, pour étayer ce système, sur une raison fort simple, c'est que la nature l'emploie et l'enseigne elle-même.

Que fait, en effet, un fleuve quand il corrode une rive et quand on le laisse agir en toute liberté ?

Il ne détruit pas la berge indéfiniment, et son action finit par s'arrêter lorsque l'équilibre est naturellement établi entre la résistance de cette berge et son propre effort.

Nous venons de dire que dans le cas d'une corrosion *dont on ne pouvait pas détruire la cause active, il était inutile* de songer à d'autres moyens qu'à celui de rétablir l'équilibre.

Si l'on se bornait en effet à retirer plus ou moins la digue dans l'intérieur des terres, à moins de l'établir ou sur la courbe d'équilibre, ou au-delà, elle resterait toujours soumise aux mêmes effets, et la première ayant cédé, il n'y a pas de raison pour que la seconde ne cède pas aussi.

Restituer à la levée attaquée son talus corrodé par le fleuve, et principalement par les tourbillons qui se forment presque toujours à son pied, serait sans doute un remède convenable, mais uniquement provisoire ; l'expérience, en effet, prouve que dans de pareilles conditions ces ouvrages de défense ne peuvent résister, quelque force qu'on leur donne ; d'ailleurs les dépenses dureraient autant que les causes, et l'action ne ferait que se modifier.

Il ne faut rien espérer non plus d'un ouvrage saillant quelconque, qui ne tarderait pas à être affouillé et détruit. C'est ainsi que les grands épis de Plaisance n'existent plus et qu'on a été obligé, à la fin, d'opérer une rectification, tant il est vrai qu'à une action continue et toujours renouvelée d'un fleuve, rien ne peut être opposé.

Pour fixer la courbe d'équilibre on se procure un plan bien exact, et l'on étudie avec le plus grand soin quelle est la direction du thalweg supérieur, dans les hautes et basses eaux ; l'on détermine la direction de la digue sur la ligne d'équilibre, en ayant soin de laisser en général une plus grande largeur à la section, dans les parties où la courbure est la plus prononcée.

On détruit ensuite tous les restes de l'ancienne digue et tous les obstacles qui pourraient se rencontrer dans le lit.

Mais la courbe d'équilibre, dans la plupart des cas, ne dispense pas de défendre, par un revêtement, les talus de la levée nouvelle, soit pour ne pas donner un trop grand développement à cette courbe même, soit pour s'opposer à l'action des vagues et à celle de toutes les oscillations de superficie.

Après qu'une rive a été ainsi rectifiée, il arrive souvent que le thalweg, lors des crues, change de direction par la formation d'un atterrissement ou toute autre cause passagère ou provisoire, et que l'équilibre se trouve détruit ; on cherche alors à redresser sa route à l'aide d'ouvrages saillants, ainsi que nous le verrons plus bas.

En résumé, il n'y a pas d'autre remède aux corrosions, *dont on ne peut supprimer la cause active, que le rétablissement de l'équilibre détruit.* C'est la nature qui indique ce moyen, et une observation attentive faite sur tous les fleuves semble démontrer la vérité de ce principe.

Passons maintenant aux corrosions accidentelles.

REMÈDES AUX CORROSIONS ACCIDENTELLES.

Nous avons exposé plus haut leurs principales causes.

Les remèdes qu'on leur oppose sont de plusieurs natures, tels que : 1° les revêtements ; 2° les redressements des talus ; 3° les coronnelles ; 4° enfin, et c'est le remède le plus efficace, les pennels. On choisit l'un de ces moyens, suivant le degré plus ou moins grand de persistance de la corrosion, suivant la nature de sa cause. Donnons à cet égard quelques détails.

SIMPLES REVÊTEMENTS EN FASCINAGES.

Les corrosions les plus simples sont celles qui dérivent du simple frottement latéral des eaux sur les digues, et des mouvements de superficie produits par les vents impétueux, principalement lors des grandes crues ; ces mouvements, lorsqu'ils heurtent le talus des digues, les endommagent en y causant des excavations appelées *lunate*, qui l'entaillent jusqu'à son sommet et quelquefois plus profondément.

Cette espèce de corrosion n'oblige pas à modifier ni la ligne ni le corps de la levée, on s'y oppose par des revêtements en fascinages ; ces revêtements se font de deux manières différentes.

Dans les parties sujettes surtout aux mouvements de superficie, on couvre les talus de petites fascines cylindriques faites avec des branches d'osier ou de saule, étroitement serrées avec des liens (*stroppe*) ; leur diamètre est d'environ de 0ᵐ16, leur longueur varie suivant les cas ; chaque couche de fascines est appuyée sur les talus de la digue et à moitié enfoncée dans une espèce de sillon ; ces couches se touchent et sont fixées aux talus à l'aide de petits pieux de saule vert, dont la tête dépasse leur surface de 20 centimètres. Ces petits pieux se posent à 48 centimètres de distance des uns aux autres et sont disposés en ligne régulière, parallèlement à la longueur de la digue ; on entrelace sur leur tête des branches de saule et d'osier, et l'on forme ainsi une espèce de treillis qui recouvre les fascines. Enfin on place sur le tout de la terre, et la tête des petits pieux est seule visible. Ces derniers sont plantés en bois vert et ne tardent pas à pousser en constituant ainsi une bonne défense ; ils fournissent même des matériaux pour d'autres réparations.

Quelquefois on limite l'ouvrage précédent à la seule plantation des pieux et à leur entrelacement; on forme ainsi autant de petites haies ou clôtures droites ou obliques du haut en bas, qu'on recouvre toujours d'une couche de terre qui ne laisse visible que la tête de ces pieux. Ce genre de revêtement présente moins de résistance que le précédent et s'emploie dans les parties du fleuve où les mouvements de superficie ont moins de puissance, et où la direction des digues est plus favorable.

REDRESSEMENT DES TALUS.

Les corrosions dont nous venons de parler sont peu redoutables; quelquefois la rive est attaquée et enlevée avec violence par des excavations de fond, ou de toute autre manière.

Dans les parties droites du Pô, de tels effets n'ont pas lieu, mais il est bien difficile que cette direction rectiligne se maintienne sur une grande longueur. Les dépôts qui se forment font dévier le courant, tantôt d'un côté, tantôt de l'autre, et le thalweg devient tortueux. C'est dans les parties concaves des courbes que se creusent surtout les grandes profondeurs, et que la rive tombe par grandes masses, tandis que dans les parties opposées et convexes les dépôts s'accroissent et s'élèvent Le régime du Pô est si variable que souvent ces dépôts disparaissent d'eux-mêmes dans les crues, et que la corrosion cesse sans qu'on y ait porté remède. Quoi qu'il en soit, lorsqu'on a à lutter contre une corrosion de cette nature, on se borne à rétablir le talus attaqué, lorsqu'on présume que la corrosion n'a pas un degré marqué de persistance; c'est à ce moyen qu'on donne le nom de *scarico*.

Le *scarico* se fait en taillant suivant un talus régulier la partie située du côté du fleuve, et en transportant la terre du côté de la campagne pour renforcer cette levée et la maintenir dans ses dimensions primitives.

Si la portion de digue que l'on taille ou qu'on régularise ainsi est considérable, ce travail s'appelle *retirement de digue* (*ributto*).

Quelquefois il arrive qu'après quelques opérations semblables, une digue est totalement préservée de la corrosion par un changement subit dans la direction du thalweg ; on obtient ainsi une défense assurée sans de trop grandes dépenses.

CORONNELLES.

Si au contraire l'étude attentive des tendances du fleuve fait reconnaître que la rive attaquée ne doit pas être abandonnée de sitôt par le thalweg, et que pour défendre la digue il ne suffirait pas de redresser plusieurs fois de suite le talus, c'est-à-dire de construire quelques *scarieo* ou *ributto*, ouvrages dont l'exécution présente toujours quelques dangers, surtout lorsque la berge est molle ; si en même temps on ne peut faire la dépense considérable d'un ouvrage sous l'eau, on adopte alors le parti de construire une contre-digue à une telle distance que les modifications probables du thalweg n'amènent jamais le fleuve jusqu'à son pied.

En Lombardie, ces contre-digues s'appellent coronnelles, ainsi que nous l'avons déjà dit.

Ces sortes d'ouvrages ont l'avantage de constituer un état stable pendant quelques années et souvent un état d'équilibre définitif.

Je dis souvent, car, malgré tout le soin employé pour déterminer la ligne d'une coronnelle, il peut arriver que la corrosion ne cessant point, elle soit attaquée par le fleuve au moins vers ses extrémités. Mais, dans ce cas, on a encore l'avantage d'avoir à défendre une moindre longueur de levée, et cette défense même peut se faire à l'aide d'ouvrages bien moins coûteux.

Quand on parcourt les digues du Pô on rencontre une grande

quantité de coronnelles anciennes ou nouvelles qui sont toujours situées derrière les anciens *froldo*. On n'observe aucune règle précise quant à leur direction, et le seul principe qui dirige les ingénieurs dans le choix de leur emplacement est celui de les mettre à l'abri des corrosions le plus sûrement possible.

Après la crue de 1839, on en a construit un grand nombre ; la plus importante est celle de *Révéré*, située dans l'intérieur des terres, à 800 mètres de distance de l'ancien *froldo* qui avait été coupé par le fleuve.

Lors de la construction de ces coronnelles, on est souvent obligé d'élever du côté du fleuve une espèce de batardeau, afin de travailler avec plus de facilité.

Ces batardeaux se forment le plus souvent par des haies de fascinages entre lesquels on pilonne de la terre grasse.

Nous venons de parler des cas où l'on peut borner l'emploi des ouvrages défensifs à de simples redressements de talus ou à des coronnelles ; mais dans une foule de circonstances ces moyens ne sont pas suffisants, et il devient nécessaire de se défendre à l'aide d'ouvrages situés sous l'eau ou d'ouvrages saillants. C'est lorsque la corrosion, quoique provisoire, a un caractère de persistance plus marqué ; il est alors indispensable d'en détruire la cause active. On emploiera dans ce cas ou des revêtements artificiels ou des *pennels*.

REVÊTEMENTS SOUS L'EAU.

Les revêtements suffisent souvent pour arrêter la destruction des rives, et même pour rectifier le thalweg sur tous les points où la consistance naturelle du fond est plus grande que celle des berges. Le courant occasionne alors des excavations de berges, sans donner naissance à des profondeurs considérables. Ce fait se vérifie surtout dans la province de Crémone, et toutes les fois que les sections sont larges et que les courbes sont peu prononcées, on se borne alors à restituer à la digue son talus détruit, à l'aide de matériaux résistants et avec une inclinaison qui varie selon les circonstances.

Aujourd'hui, ces talus artificiels se construisent à l'aide de matériaux appelés *fascinons*. Ce sont des espèces de sacs en osier remplis soit de terre grasse, soit de briques cuites; ces sacs ont un cube variant de $1/2^m$ à 1^m, selon la force des courants ou les pressions auxquelles ils doivent résister; sur le Pô, ils cubent ordinairement 1^m, lorsqu'ils sont destinés à être jetés au-dessous de l'étiage, et $3/4^m$ seulement, lorsqu'ils doivent être employés au-dessus de ce niveau. On les jette au pied des digues tantôt en guise d'enrochements, tantôt on les fixe au talus au moyen de piquets en constituant ainsi un revêtement très-solide.

Ces matériaux sont de la plus grande utilité dans les travaux du Pô; ils jouent sur ce fleuve le même rôle que les enrochements sur le Rhône; c'est avec eux que l'on constitue le corps des ouvrages saillants, des *pennels*, ainsi que nous le verrons tout-à-l'heure.

Le *fascinon* a une forme cylindrique; il est de toute part revêtu de branches de saule; le tout est serré de distance en distance avec de forts liens en bois vert.

La pratique a appris que les dimensions les plus convenables étaient une longueur de 4 mètres et une circonférence moyenne de 1^m20; sur cette longueur, on place ordinairement vingt ligatures.

Quoique lourd, le fascinon peut s'échouer avec assez de facilité, en raison de sa forme. Lorsqu'un certain nombre de ces matériaux a été échoué, il en résulte une masse compacte, capable de résister au courant.

Le principal caractère de ce mode de fascinage, c'est de pouvoir résister, à raison même de sa grande pesanteur, à de fortes vitesses, c'est de pouvoir être échoué par parties et très-facilement, tout en constituant une masse solidaire. Un *fascinon* bien construit pèse en moyenne 1,200 kilog. et coûte tout placé deux ou trois livres italiennes (1).

Si la terre dont on peut disposer n'est pas d'une bonne qualité, on y ajoute de gros morceaux de briques ou des cailloux.

On peut dire que l'âme du système défensif usité sur le Pô, c'est le *fascinon*. Grâce à cette sorte de matériaux, on parvient à arrêter les corrosions, soit par de forts revêtements, soit par des ouvrages saillants. On remarquera d'ailleurs que le fleuve fournit lui-même tous les éléments nécessaires à la défense de ses rives ; en effet, le bois qui constitue le revêtement du *fascinon* se coupe sur les golènes ou les îles, et la terre grasse et argileuse se rencontre à chaque pas sur les rives du Pô.

Lorsqu'une digue est attaquée ou affouillée et qu'on borne sa défense à de simples revêtements, on commence par remplir l'excavation à l'aide d'une masse de *fascinons* échoués jusqu'au niveau de l'étiage ; puis, au-dessus, on applique sur le talus une couche de ces matériaux qu'on y fixe à l'aide de piquets en bois vert. Ces derniers ne tardent pas à pousser et à former une espèce de fourré ; cette sorte de revêtement s'emploie jusqu'à 1 mètre 50 centimètres au-dessous du couronnement des levées.

Au-dessus de ce niveau, on couvre le talus, soit de simples fascinages, soit de petits *fascinons*, qui ne se composent que de morceaux de gazon environnés de paille également fixés au talus par des piquets. Ces gazons ne tardent pas à pousser et à former un revêtement uniforme et continu.

OUVRAGES SAILLANTS, *pennels*.

J'arrive maintenant au cas où il est indispensable de détruire la cause active de la corrosion ou l'alluvion opposée.

(1) La livre italienne vaut en Lombardie 0 fr. 87.

Le meilleur remède est alors la construction d'un ouvrage saillant ou d'un *pennel* qui, en dirigeant l'effort des eaux sur l'alluvion, ne tarde pas à la faire disparaître tout en provoquant des atterrissements au pied de la partie menacée.

Ainsi le double but des *pennels*, des seuls ouvrages saillants qu'emploient les ingénieurs italiens, c'est de détruire les alluvions, cause active des corrosions, et de faire atterrir dans les parties attaquées ; c'est le moyen le plus efficace de défense que l'on connaisse sur les rives du Pô.

La section transversale des *pennels* est ordinairement un trapèze dont la base s'applique sur le fond du fleuve, le côté opposé déterminant la largeur du sommet ou du *dorso*, qui est ordinairement de 4 mètres.

Les talus latéraux ont en général une base égale à une fois et demie la hauteur.

A l'enracinement le *dorso du pennel* est un peu plus élevé que le niveau ordinaire des eaux ; on lui donne ensuite une inclinaison telle qu'à son extrémité il soit à peu près au niveau de l'étiage du fleuve. Cette inclinaison est ordinairement de 5 centimètres par mètre. Le *pennel* se termine par un talus qui raccorde l'extrémité du *dorso* avec le fond du lit, c'est ce que l'on appelle sa pointe. Pour que cet ouvrage saillant produise l'effet qu'on en attend, qui est, comme nous l'avons dit, la destruction de l'alluvion opposée et l'atterrissement de la rive corrodée, il faut qu'il soit assez long pour traverser la plus grande profondeur du lit et qu'il s'avance suffisamment sur la déclivité opposée ; sa longueur dépend donc de la section du fleuve vers le point où on veut l'établir. Elle dérive en outre d'autres considérations que nous ferons connaître tout-à l'heure.

Les *pennels* se font tantôt perpendiculaires à la rive, tantôt obliques.

On voit donc que cette sorte d'ouvrage n'est autre chose qu'une espèce de tapis saillant, presque toujours submersible.

J'ai vu un grand nombre de *pennels* sur le Pô, ils m'ont paru dévier parfaitement le courant ; cette déviation a lieu peu à peu ; la partie submergée, faisant l'office de barrage, change la direction du thalweg.

Cette sorte d'ouvrage étant presque toujours submergée est peu attaquée par le fleuve ; il ne s'oppose pas d'ailleurs directement à l'action de ce dernier, il se contente de la modifier peu à peu.

Le plus souvent les *pennels* ne sont autre chose que des massifs de *fascinons* composés de couches successives liées entre elles par des piquets ; quelquefois on les construit en pierre, mais rarement (1).

La partie faible de ce genre d'ouvrage, c'est son enracinement ; aussi y apporte-t-on un grand soin.

Si l'enracinement a lieu dans le talus d'une digue en *froldo*, on revêt ces derniers en amont et en aval du point d'attache. Si l'ouvrage s'enracine dans une *gôlène*, on couvre pareillement celle-ci jusqu'au pied de la digue, si cette dernière est voisine, ou, dans tous les cas, sur une longueur assez considérable ; le plus souvent l'enracinement n'est autre chose qu'un massif de *fascinons*.

Tous les *pennels* que j'ai visités sur le Pô étaient attaqués vers le point où ils se réunissaient à la rive ; cette partie nécessite de fréquentes réparations.

Au bout de quelque temps, un *pennel* devient complètement inutile, c'est lorsque, par la déviation du thalweg, l'alluvion opposée est détruite, et que la rive corrodée est atterrie.

---

(1) Cela n'a lieu que dans les parties inférieures du fleuve ; on fait alors venir les matériaux des côtes de l'Adriatique. C'est assez dire que ces matériaux doivent être très-chers.

Les questions qui se rattachent au choix de l'emplacement de ces ouvrages, à leur longueur, à leur direction, à leur mode d'action sur le régime du fleuve, à la difficulté de leur construction, sont à la fois les plus importantes et les plus intéressantes parmi toutes celles que soulève le système défensif des rives du Pô; nous allons essayer, dans ce qui va suivre, de les examiner au moins succinctement.

Avant de construire un *pennel* pour défendre une corrosion, il faut, ainsi que nous l'avons dit, chercher si celle-ci marche à la stabilité d'après les signes que nous avons indiqués : si cette stabilité était proche, ce serait une grande erreur que de construire un ouvrage quelconque, que de contrarier la nature ; on devra donc tracer sur un plan bien exact la courbe de stabilité, et d'un coup-d'œil on apercevra s'il n'est pas préférable d'adopter cette dernière, que de chercher à détruire l'alluvion opposée.

Si une observation attentive démontre que le point de stabilité est très-éloigné, et qu'il y a de graves inconvénients à adopter la ligne d'équilibre finale, il n'y a pas d'autres moyens que de détruire la cause active de la corrosion, c'est-à-dire l'alluvion. Mais avant de rien entreprendre à cet égard, on supprime tous les points saillants que cette corrosion même a pu engendrer sur les rives du fleuve, car, sur le Pô, ces irrégularités engendrent des tourbillons qui, combinés avec l'extrême mobilité du fond et des rives, pourraient, dans quelques heures, emporter complètement la digue attaquée, et produire des ruptures terribles.

Les *pennels* se placent ordinairement un peu en amont de la partie la plus corrodée du lit. Une règle importante, c'est que la hauteur de cet ouvrage saillant doit être égale à celle de l'alluvion opposée à détruire, dans toute l'étendue où il réfléchit le thalweg; s'il était moins élevé, en effet, il n'atteindrait pas complètement son but, et s'il l'était davantage, il ne se bornerait pas à détruire cette alluvion, mais il attaquerait encore la golène et la digue de l'autre rive. Si nous avons dit précédemment que, vers l'enracinement, le *dorso* s'établissait au niveau des eaux ordinaires, c'est que c'est là, en général, l'élévation des alluvions.

Ainsi, en résumé, deux principes dirigent surtout les ingénieurs italiens dans la construction des *pennels*, ce sont les suivants :

1° On donne à l'ouvrage saillant une longueur telle qu'il s'avance dans le lit un peu plus loin que la plus grande profondeur, et on le poursuit jusque sur la déclivité du fond opposé à la rive corrodée.

2° Dans toute l'étendue où le thalweg pourrait reprendre son ancienne route offensive, on maintient le *dorso* plus élevé que l'alluvion à détruire. Ces deux principes se justifient par eux-mêmes.

Si, en effet, les choses sont disposées ainsi, il est évident que le thalweg devra attaquer l'alluvion, puisqu'il trouvera sur cette route moins de résistance que sur le *pennel*, et qu'il y sera d'ailleurs sollicité par la pesanteur. D'un autre côté, si la pointe de l'ouvrage saillant ne s'avançait pas jusque sur la déclivité opposée, il est évident qu'il s'établirait à cette pointe même un affouillement qui solliciterait le cours du fleuve et l'éloignerait de l'alluvion à détruire.

Il arrive souvent qu'un seul *pennel* ne suffit pas pour rejeter complètement le thalweg sur l'alluvion opposée; ainsi, il existe sur le Pô un assez grand nombre de *froldo* à courbure très-prononcée, qui sont défendus par plusieurs ouvrages saillants.

Souvent lorsque le thalweg est réfléchi de l'une à l'autre rive, il se divise en plusieurs courants, chacun venant isolément attaquer le *froldo*; dans la plupart des cas, et lorsque ces courants individuels sont faibles, on commence à les réunir à un seul par de petits *pennels*, puis on les réfléchit ainsi réunis sur la rive opposée par un seul ouvrage saillant plus résistant.

Quand on établit un *pennel* sur une rive, il faut faire attention si, par la variation des corrosions supérieures, la direction du thalweg que l'on veut repousser n'est pas susceptible de changer ; sans cette précaution, on s'exposerait à construire un ouvrage qui deviendrait inutile au bout d'un temps assez court. Dans le cas où une corrosion inférieure dépend d'une autre placée supérieurement et qui est variable, on devra régler le thalweg dans l'une et dans l'autre par des ouvrages saillants, de manière à détruire les alluvions opposées, et à coordonner toutes les déviations, de telle sorte que ce thalweg revienne dans le milieu du lit.

On voit donc qu'à l'aide d'ouvrages saillants les ingénieurs italiens cherchent à régler le cours du fleuve, ou plutôt à le redresser ; ils y parviennent toujours par des combinaisons bien étudiées. On sent qu'on ne peut donner à cet égard aucune règle précise, et que l'expérience seule, la connaissance approfondie du fleuve, l'examen attentif des lieux, les changements successifs qui se sont déjà manifestés, peuvent seuls apprendre ce qu'il y a de plus convenable à adopter dans chaque cas particulier.

Constatons seulement ici que les praticiens expérimentés parviennent toujours à ce but.

On remarquera sans doute combien ce système est ingénieux, puisqu'on se sert ici de la force même du fleuve pour en redresser le cours ; qu'on ne s'oppose pas d'une manière brusque à l'effort des eaux, qu'on se borne à le modifier. Ces ouvrages saillants ne sont donc point considérés comme définitifs, mais au contraire comme essentiellement provisoires, puisqu'ils ne tardent pas à devenir inutiles dès que leur but a été atteint. C'est ainsi que, sur le Pô , on rencontre à chaque pas d'anciens *pennels* enterrés dans les dépôts qu'ils ont provoqués.

Il faut remarquer que ce qui fait le succès de ces ouvrages, c'est la grande mobilité naturelle du cours du fleuve , et surtout la faible consistance de ses dépôts.

Une longue pratique semble avoir démontré que la direction la plus convenable à donner aux *pennels* était l'hortogonale ; nous n'entrerons pas ici dans les discussions qui se sont élevées à ce sujet entre plusieurs ingénieurs italiens.

RÉSUMÉ DE CETTE SECTION.

Pour résumer ce que nous avons exposé dans la dernière partie de cette section sur les remèdes à employer contre les corrosions, nous dirons :

1° Que pour les corrosions permanentes , il n'y a pas d'autre remède que le rétablissement de l'équilibre détruit , par la rectification de la rive ou du cours entier du fleuve aux environs de la corrosion ;

2° Que pour les corrosions accidentelles qui sont les plus communes, il faut distinguer plusieurs cas. Si elles sont produites par de simples frottements latéraux ou des oscillations de superficie, on emploie les petits fascinages en revêtement.

3° Si, au contraire, c'est la déviation du thalweg qui cause la corrosion, on se borne à de simples redressements de talus ou à la construction de contre-levées ou *coronnelles* , selon la rapidité plus ou moins grande des modifications probables dans la direction de ce thalweg.

4° Si l'aspect du fleuve démontre que la corrosion a un caractère de persistance plus marqué , ou qu'il est indispensable d'en détruire la cause active , on emploie ou des revêtements artificiels, ou des ouvrages saillants. Le premier parti est possible lorsque le fond est plus résistant que les rives, et que la longueur attaquée n'est pas considérable.

5° C'est avec des *fascinons* que l'on construit tous les revêtements des digues du Pô, et tous les ouvrages saillants ; cette sorte de matériaux est l'âme du système défensif du fleuve.

SECTION IV. — CHANGEMENTS PRINCIPAUX DU COURS DU PO DEPUIS LES TEMPS HISTORIQUES.

Sommaire. — *Changements arrivés depuis les temps historiques entre Plaisance et la Stellata, entre la Stellata et la mer. — Rupture entre la Stellata et Ficarolo, formation du Pô de Venise. — Le Pô de Venise menace les ports des Vénitiens. — Ces derniers dévient le fleuve par la coupure de Porto-Viro. — Branche d'Ariano. — Résumé.*

Nous croyons indispensable d'analyser les principaux changements qui se sont manifestés dans le cours du Pô, depuis les temps historiques jusqu'à nos jours. Cette histoire dévoile, en effet, des faits intéressants ; nous croyons même que cette manière de procéder est la seule qui puisse conduire à quelques résultats positifs dans l'étude de l'hydrographie, et qu'il serait à désirer que des recherches historiques fussent faites sur un grand nombre de cours d'eau, afin de comparer les résultats et de distinguer les faits particuliers des faits généraux (1).

Nous commencerons d'abord par signaler les changements arrivés sur le fleuve, dans deux parties distinctes : 1° de Plaisance à la Stellata ; 2° de la Stellata à la mer. Quant à la partie du cours du Pô située au-dessus de Plaisance, elle n'offre aucun intérêt historique.

(1) La plus grande partie des faits exposés dans cette section ont été empruntés à l'excellent Mémoire de M. Lombardini, intitulé *Intorno al sistema idraulico del Pô.*

Sur la rive gauche de Plaisance à Crémone, la plaine submersible est peu étendue, les coteaux sont très-rapprochés du fleuve; aussi, sur toute cette longueur, ne s'est-il pas manifesté des changements considérables.

Mais sur les deux rives au-dessous de Crémone, les plaines sont beaucoup plus vastes, et l'on rencontre une foule de dépressions disposées en courbes, avec la concavité tournée du côté du fleuve. Ces dépressions s'éloignent des bords du Pô de trois, quatre, et même de cinq kilomètres, et ne sont que des restes d'anciens lits du fleuve abandonnés.

Il est même probable que plusieurs de ces anciens lits auront été peu à peu atterris, et qu'ils ne peuvent plus être distingués aujourd'hui, surtout sur la rive droite, où les affluents charrient beaucoup de matières.

Cette observation confirme ce que nous avons dit plus haut des oscillations horizontales qui se produisent à de longs intervalles dans le cours du Pô.

Quoi qu'il en soit de ces anciennes variations entre Plaisance et Brescello, il est peu probable qu'elles aient jamais dû s'étendre sur la rive droite, surtout à une distance de plus de cinq à six mille mètres de la position actuelle du fleuve, car la plaine de cette rive a une pente transversale plus prononcée que la plaine opposée.

Cependant l'abbé Giovani Romani, dans son livre intitulé : *De l'antique cours des fleuves, Pô, Adda et Oglio*, émet l'opinion qu'au temps des Romains le Pô coulait dans le voisinage de Parme. Il se fonde sur un passage de Tite-Live. Je ne m'arrêterai pas à discuter cette opinion, qui paraît très-peu probable à d'autres auteurs, et qui semble contredite par divers passages du même historien.

Au-dessous de Guastalla et même de Brescello, sur la rive droite, et à l'aval des bouches du Mincio, sur la gauche, la pente transversale devient très-faible jusqu'à une grande distance du fleuve ; la vallée doit être considérée ici comme une immense surface déprimée, dominée par les eaux, et que toutes les forces de l'art parviennent à peine à défendre.

C'est surtout dans cette zone, conquise par l'industrie de l'homme, que se sont manifestés de grands changements dans les cours des fleuves qui y coulaient autrefois au milieu des marais. Il serait impossible et peu intéressant d'ailleurs de tracer une histoire détaillée de toutes ces modifications, nous nous contenterons de citer quelques faits principaux.

D'après l'opinion du père Affo, *Gualttieri* et *Guastalla* auraient été bâties par les Lombards, au commencement du septième siècle, comme des postes militaires pour la défense de la ligne du Pô ; et, au-dessous de ces deux villes, le fleuve avait alors un cours tout différent de celui qu'il nous présente aujourd'hui, puisqu'il coulait dans la dépression maintenant occupée par le canal d'écoulement, appelé *vieux Pô* (*Pô vecchio*); il passait à *Gouzaga*, éloigné de sa position actuelle de quinze kilomètres environ.

Mais ce grand changement, n'est pas le seul qui se soit produit dans cette partie de la vallée ; car, selon le même auteur, elle aurait été couverte alors d'un grand nombre de marais, dont le plus vaste, l'étang de Bondéno, était situé dans l'espace compris aujourd'hui entre les deux affluents, le Crostollo et la Secchia, et dont la plus grande profondeur correspondait au canal d'écoulement *Parmigiana*, qui existe encore dans cette localité. A cette époque, le lit actuel entre Guastalla et San-Benedetto existait ; mais ce n'était qu'une branche secondaire. Depuis qu'elle est devenue la branche principale, ou plutôt la seule, elle a éprouvé des modifications importantes ; car on trouve, entre

Scorzarolo et *San-Benedetto*, un lit abandonné, dont la longueur est de plus de 20,000 mètres.

Quoi qu'il en soit, on sait d'une manière à peu près certaine que ce grand changement dans le lit du fleuve, entre Guastalla et San-Benedetto, a eu lieu antérieurement à 1159; c'est la révolution la plus remarquable que ce lit ait éprouvée au-dessus de la *Stellata*.

PARTIE COMPRISE ENTRE LA STELLATA ET LA MER.

Mais j'arrive tout de suite à la partie inférieure du fleuve, comprise entre la Stellata et la mer, car nous allons y trouver des modifications plus remarquables que les précédentes.

L'étude de la partie inférieure du Pô est intéressante non-seulement par les grands changements qu'elle a éprouvés, mais encore à cause des travaux importants dont l'a sillonnée le moyen-âge. Essayons de donner une faible idée des uns et des autres.

Si l'on combine ce qu'ont écrit sur l'antique cours de ce fleuve, Polybe, Pline, le Cluverio et d'autres historiens de Ferrare, il semble que, deux siècles avant l'ère chrétienne, le Pô coulait en un seul canal jusqu'à Trigabaldi, que quelques-uns disent avoir occupé la position de *Ferrare*, et d'autres celle de *Codrea*, situées à six milles au-dessous. A partir de ce point, le fleuve se divisait en deux branches, l'une septentrionale, dite *di Volano*, qui correspondait au Pô di Volano; l'autre méridionale, appelée *Padua*, ou encore *Padusa*, qui devait occuper à peu de chose près la position du Pô di Primaro; cette dernière aurait communiqué avec Ravenne, au moyen d'un canal appelé *Faussa-Augusta*. Si nous comparons cet état du fleuve avec celui que ce dernier présentait au douzième siècle, nous trouverons que, dans ce long espace de temps, il ne s'était pas manifesté de notables changements. A cette époque, en effet, le Pô coulait encore en un seul lit jusqu'à Ferrare, touchait cette ville du côté du midi , et de là, à la pointe San-Giorgio, se divisait entre les deux branches de Volano et de Primaro, qui comprenaient entre eux et la mer les marais de Comacchio, analogues à notre Camargue.

RUPTURE ENTRE LA STELLATA ET FICAROLO. — FORMATION DU PÔ DE VENISE.

Selon les historiens de Ferrare, Pigna et Sardi, en l'année 1152, et sans doute par une forte crue, il se fit une rupture à la gauche du Pô, entre la Stellata et Ficarolo, en un point situé à 22 kilomètres environ au-dessus de Ferrare. Les eaux, changeant complétement de lit , se dirigèrent à la mer par cette ouverture, en courant dans une espèce de vallée correspondant au fleuve actuel, le *Pô grande de Venise*. Quelques-uns soutiennent que l'Adige, le Tartaro, et le Pô lui-même, avaient autrefois couru dans cette dépression, et que cette embouchure n'était autre qu'une de celles que les anciens appelaient *Fossæ philistinæ*.

Quoi qu'il en soit , il paraît que cette brèche était rebouchée au bout de quelques années, soit naturellement, soit qu'on voulût essayer de rejeter le fleuve dans sa route primitive; mais, cinquante ans après, c'est-à-dire vers le commencement du treizième siècle, elle fut ouverte de nouveau. On ne sait si c'est naturellement.

Il paraît que , pendant un certain temps, le fleuve ne s'établit pas par cette direction nouvelle, puisque le Biondo assure avoir vu une carte géographique du temps de Pétrarque et de Robert, roi de Naples, c'est-à-dire postérieurement à 1300, dans laquelle le Pô de Venise n'était point marqué.

En 1431, cependant , cette branche était sans doute navigable, puisque *Ambrogio Camaldolèse*, dans son voyage de Venise, raconte s'être arrêté, dans la même année, deux fois au port de Francolino.

La branche de Venise, après s'être formée par la rupture de Ficarolo, se divisa, près de Serravalle, en deux lits. Celui de droite fut appelé *Pô d'Ariano* ou *de Goro*. La branche gauche, qui fut la principale, se dirigeant sur les lagunes d'Adria, les atterrit d'abord par ses dépôts, puis, franchissant la ligne des dunes qui séparaient ces lagunes de la mer, elle s'inclina vers le nord pour aller regagner cette dernière en face de *Loreo*, vers un point nommé *Fornaci*; ce point lui donna son nom, et on appela ce bras du fleuve la branche de *Fornaci*. Une fois sorti de la ligne des dunes, le Pô continua ses conquêtes sur l'Adriatique, puis, son cours s'étant allongé par ses alluvions, il se jeta à droite et à gauche, en partageant ses eaux en trois branches distinctes : celle du nord fut appelée *Pô di Tramontana*, celle du milieu *Pô di Levante*, celle du midi *Pô di Scirocco*. En 1541, la première débitait fort peu d'eau, mais cet état de choses ne dura pas longtemps; car ses deux rivales, prolongeant leurs alluvions, diminuèrent leurs pentes, et bientôt la branche de *Tramontana* absorba la plus grande partie du volume.

De 1590 à 1600 les choses en étaient venues au point que les deux bras *di Levante* et *di Scirocco* étaient guéables. Cependant les Vénitiens voyaient cet état de choses avec beaucoup d'inquiétude, car le Pô, par la branche de *Tramontana*, se rapprochait de plus en plus des ports de *Sossono* et de *Brondolo*, qu'il menaçait de détruire. Encore quelques années, et le fleuve atteignait les lagunes de Venise pour les combler à leur tour. Les Vénitiens conçurent alors la pensée d'ouvrir un nouveau lit au Pô, en partant d'un point situé au-dessus des dunes d'Adria et en dirigeant son cours directement à la mer du côté du midi : ce projet, ainsi que nous le verrons tout-à-l'heure, fut complétement exécuté. Qu'on nous permette ici une courte digression, qui n'est pas tout-à-fait étrangère à notre sujet.

Tous les peuples qui ont été puissants par la politique, le commerce ou la guerre, ont illustré leur grandeur par des conquêtes faites sur le monde matériel. La civilisation égyptienne a ses pyramides et son lac Méris qui, comme on le sait, réglait le cours du Nil ; Rome nous a laissé les débris de ses aqueducs immenses et aériens, de ses Colysées, de ses voies superbes ; le moyen-âge, enfin, a ses cathédrales dentelées et gigantesques. Il appartenait à Venise, la reine des eaux, qui avait eu assez de puissance pour faire surgir ses palais du sein des lagunes, de jeter sur son sol étroit et fangeux des traces de sa grandeur et d'y laisser des œuvres en harmonie avec son caractère.

Les travaux des Vénitiens ont toujours porté avec eux un cachet de constance et de lutte acharnée et patiente contre la nature : parmi ces travaux on doit distinguer surtout trois grandes entreprises : 1° celle dont nous venons de parler ; 2° la défense, à l'aide de digues, de l'étroit rivage qui sépare la mer des lagunes et s'étend de la *Chioggia au Lido* ; 3° enfin la dérivation de tous les cours d'eau qui, en se jetant dans ces lagunes, les atterrissaient peu à peu. A toutes les époques de leur histoire, les Vénitiens se sont ainsi battus contre deux puissants ennemis, la mer d'une part, et de l'autre les fleuves et les torrents du continent. La mer, en balayant la langue de terres qui sépare l'Adriatique des lagunes, pouvait, dans une nuit de fureur, se jeter au cœur même de Venise, et balayer d'un coup de lame ses palais, son port, ses vaisseaux. Quant aux cours d'eau du continent, ils n'étaient pas moins dangereux; comblant peu à peu les ports et les lagunes, ils attaquaient pour ainsi dire par derrière la puissance de la république. Il est vrai que la nature s'acharnait contre un peuple énergique qui avait juré de s'établir au sein des eaux, malgré la mer, les torrents et les fleuves.

Il faut bien le remarquer, la plus grande difficulté qu'ont rencontrée les Vénitiens n'a pas été, comme on le croit communément, de bâtir leur ville au milieu des lagunes, mais bien de la défendre, à toutes les époques, contre ses deux ennemis, la mer et les cours d'eau; la première a été terrassée, mais les seconds ont été vainqueurs. Aujourd'hui le port et les lagunes ne présentent plus qu'un insuffisant tirant d'eau, la puissance de Venise est morte, le génie du dix-neuvième siècle la réveillera-t-il?

Mais revenons au projet de la dérivation du Pô. Dès l'année 1556, *Sabbadini* et *Giovani Carrara* proposèrent ce travail dans quelques-uns de leurs écrits. En 1563, *Marino Silvestri* en fit l'objet d'un discours rendu public. Enfin l'année suivante, le gouvernement vénitien demanda sur cette affaire un rapport à l'ingénieur *Domenio Gallo* : ce rapport fut favorable à l'exécution.

Le 17 novembre 1569, Louis *Groto Cieco*, délégué de la commune d'Adria, développa les avantages de ce projet devant le doge Pierre *Loredano* et le sénat de Venise, et il démontra que la dérivation aurait pour conséquence non-seulement d'empêcher les atterrissements des ports de l'Adriatique, mais encore d'abaisser le niveau des crues du Pô et de faciliter l'écoulement des eaux de la Polésine; cependant l'exécution fut indéfiniment ajournée. En 1595, *Joseph Venieri*, podestat de *Chioggia*, renouvela cette proposition; l'année suivante, l'exécuteur (*executore*) Frédéric *Contanari* inspecta les lieux et reconnut que la coupure pourrait n'avoir qu'une longueur de 5,715 mètres (3,290 pas vénitiens).

Enfin, le 17 décembre 1598, le sénat admit le projet, et ordonna qu'une commission de ses patriciens devrait spécialement s'en occuper; le nombre des membres de cette commission fut porté à neuf, et on lui adjoignit trois ingénieurs.

En mars 1599, on visita le terrain et on leva les plans, mais les avis furent partagés sur la convenance de ce travail; trois des délégués pensaient que, sans se jeter dans d'aussi grandes dépenses et une entreprise aussi hasardeuse, il était plus simple de diriger le volume entier des eaux du Pô dans le bras de *Scirocco* en supprimant ceux *di Levante* et *di Tramontana*, qui seuls étaient véritablement dangereux pour les ports.

Le 18 mai de la même année, le sénat élut une commission nouvelle composée de douze sénateurs, qui furent unanimes sur la convenance de l'exécution; enfin le sénat adopta lui-même définitivement cette opinion quelque temps après.

Le projet, tel qu'il fut exécuté, consistait en une coupure de 6,948 mètres, dont l'origine était située à *Casone - Malipieri*; elle se prolongeait de là jusqu'à la mer. Les longueurs parcourues par le fleuve dans la partie où on lui substituait la coupure, était de 16,635 mètres pour le Pô *di Tramontana*, de 15,286 mètres pour le Pô *di Levante*, et enfin, de 18,412 mètres pour celui *di Scirocco*; pour la branche principale *di Tramontana*, on obtenait donc un raccourcissement de 9,687 mètres.

La coupure sur la moitié de sa longueur se dirigeait à l'est, puis, en sortant des dunes, elle s'inclinait au sud jusqu'à son embouchure dans la *Sacca di Goro*. Elle s'établissait d'abord

dans les vallées ou marais de *Malipierri*, avec une largeur de
130 mètres 25 centimètres; elle était bordée de chaque côté
par des digues et des golènes; elle était ensuite creusée au
milieu des dunes, avec une largeur de 107 mètres 70 centimètres seulement. Enfin, après son changement de direction,
elle se jetait dans les marais *Contarini* avec une largeur de
86 mètres 85 centimètres, des digues de chaque côté, une
golène sur la gauche d'une largeur de 52 mètres 11 centimètres, et sur la droite de 8 mètres 70 centimètres seulement.

L'approfondissement fut porté de 1 mètre 40 centimètres à
1 mètre 74 centimètres sous le niveau des basses eaux.

Le creusement présenta d'abord de sérieuses difficultés à cause
de la mauvaise qualité des terres et du grand volume des eaux
souterraines. Mais l'ingénieur véronais Alexandre Radici les
vainquit heureusement.

La coupure fut terminée en mai 1604; elle fut solennelle-
ment reconnue par la magistrature d'eau, assistée de l'ingénieur
Louis Galeri et du célèbre architecte Vincent Scamozzi, élève
de Palladio; enfin on y dirigea le cours du fleuve. Cependant
l'eau n'arrivant pas en suffisante quantité, on songea à construire des épis en face de la prise d'eau, et à fixer les berges
de la coupure par un éperon. Ces derniers travaux furent plusieurs fois détruits. On avait compté beaucoup sur l'approfondissement naturel du fleuve, on pensait qu'il suffirait de lui tracer la route, et que ses eaux une fois engagées dans ce chenal
nouveau ne tarderaient pas à s'y établir définitivement; cet effet
était d'autant plus probable que le raccourcissement obtenu
était fort considérable, mais l'espérance ne confirma pas pleine-
ment ces prévisions. Dans la partie supérieure, la coupure avait
été établie dans le fond des marais Malipierri sur un banc te-
nace d'argile; on fut obligé d'y exécuter des dragages considé-

rables. En 1612, huit années après l'exécution, l'approfondissement dans cette partie était à peine sensible.

Cependant le but principal était obtenu , le fleuve avait abandonné presque entièrement la branche *di Tramontana* , si inquiétante pour les Vénitiens, et, dans la même année (1612),
on put fermer cette branche à l'aide d'une écluse. En 1619 , le
Gallisi proposa de régler de la même manière le bras des *Fornaci*. Ce dernier projet fut adopté plus tard en 1648 , et ,
depuis cette époque , les anciennes branches *di Fornaci*, *di
Tramontana* , *di Levante* , *di Scirocco* ne sont plus que de
simples canaux de desséchement pour les eaux de la Polésine.

Le fleuve , ainsi reporté artificiellement dans une direction
nouvelle, poursuivit l'allongement de son cours et ses conquêtes
en se divisant , à sa partie inférieure, en une foule de bras
variables dans leur volume et leur forme. En 1669, il fut fait
une reconnaissance officielle de l'état des embouchures du Pô,
par *Nicolo Pasqualigo (executore del' acque)*, on mesura la
distance comprise entre la coupure et la mer, et elle fut trou-
vée de 15,286 mètres en suivant la direction du fleuve , ce
qui donnait , en soixante-cinq ans , un allongement de 8,338
mètres.

En 1689, les branches formées par le Pô étaient : celle de
la *Donzella*, appelée encore de la *Gnocca*, dirigée vers le sud ;
celle de la *Maestra* , dirigée à l'orient , nommée aujourd'hui
delle Colle ; enfin, celle de *la Bagliona*, qui est devenue le *Pô
de la Maestra* actuel. Cette dernière était alors , comme de nos
jours, la branche principale.

Depuis cette époque, comme on peut le voir sur la carte,
cette partie des embouchures du fleuve n'a pas subi de changements bien notables , sauf l'allongement des bras ou le volume

plus ou moins considérable de leurs eaux, suivant leurs longueurs et leurs pentes.

BRANCHE D'ARIANO.

Nous avons dit qu'après la grande rupture de Ficarolo, la
branche de Venise s'était divisée à *Popozze* en deux bras, l'un
se dirigeant à gauche, c'est celui dont nous venons de parler,
l'autre à droite, beaucoup plus faible, nommé *Pô di Goro* ou
d'Ariano; ce dernier a subi depuis cette époque de grands
changements dans sa direction ou sa grandeur. Autrefois il se
subdivisait en deux petits bras, l'un courant au nord du château de la Mezola, qui, en 1599, était situé seulement à 4,000
mètres de son embouchure, ainsi qu'il résulte des dessins laissés
par le *Zendrini*; il a toujours été appelé bras *di Goro*; l'autre,
courant au sud de *la Mezola*, se nommait branche *di Abatte*.
Il fut desséché par le duc Alphonse II, en l'année 1568, et son
lit abandonné servit de canal pour les rigoles d'écoulement de
la Polésine de Ferrare. *Pigno*, historien de la maison d'Est,
rapporte qu'à l'aide de la suppression de cette *branche di Abatte*,
on put dessécher une vaste étendue de pays, et qu'on doubla la
récolte du territoire.

Depuis cette époque, l'unique bras *di Goro* a dû prolonger
considérablement son embouchure à travers ses propres alluvions et celles du canal de *la Donzella*, puisque les bouches actuelles se trouvent à 24,000 mètres du château de la
Mesola.

Les deux villages qu'on appelle aujourd'hui *Goro*, sur la rive
droite, et *Pô di Goro*, sur la rive gauche, sont postérieurs à
cette époque, et ont été bâtis sur des alluvions d'origine très-
récente.

CONCLUSION DE CETTE SECTION.

En résumant ce que nous venons de dire sur l'histoire du

cours du Pô depuis les temps historiques, on voit : 1° que de sa source jusqu'à *Guastalla*, il n'a pas éprouvé des changements bien considérables, ce qui provient des dispositions de sa vallée dans cette partie ; 2° qu'entre *Guastalla* et *San-Benedetto*, ou plutôt l'embouchure du *Mincio*, il nous offre une modification très-importante sur une longueur de plus de 30 kilomètres, l'ancien lit étant séparé du chenal actuel par plus de 16 kilomètres ; que cette modification a eu lieu antérieurement à l'année 1159.

3° Qu'en 1152 il se fit une grande rupture entre la *Stellata* et *Ficarolo*, et qu'à partir de ce point jusqu'à la mer, sur une longueur de 100 kilomètres environ (par le *Pô di Volano*), le cours du fleuve fut entièrement changé. Le Pô de Ferrare, avec ses deux branches *di Primaro* et *di Volano*, est alors remplacé par le Pô de Venise, qui, après avoir formé le Pô *d'Ariano*, franchit la ligne des dunes d'Adria, et va atterrir les ports de l'Adriatique. Les Vénitiens justement alarmés, ouvrent au fleuve un nouveau lit, qui, dans sa dernière direction, engendre les diverses embouchures qu'il nous présente encore aujourd'hui.

Nous demandons pardon au lecteur de nous être appesanti si longtemps sur ces détails ; mais il ne nous a pas semblé inutile de les rappeler. Il est peu de fleuves, en effet, qui présentent des modifications aussi importantes et qui aient été aussi profondément modifiés, soit par la nature, soit par la main des hommes. Cela vient de la disposition toute particulière de la vallée du Pô, de ces plaines sans limites, où le fleuve, non encaissé, a pu divaguer autrefois dans toutes les directions. Si nous étudiions de la même manière l'histoire du Rhône, nous verrions que les modifications ont peu d'importance au-dessus de Beaucaire, mais qu'à l'aval de cette ville elles prennent un caractère plus saillant ; en effet, le véritable Delta, la plaine sans limite pour le Rhône, commence seulement aux environs d'Arles. Il en est de même pour le Nil : au-dessus du Caire ou des pointes du *Mokatan*, son histoire hydrographique n'offre rien de bien saillant ; mais de là jusqu'à la mer elle se rattache à celle du pays tout entier et à l'existence de son vaste et riche Delta.

NOTE IX.

Les bases de l'avant-projet du canal d'irrigation du Midi.

CONSIDÉRATIONS GÉNÉRALES.

Jusqu'ici on n'a rien proposé de bien précis dans le but d'utiliser les eaux du Rhône pour l'irrigation.

Cependant ce fleuve est admirablement disposé à cet égard, et cela tient :

1° A son volume très-considérable, qui peut être dérivé en partie, sans aucun préjudice pour la navigation, en lit de rivière. Ce volume s'élève, en effet, en temps d'étiage à 456 mètres cubes à Avignon, et à plus de 376 mètres cubes à Valence.

2° Aux déclivités considérables des eaux du Rhône, déclivités qui varient de la manière suivante, depuis Valence jusqu'a l'embouchure :

	Longueur.	Déclivité moyenne par kilomètre.
De Valence à l'embouchure du Lez.	95,390	0,742
De l'embouchure du Lez à Roquemaure.	21,420	0,545
De ce point à Tarascon.	45,580	0,391
De ce point à Arles.	15,580	0,288
De ce point à la mer.	41,700	0,053

3° A ce que le Rhône étant alimenté par les neiges et les glaces des Alpes, est toujours à 1 ou 2 mètres au moins au-dessus de l'étiage à l'époque des plus fortes chaleurs, alors que les irrigations sont surtout nécessaires.

4° A ce qu'à proximité du Rhône et dans la partie inférieure de sa vallée s'étendent les vastes plaines de la Provence et du Languedoc qui sont très-aptes à recevoir des canaux d'irrigation.

Il paraît donc que le Rhône remplit mieux que tout autre fleuve les principales conditions d'une bonne irrigation et il y a lieu de s'étonner qu'on n'ait pas cherché à l'utiliser jusqu'à ce jour.

On sait en effet que le seul canal d'irrigation creusé sur ses bords est celui de Pierrelatte, et que ce canal construit à une époque reculée, à été si mal conçu, qu'il arrose aujourd'hui 300 ou 400 hectares au plus.

On peut donc dire avec raison que tout est à faire pour l'irrigation sur les rives du Rhône.

Nous proposons aujourd'hui d'entreprendre l'étude d'un canal d'irrigation qui puiserait au Rhône 25 mètres cubes d'eau par seconde. Ce canal qui aurait sa prise d'eau près de l'embouchure de la Drôme après s'être développé dans les plaines de la rive gauche jusqu'à Mornas, se séparerait vers ce bourg en deux branches : l'une dite des Cévennes traverserait le Rhône pour se diriger vers Nîmes et Montpellier et arroser les grandes plaines qui s'étendent au pied *des Cévennes* entre ces deux villes, et plus bas les plaines de Beaucaire et de la Camargue ; l'autre branche dite *de Provence* se développerait dans la vallée gauche aux environs d'Orange, de Monteux, de Carpentras et de l'Ille.

La superficie irrigable par ce système et de 90,000 hectares, mais nous l'avons limitée à 50,000 hectares seulement.

Nous allons essayer de démontrer la possibilité de ce canal, et nous indiquerons successivement :

1° La direction générale du tracé.

2° Les longueurs, les pentes, et les côtes des diverses parties.

3° L'étendue des surfaces irrigables.

4° Celle des diverses sections.

5° Le chiffre des dépenses d'exécution par aperçu.

6° Les avantages créés par l'exécution du projet.

Le canal que nous proposons jouerait pour les régions Alpines le même rôle que le projet des eaux de la Neste pour la région des Pyrénées. On peut dire cependant que les conditions naturelles sont plus favorables ici puisqu'il suffit de puiser dans un fleuve dont le volume et la pente sont très-considérables.

Il est inutile sans doute de dire que dans ces notes nous n'avons abordé sérieusement aucune des questions nombreuses que soulèverait l'exécution du projet que nous proposons, nous n'avons pu en effet que présenter un simple aperçu.

§ I⁰ʳ. INDICATION GÉNÉRALE DU TRACÉ DU CANAL.

TRONC COMMUN DE LA PRISE D'EAU A MORNAS.

La prise d'eau du canal a lieu dans le Rhône un peu au-dessous de l'embouchure de la Drôme et en face du Bourg de Loriol (département de la Drôme). Le canal se développe dans la plaine de Loriol jusqu'au Logis-Neuf où il vient s'adosser au coteau dont il suit le pied jusqu'à l'entrée de la plaine de Montélimar en face de Savasse. A l'entrée de cette plaine le canal est déjà élevé et peut servir à l'irrigation.

Après avoir passsé en face de Savasse, le canal se maintenant toujours à la tête de la plaine vient traverser la ville de Montélimar en suivant à très-peu près la direction des remparts et il franchit le Roubion sur un pont aqueduc à la hauteur du chemin de fer.

Après avoir traversé le Roubion il se maintient à la tête de la plaine inférieure de Montélimar qui devient entièrement irrigable, et après avoir traversé la Berre aux environs de Maltaverne, il se retourne vers le coteau qu'il suit de Château-Neuf à Donzère.

Parvenu vers cette dernière localité le canal est très-élevé et domine entièrement les plaines de Donzère, de Pierrelatte et de la Palud; à partir de ce point son tracé s'établit au pied ou sur le flanc des coteaux; il franchit la Berre près des Granges, passe au-dessous de la Garde, de Saint-Paul-Trois-Châteaux, de Saint-Pierre et de Bollène. Après Bollène, le canal en se maintenant toujours sur le flanc des coteaux, se retourne du côté de Montdragon et de Mornas.

C'est à Mornas que se fait la bifurcation de ces deux branches.

BIFURCATION A MORNAS.

La première branche dite des *Cévennes* est destinée à arroser :
1° Toutes les plaines qui s'étendent au pied de ces montagnes entre Nîmes et Montpellier.
2° La portion de la vallée du Rhône située au-dessous de Beaucaire.
3° Enfin les terrains élevés de la Camargue.

La seconde branche dite de *Provence* doit irriguer toutes les portions de la Provence qui sont inaccessibles aux eaux de l'Aigues, de Louveze, de la Durance et des autres affluents de la rive gauche employées aujourd'hui pour l'irrigation.

BRANCHE DES CÉVENNES.

La branche des Cévennes après s'être séparée à Mornas du tronc commun, franchit le Rhône sur un viaduc de 25 à 30 mètres de hauteur et se dirige vers la traversée du Gardon à Remoulins.

Les grandes difficultés du tracé de cette branche sont situées entre Mornas et Remoulins.

Entre ces deux points deux systèmes de tracé peuvent être étudiés.

Le premier consiste à suivre la vallée droite du Rhône à flanc de coteau jusqu'à la vallée du Gardon aux environs de Montfrin, puis de remonter cette vallée jusqu'à Remoulins.

Ce tracé est certainement possible et cette possibilité ne peut être niée par ceux qui connaissent les localités; mais il a le désavantage de présenter une très-grande longueur et de s'écarter très-notablement de la ligne droite.

Le second système consisterait à gagner Remoulins directement en quittant la vallée du Rhône aux environs d'Orsans pour remonter la Tave, petit affluent de ce fleuve, en cherchant un point de passage entre cette vallée et celle du Gardon aux environs de Saint-Victor ou de Pouzilhac.

Une étude faite sur les lieux peut seule faire voir si cette direction est possible.

Pour le moment nous nous en tiendrons au premier système de tracé, sauf à rejeter cette direction si une étude plus approfondie démontre qu'on peut l'améliorer.

Après avoir traversé le Rhône à Mornas la branche des Cévennes franchit la Ceze au-dessus de Chuzclan, se maintient à flanc de coteau aux environ d'Orsan, traverse la Tave au-dessus de Loudun, et se retourne ensuite à droite jusqu'à Roquemaure où elle regagne le Rhône.

De Roquemaure à Villeneuve, le canal suit le fleuve à flanc de coteau en dominant les plaines de Roquemaure et de Villeneuve. Après Villeneuve il atteint Aranon, puis enfin arrive à Montfrin au point où s'unissent les deux vallées du Gardon et du Rhône.

A partir de Montfrin, on remonte la vallée du Gardon pour traverser cette rivière aux environs de Remoulins et à peu de distance du pont du Gard.

Après la traversée du Gardon le canal se dirige directement

sur Nîmes où il arrive à quelques mètres au-dessus du sol moyen de cette ville.

De Nîmes à Montpellier il suit à peu près la direction du tracé du chemin de fer, en arrosant cette immense surface qui s'étend au pied des Cévennes et qui comprend les plaines de Milhaud, de Bernis, d'Uchau, de Codognan, de Lunel, de Montpellier.

Il y a là une surface irrigable de plus de trente mille hectares. Après avoir arrosé ces plaines, la branche des Cévennes se termine aux environs de Montpellier.

EMBRANCHEMENT DE BEAUCAIRE ET DE LA CAMARGUE.

Après la traversée du Gardon à Remoulins un embranchement se détache de la ligne principale des Cévennes pour arroser les plaines de Beaucaire et de la Camargue.

Cet embranchement de Remoulins à Beaucaire suit la rive gauche du Gardon en se maintenant à flanc de coteau et en arrosant toute la vallée gauche de cet affluent. Il passe à Sernhac, Maynes, derrière Comps et arrive enfin à Beaucaire. A partir de cette ville il se détourne à l'ouest au pied des coteaux de Bellegarde et de Saint Gilles, et il arrose toutes les plaines situées entre ces coteaux, le grand Rhône et le petit Rhône.

A Saint-Gilles le canal traverse le petit Rhône sur un pont aqueduc et pénètre dans la Camargue dont il vient irriguer tous les terrains élevés.

BRANCHE DE PROVENCE.

La branche de Provence, après s'être séparée du tronc principal à Mornas, s'établit en flanc de coteau, passe près du village de Piolenc, et remonte la vallée de l'Aigues, qu'elle traverse aux environs de Camaret ou de Travaillans.

Après l'Aigues, cette branche se retourne du côté de Causans, de Sarrians, de Monteux et de Carpentras ; elle arrose toutes les hautes plaines situées au-dessous de ces localités, plaines dont la superficie totale n'est pas de moins de quinze mille hectares.

----

§ II. Possibilité du tracé, longueurs, pentes et côtes.

Après avoir indiqué les directions principales suivies par le canal, voyons quelles seraient les longueurs, les pentes et les côtes de ses diverses parties.

Toutes les côtes ont été rapportées au niveau moyen de la Méditerranée, et pour les calculer on s'est servi :

1° Des nivellements faits par M. Cavenne pour son tracé de canal latéral au Rhône ; nivellements qu'on a consultés au dépôt des cartes et plans ;

2° Des nivellements faits par M. Kermingant pour le tracé du chemin de fer d'Avignon à Marseille ;

3° Des nivellements du chemin de fer de Nîmes à Montpellier ;

4° Du nivellement général de la Camargue fait par M. Poulle.

5° Enfin des diverses côtes de hauteur qu'on a pu se procurer soit dans les statistiques locales, soit dans d'autres documents.

Les longueurs ont été mesurées sur la carte de Cassini.

C'est en combinant tous ces documents qu'on est parvenu à établir la possibilité du tracé des diverses parties du canal.

Voici l'indication des côtes, des longueurs et des pentes.

TRONC COMMUN DE LA PRISE D'EAU A MORNAS.

Côte à la prise d'eau au-dessus du niveau moyen
de la Méditerranée. 87,83 (1)

(1) Cette côte est celle de l'étiage du Rhône ; elle sert donc aussi celle de l'étiage du canal.

Iʳᵉ *section.* De la prise d'eau à la traversée du Roubion, distance 26 kilomètres, pente 0,25 par kilomètre, pente totale. 6,50

Reste pour la côte à la traversée de Roubion. . 81,33

2ᵉ *section.* Du pont de Roubion à Châteauneuf vis-à-vis Viviers, longueur 10 kilomètres, pente 0,35 par kilomètre, pente totale. 3,50

Reste pour la côte à Châteauneuf. 77,83

3ᵉ *section.* De Châteauneuf à Mornas, longueur 36 kilomètres, pente de 0,35 par kilomètre, chute totale. 12,60

Reste pour la côte à Mornas. 65,23

La longueur totale du tronc commun de la prise d'eau à Mornas est donc de 72 kilomètres, et la chute totale de. 22,60

BRANCHE PRINCIPALE DES CÉVENNES.

La branche des Cévennes traversera le Rhône à Mornas à la côte. 65,23

La côte de l'étiage du Rhône étant en ce point de. . 33,50

Il en résulte que la hauteur comprise entre l'étiage du fleuve et du canal sera de. 31,73

Cette hauteur n'a rien de bien exorbitant, comme on voit.

Iʳᵉ *section de la branche des Cévennes.* De Mornas à la traversée de la Ceze, longueur. . . . . 13 kil.

2ᵉ *section.* De la traversée de la Ceze à Roquemaure. 22

3ᵉ *section.* De ce point à Villeneuve-les-Avignon. 17

4ᵉ section. De ce point au passage du Gardon à Remoulins. .   .   .   .   .   .   , ...   38

Longueur totale de Mornas à Remoulins.   .   .   .   90 kil.

Sur toute cette étendue, la pente moyenne sera de 0,20 par kilomètre, soit une chute totale de.   18

La côte à Mornas étant de.   65,23

Il restera pour la côte à Remoulins.   47,23

La côte du lit du Gardon à Remoulins étant de 18 à 20 mètres, il en résulte que le pont aqueduc à jeter sur cette rivière aurait une hauteur de 27 à 29 mètres.

BRANCHE DE NÎMES.

Nous avons dit précédemment qu'après le passage du Gardon à Remoulins il y avait subdivision.

1° Une branche se dirige sur Nîmes à Montpellier.

2° Une autre branche gagne Beaucaire et Saint-Gilles.

Suivons la branche de Nîmes.

Du passage du Gardon vers Remoulins à Nîmes, la distance est de.   .   .   .   .   20 kil.

Pente du canal, 0,20 par kilomètre.

Chute totale.   .   .   .   .   4 m.

La côte du canal à Nîmes sera donc de.   .   .   .   43,23

Le sol moyen de la ville de Nîmes étant à 41 mètres, on voit que l'étiage du canal sera un peu plus élevé que le sol de tous les quartiers bas de cette ville.

Nîmes pourra donc être largement approvisionnée d'eau potable, et ainsi se trouvera résolu, pour elle, le problème qu'elle poursuit depuis si longtemps.

Après avoir traversé Nîmes, le canal se développe au pied des Cévennes entre cette ville et Montpellier. Ici il n'y a plus de difficultés graves dans le tracé, le canal domine l'immense plaine qu'il doit arroser, et la pente dont on peut disposer est plus que suffisante.

Voici comment se divise la longueur comprise entre Nîmes et Montpellier.

Ire *section*. De Nîmes au passage de la Vistre à Codognan. . . . . 19 kil.

2e *section*. Du passage de la Vistre à Montpellier. 34

Total de Nîmes à Montpellier. . . . . . 53 kil.

Pente du canal 0,35 par kilomètre, chute. . . . 18,55

La côte à Nîmes étant de 43,23, on arriverait ainsi à Montpellier à une hauteur de. 24,68

La côte des rails du chemin de fer au débarcadère de Montpellier étant de 23,79, on voit qu'on arrive un peu au-dessus de ce niveau.

La pente est donc plus que suffisante au pied des Cévennes.

BRANCHE DE BEAUCAIRE ET DE LA CAMARGUE.

La côte de la branche de Beaucaire à son origine vers Remoulins, est de. 47,23

Ire *section*. De Remoulins à Beaucaire, distance 18 kilomètres.

Pente du canal 0,35 par kilomètre, chute totale. . 6,30

Reste pour la côte à Beaucaire. 40,93

La côte moyenne de la ville de Beaucaire étant de 8 mètres environ (1), on voit qu'on arriverait trop haut vers cette ville.

Aussi établira-t-on des chutes à Beaucaire.

Ces chutes donneront naissance à une force motrice très-considérable.

____

(1) L'étiage du Rhône à Beaucaire est à la côte de 4^m,28.

Leur hauteur sera de . . . . 16 m.

Après les chutes, la côte du canal sera donc de. 24 93 c.

Le canal approvisionnera d'eau potable la ville de Beaucaire.

Celle de Tarascon sera également approvisionnée à l'aide d'une conduite qui sera établie sur le viaduc du chemin de fer, viaduc qui est aujourd'hui en construction.

De Beaucaire à Bellegarde, longueur 15 kil. ; pente du canal par kilomètre 0,40, chute de Beaucaire à Bellegarde. . . . . 6 m.

Il restera pour la côte à Bellegarde . . . 18 93 c.

De Bellegarde à Saint-Gilles, distance 12 kil.; pente 0,40 par kilomètre, chute 4,8.

Il restera pour la côte à Saint-Gilles. 14 93

En face de Saint-Gilles, la côte de l'étiage du petit Rhône étant de 1,50, le pont-aqueduc qui traverserait ce dernier aurait ainsi une hauteur de. . . . . 13 m. 43 c.

Si on trouvait cette hauteur un peu trop considérable, il serait facile de la diminuer par une chute supplémentaire placée soit à Beaucaire, soit à Saint-Gilles, soit à Bellegarde.

L'embranchement qui pénétrerait dans la Camargue devrait irriguer seulement les terrains élevés de cette île, c'est-à-dire ceux qui ne peuvent être actuellement arrosés pendant les hautes et moyennes eaux du Rhône qu'à l'aide de machines hydrauliques.

Quant aux terrains plus déprimés, ils continueraient à être arrosés à l'aide de dérivations faites au pourtour de l'île ou du barrage que l'on projette sur le petit Rhône.

On sent en effet qu'il serait irrationnel d'irriguer les bas terrains de la Camargue à l'aide de volumes dérivés de très-loin.

En un mot notre embranchement de la Camargue remplace le canal que M. Poulle voulait dériver de Comps.

Les terrains élevés de la Camargue forment deux zones allongées qui suivent directement les directions du grand et du petit Rhône et se réunissent vers Arles, à la tête de l'île. Il sera donc nécessaire que l'embranchement de la Camargue se divise en trois sous-embranchements :

1° L'un, dit du *Grand-Rhône*, s'établira au centre des terrains élevés qui bordent le fleuve ;

2° L'autre, dit du *Petit-Rhône*, suivra également la direction de ce dernier ;

3° Le troisième enfin, dit d'Arles, se dirigera vers cette ville.

La branche d'Arles s'embranchera près de *Sallieres*.

Les deux branches du Grand et du Petit-Rhône se sépareront à l'endroit appelé le *Pont-de-Rousti*.

Voici les longueurs approximatives de ces diverses parties :

De la traversée du petit Rhône à Sallieres. . . .	2 kil.
De Sallieres au pont de Rousti.	5
Longueur de la branche d'Arles.	11
Longueur de la branche dite du petit Rhône. . .	24
Id. de la branche dite du grand Rhône. . .	28

La branche d'Arles atteint le faubourg de Trinquetaille, celle du petit Rhône s'étend jusqu'en face de Sainte-Marie, la branche du grand Rhône enfin s'arrête au Bras de Fer, en face du grand Peloux.

Ces trois branches ne seraient comme on le voit que de petits canaux secondaires dont l'importance ne peut être comparée à celle des canaux précédents.

RÉCAPITULATION DES LONGUEURS DE TOUT LE SYSTÈME DES CÉVENNES.

1° Branche principale des Cévennes, de Mornas à Remoulins,

point de bifurcation. . . . . 90 kil.
   2° Branche de Nîmes.
   De Remoulins à Nîmes. 20
   De Nîmes à Montpellier. 53

              Total. . . . . 73 . 73

BRANCHE DE BEAUCAIRE.

   De Remoulins à Beaucaire. 18
   De Beaucaire au passage du petit Rhône à
Saint-Gilles. 27

   Total de Remoulins au petit Rhône. . . 45 . 45
   Total des branches principales des
Cévennes. . . . . , . 208 kil.

Les sous-embranchements dans l'intérieur de la Camargue
ont en outre une longueur ensemble de. . . . . 70 kil.

BRANCHE DE PROVENCE.

   La côte au point de départ à Mornas est de. , . . 65,23
   Ire *section*. De Mornas à la traversée de l'Aigues, près
de Travaillans, la longueur est de. . . . . 18 kil.
   IIe *section*. De la traversée de l'Aigues aux environs
de Mouteux par Causans et Sarrians, la longueur est de. 24

            Longueur totale. . . . . 42 kil.
   Pente par kilomètre. 0,30
   Chute totale. 12,6
   La côte aux environs de Mouteux sera donc encore de 52,63
   Les plaines voisines étant à la côte moyenne de 50 seront,
comme on le voit, très-facilement arrosées.
   Le canal se continuera au-delà de Mouteux du côté de Veleron
et de l'Ille sur une longueur de. . . ' . . . . . 15 kil.
   Longueur totale de la branche de Provence. . . 57 kil.

TABLEAU RÉCAPITULATIF DES BRANCHES PRINCIPALES.

De la Prise d'eau à Mornas. . . . . 72 kil.

Longueur totale du système des Cévennes. . . 208

Id.   de la branche de Provence. . . 57

Longueur ensemble. . . . . . . 337 kil.

Mais si cet ensemble ne pouvait pas être exécuté en même temps, rien ne s'opposerait à ce que son exécution eût lieu successivement.

En ajoutant au chiffre précédent les 70 kilom. des sous-embranchements de la Camargue, on a la longueur totale qui est de 407 kilomètres.

§ III. CALCUL DES SURFACES IRRIGABLES.

Voyons maintenant quelles seraient les surfaces irrigables par ce système de canaux.

1° De la la prise d'eau à Mornas, il y a dans les plaines de Montélimart, de Pierrelatte, de Saint-Paul, du Pont-Saint-Esprit (rive gauche), de Bollène, de Montdragon, une superficie totale de 15,000 hectares, qui est irrigable avec les eaux du canal projeté. . . . . 15,000 hect.

2° De Mornas à Remoulins, dans les plaines de Bagnols, d'Orsan, de Codolet, de Laudun, de Saint-Victor, de Saint-Laurent, de Roquemaure, de Villeneuve-les-Avignon, de Montfrin, il y a une surface irrigable de. 7,000

3° De Remoulins à Montpellier sur la branche de Nîmes, dans les plaines de Nîmes, de Milhaud, de Bernis, de Codognan, d'Eymargues, de Lunel, de Lausargues, de *Maugio*, de Saint-Marcel, de Montpellier, etc., etc., il y a une superficie irrigable de. 32,000

4° La branche de Beaucaire peut arroser 1° la vallée gauche du Gardon, de Remoulins à Beaucaire, toutes les plaines de Beaucaire, Bellegarde et Saint-Gilles, comprises entre les coteaux, le grand Rhône et le petit Rhône, cette superficie totale est de. 15,000

2° Les terrains les plus élevés de la Camargue que nous porterons à. 6,000

5° Enfin la branche de Provence peut arroser dans les plaines de Piolenc, d'Orange, de Caussans, de Sarrians, de Mouteux, de Carpentras, de Veleron et de l'Ille, une superficie totale d'au moins. 15,000

Total des superficies irrigables par le système des canaux supposés établis. . . . . . . 90,000 hect.

Ce chiffre est comme on voit très-considérable, mais il est impossible de l'admettre en totalité, soit à cause du trop grand volume d'eau que cette immense irrigation nécessiterait, soit à cause des grands travaux qu'il faudrait exécuter.

Pour se tenir dans les limites du possible, nous croyons qu'il faut limiter à 50,000 hectares la surface qu'on peut espérer d'irriguer à l'aide des eaux du Rhône.

Cette surface étant choisie dans les 90,000 hectares calculés ci-dessus, nous baserons notre projet sur les hypothèses suivantes :

1° Que dans une irrigation perfectionnée telle que celle qu'il s'agit d'établir, un demi-mètre cube d'eau par seconde suffira pour l'irrigation de mille hectares ;

2° Que les sources ou les eaux sauvages que les canaux pourront recueillir dans leurs parcours, suffiront pour compenser les pertes par filtration, évaporation, distribution d'eau dans les villes, pertes par les bouches de distribution, et en général, pertes de toute nature.

Il faudrait donc pour réaliser le projet, dériver du Rhône un volume de 25 mètres cubes d'eau par seconde.

Nous prouverons facilement que cette dérivation ne nuirait en rien à la navigation de ce fleuve.

Voici comment ce volume se dépenserait entre les diverses parties du parcours.

DÉSIGNATION Des diverses parties de système de canaux.	SURFACES irrigables réellement.	SURFACES qu'on suppose devoir être arrosées.	VOLUMES D'EAU dépensés dans chaque partie.	OBSERVATIONS.
De la prise d'eau à Mornas.	45,000	8,300	4,15	
De Mornas à Remoulins.	7,000	3,900	1,95	
De Remoulins à Montpellier.	32,000	17,600	8,80	
De Remoulins à St-Gilles.	15,000	8,300	4,15	
Intérieur de la Camargue.	6,000	3,600	1,80	
Haute-Provence. . .	15,000	8,300	4,15	
Totaux. . . .	90,000	50,000	25,000	

§ IV. CALCUL DES SECTIONS.

Nous pouvons calculer maintenant le débit et la section de chaque portion du réseau dont il a été question ci-dessus.

Le tableau suivant donne pour chaque partie, la longueur, la pente, par kilomètre, le volume, la section et la vitesse.

Les sections ont été calculées à l'aide de la formule de Tadini.

INDICATION. Des diverses sections de réseau et leur longueur.	Volumes débités par les bouches d'irrigation dans chaque section.	Volume à l'origine de la section.	Volume à la fin de la section.	Inclinaison moyenne par kilom.	SUPERFICIE DE LA SECTION. Superficie.	SUPERFICIE DE LA SECTION. Vitesses Maxima.	OBSERVATIONS.
1° Tronc commun de la prise d'eau à Mornas. . . . 72 k.	4,15	25	24,85	0,25 à 0,35	23,40 20,70	1,08 1,20	Largeur variable de 10 à 14 mètres.
Branche des Cévennes.							
De Mornas à Remoulins. 90 k.	1,95	16,70	14,75	0,20	18	0,98	Largeur variable de 10 à 14 mètres.
De Remoulins à Nimes. 20 k.	2,40	8,80	6,40	0,20	9,43	0,98	Id. de 5 à 6 mètres.
De Nimes à Milhaud. . . 8 k.	0,96	6,40	5,44	0,35	5,40	1,20	Largeur variable de 2 à 3 mètres.
De Milhaud à Codognan. 10 k.	1,20	5,44	4,24	0,35	4,50	1,20	
De Codognan à Lunel. . 10 k.	1,20	4,24	3,04	0,35	3,60	1,20	
De Lunel à L'Hairargues. 12 k.	1,44	3,04	1,60	0,35	2,52	1,20	Largeur de 2 mètres ou au-dessous.
De L'Hairargues à Montpellier. . . . . 13 k.	1,60	1,60	0,00	0,35	1,33	1,20	
Branche de Beaucaire.							
De Remoulins à Beaucaire. . . . . 18 k.	0,75	5,95	5,20	0,35	4,86	1,20	Largeur variable de 2 à 3 mètres.
De Beaucaire à Bellegarde. . . . . 15 k.	2,00	5,20	3,20	0,40	3,88	1,34	
De Bellegarde à St-Gilles. 12 k.	1,40	3,20	1,80	0,40	2,52	1,34	
De St-Gilles à Salieres. . . 2 k.	0,05	1,80	1,75	0,40	1,44	1,34	
Branche d'Arles. . . . . 11 k.	0,30	1,75	1,45	0,40	1,44	1,34	Largeur de 2 mètres ou au-dessous.
De Salieres à Pont-de-Rousti. . . . . 5 k.	0,10	1,45	1,35	0,40	1,08	1,34	
Branche du Gr⁴-Rhône. . 24 k.	0,60	1,35	0,75	0,40	0,90	1,34	
Branche du Petit-Rhône. 28 k.	0,75	0,75	0,00	0,40	0,54	1,34	
Branche de Provence.							
De Mornas à Travaillans. 18 k.	1,00	4,15	3,15	0,30	3,60	1,14	Largeur de 2 à 3 mètres.
De Travaillans à Mouteux 24 k.	1,575	3,15	1,575	0,30	2,70	1,14	
De Mouteux à la fin de cette branche. . . . . 45 k.	1,575	1,575	0,00	0,30	1,26	1,14	Largeur de 2 mètres ou au-dessous.
437 k.							

(Note.) La profondeur maxi-[illegible]

§ V. Aperçu des dépenses.

162 kilomètres de canal, ayant une section
de 10 à 14 mètres, estimés à 100,000 francs
le kilomètre tout compris. . . . . . . 16,200,000 fr.

20 kilomètres, ayant une section de 5 à 6
mètres, à 80,000 francs le kilomètre. . . . 1,600,000

79 kilomètres, ayant une section de 2 à 3
mètres, à 60,000 francs le kilomètre. . . . 4,740,000

146 kilomètres de section moindre, à 50,000
francs le kilomètre. 7,300,000

Estimation totale. . . . . 29,840,000 fr.
Soit en nombre rond. 30,000,000

PRODUITS ANNUELS.

50,000 hectares, arrosés à 30 francs l'hectare. . . . . 1,500,000 fr.
Pour mémoire tous les autres avantages ci-après énumérés.

---

§ VI. Énumération des avantages créés.

1° 50,000 hectares arrosés, donnent une plus value annuelle
de 120 francs au moins, répondant à un revenu de 6,000,000 fr.
et à un capital à 4 0/0 de 120,000,000 francs;

2° Force créée à Beaucaire 1,000 chevaux au moins, portée
ici pour mémoire;

3° Approvisionnement d'eau potable de la ville de Nîmes. —
(Mémoire);

4° Id. des villes de Beaucaire et de Tarascon;

5° Id. des villes de Roquemaure, de Villeneuve-les-Avignon,

de Montélimar , de Lunel, des parties basses de la ville de Montpellier.

Nous avons estimé la plus value annuelle de l'hectare arrosé
à 120 francs par an; ce chiffre est, nous le croyons, plutôt au-
dessous qu'au-dessus de la réalité; c'est ainsi que dans les études faites pour le département du Var on a porté cette plus value à 140 francs.

Nous n'avons indiqué que pour mémoire l'avantage d'appro-
visionner largement la ville de Nîmes en eau potable. On sait
cependant que c'est là un intérêt de premier ordre, et que les
habitants de Nîmes eux-mêmes cherchent depuis fort longtemps
à résoudre ce problème. Ils y attachent une si grande importance,
que le Conseil municipal de cette ville a voté dans ce but une
somme d'un million.

CONCLUSION.

Il nous semble résulter, de ce qui précède, que le projet dont
nous venons d'indiquer les bases principales mérite d'être étudié
sérieusement.

Sans doute, l'embarras du Trésor, la crise des chemins de
fer, ne permettront pas de longtemps l'exécution d'une œuvre
aussi coûteuse, mais ce n'est pas là une raison pour faire ajourner indéfiniment une étude qui importe à de si grands intérêts.

Cette étude, d'ailleurs, peut se faire à très-peu de frais en
utilisant les divers projets qui existent déjà pour la vallée du
Rhône.

Ces projets sont :

1° Le projet du canal latéral , fait par M. Cavenne ;

2° Le projet du chemin de fer d'Avignon à Marseille,

3° Les études diverses des projets de navigation.

En coordonnant et réunissant tous ces documents, il serait

facile d'arrêter un avant projet pour toute la partie du système précédent, comprise dans la vallée du Rhône.

La même observation s'applique à la partie comprise entre Nîmes et Montpellier. On se servira ici du tracé et des études du chemin de fer qui réunit ces deux villes.

Pour la Camargue, on peut disposer des études et des nivellements faits par M. Poulle.

La seule partie du système qui exige des études un peu coûteuses, c'est celle comprise entre Mornas et Nîmes. Ici les documents manquent entièrement, et il faudra y suppléer par des études directes.

Ces études nouvelles faites, il ne s'agira plus que de réunir et de coordonner pour avoir un avant projet complet.

La longueur comprise entre Mornas et Nîmes étant de 110 kilomètres, nous croyons qu'une somme de 6,000 à 8,000 francs serait largement suffisante.

1° Pour opérer des nivellements entre Mornas et Nîmes ;

2° Pour coordonner tous les documents des projets de MM. Caverne, Kermaingeant, Talebot, Poulle ; ceux du chemin de fer de Nîmes à Montpellier, et dresser enfin l'avant projet du système de canaux dont nous venons de parler.

Les départements intéressés étant au nombre de quatre, savoir:

La Drôme,

Vaucluse,

Le Gard,

L'Hérault.

On pourrait ouvrir un crédit de 2,000 francs dans chacun de ces départements.

NOTE X.

Nous croyons utile de reproduire ici, en partie, le rapport fait par M. Collignon au nom de la Commission chargée (1) de l'examen du projet de loi relatif à l'allocation d'un crédit de neuf millions de francs pour réparation des dommages causés par les inondations de la Loire et autres cours d'eau à la fin de l'année 1846. Ce travail est aussi remarquable par l'élévation des vues que par la justesse des idées.

M. Collignon paraît partager complètement nos idées sur les inondations et les moyens de les prévenir, il pense, comme nous, qu'aucun moyen exclusif ne peut être proposé, qu'il faut faire avant tout, pour chaque fleuve, *des études d'ensemble*, et employer suivant les cas, soit les endiguements insubmersibles, soit les reboisements, les barrages, les réservoirs, les rigoles de niveau.

Lorsque la médecine était encore à l'état d'enfance, on cherchait pour toutes les maladies, comme aujourd'hui pour les inondations, *une panacée universelle*. C'est le propre de l'esprit humain, de vouloir tout déduire d'un principe unique lorsque l'analyse et l'étude n'ont point encore décrit les phénomènes et dévoilé leurs véritables causes.

Ne ressemblons pas à ces premiers médecins. Voici le rapport de M. Collignon.

La Chambre a renvoyé à l'examen de sa Commission des cré-

(1) Cette commission était composée de MM. Genty de Bussy, marquis de Lagrange, Vatout, Humann, Martin (Haute-Garonne), Collignon, colonel Allard, Croissant, de l'Espée.

dits supplémentaires la demande du Gouvernement d'un nouveau crédit de 9,000,000 francs pour la réparation des dommages causés par les inondations, qui ont désolé le pays dans les
derniers mois de 1846. Nous venons, Messieurs, vous rendre
compte de cet examen et vous soumettre les propositions auxquelles il nous a conduits. Nous croyons inutile, pour justifier
celles-ci, de remettre sous vos yeux le tableau des désastres publics et des malheurs particuliers qui ont signalé le retour de
ce terrible fléau. Le grand nombre de ses victimes, les ruines
qu'il a amoncelées dans la vallée de la Loire, les immenses dommages qu'il y a causés, ces récits douloureux dont la France
entière s'est si profondément émue, tout cela est présent à vos
esprits; et cette grande calamité publique, qui a laissé après
elle tant d'infortunes à soulager, se lie aussi dans votre mémoire
au souvenir des efforts généreux de la charité privée, et surtout
à celui de ces actes nombreux de dévouement personnel, qui
sont, dans ces cruelles épreuves, la glorieuse consolation de
l'humanité.

Ces grandes catastrophes imposent toujours à l'État de grandes charges, au gouvernement d'impérieux devoirs.

En tête de ceux-ci, nous plaçons l'obligation de pourvoir au
soulagement des victimes. Quelque confiance qu'on puisse mettre à cet égard dans la bienfaisance individuelle, il est indispensable d'associer dans cette œuvre les fonds du Trésor public aux
produits des souscriptions particulières. L'humanité le prescrit,
la prudence le conseille, et tous les précédents l'autorisent.

L'ordonnance du 26 octobre, qui a ouvert à M. le ministre
de l'agriculture un crédit extraordinaire de un million de francs,
celle qui, la veille, avait alloué un crédit de 400,000 francs à
M. le ministre de l'intérieur, nous paraissent donc avoir été au-
devant du sentiment général du pays, et nous avons déjà eu l'oc-

casion de nous associer aux vues qui ont dicté ces mesures, en soumettant les crédits dont il s'agit à votre homologation.

Nous vous avons proposé également de régulariser les crédits extraordinaires, montant ensemble à la somme de six millions, qui ont été mis à la disposition de M. le ministre des travaux publics par les ordonnance royales des 25 octobre, 24 novembre et 9 décembre dernier. Sur cette somme, 500,000 francs sont destinés à des subventions aux compagnies concessionnaires des ponts suspendus qui ont été emportés ou endommagés par les eaux ; le surplus, ou 5,500,000 francs, est affecté à la réparation des dommages causés par les inondations aux routes royales et départementales, aux voies navigables, ainsi qu'aux digues et levées qui bordent les rivières.

Nous rappelons qu'à la nécessité de rétablir des communications interceptées, se joignait celle de couvrir au plus vite de riches et populeux territoires, que la suppression de leurs moyens habituels de défense laissait à la merci des moindres crues. Le péril était donc pressant, l'urgence des travaux incontestable. Tout retard aurait ajouté au danger de la situation et ne pouvait qu'aggraver le mal, multiplier les dommages et étendre les désastres. La résolution, l'énergie et une persévérante activité étaient ici particulièrement imposées à l'administration. Votre commission a rendu justice à ses efforts, et elle a reconnu l'efficacité des travaux déjà entrepris, et l'utilité des résultats obtenus.

En même temps elle a averti la Chambre de l'insuffisance des crédits ouverts d'urgence et à titre provisoire, et elle lui a annoncé que de nouvelles sommes seraient incessamment réclamées par M. le ministre des travaux publics, tant pour assurer la réparation complète des dommages que pour ajouter aux moyens de prévenir le retour de pareilles catastrophes (1).

(1) Rapport général de la commission des crédits supplémentaires, du 30 mars dernier, pages 54 et suivantes.

Malheureusement, la question en ce qui concerne les moyens préventifs, est loin d'être résolue, et on ne peut pas se dissimuler qu'elle ne présente à tous égards de graves difficultés. Mais, si grandes que soient celles-ci, quand de si terribles avertissements viennent effrayer le pays; quand de telles éventualités restent suspendues sur des populations entières; quand tant de richesses sont incessamment ménacées, il nous paraît impossible que le gouvernement ne soit pas entraîné à poser le problème dans toute sa généralité : *la constitution actuelle des bassins de nos fleuves, telle que l'a faite la marche du temps et les progrès de la civilisation, ne tendrait-elle pas à favoriser le retour des inondations, et surtout n'ajouterait-elle pas à l'intensité de leur action? Contre ce mal, y a-t-il des remèdes, et quels sont-ils ?*

Sans doute, ce n'est pas de nos jours seulement que les vallées des rivières et des fleuves ont été exposées aux inconvénients et aux dangers des débordements. La preuve de l'ancienneté du péril, c'est l'ancienneté même de l'obstacle qu'on lui a opposé. En ce qui concerne la vallée de la Loire, par exemple, les digues ou *turcies*, qui bordent le fleuve sur une grande partie de son cours, auraient été entreprises sous Louis-le-Débonnaire; mais, sans remonter jusque-là, il est certain qu'elles avaient acquis un grand développement dès la fin du XV° siècle, et que, telle était leur importance sous l'ancienne monarchie, qu'elles avaient donné lieu de bonne heure à une administration spéciale (1).

Il est évident aussi que ce qui, dans tous les temps, a dû fixer les dimensions et particulièrement la hauteur des digues ou tur-

---

(1) Cette administration était dirigée par un haut fonctionnaire, qui prenait le titre d'*intendant général des turcies et levées*, charge qui a été réunie à celle de grand-voyer, en faveur de Sully, et qui est venue se fondre dans les attributions du directeur général des ponts-et-chaussées.

cies, c'est l'élévation connue des crues d'eau, qui donnaient l'idée et faisaient sentir la nécessité de ces grandes constructions. Or, bien qu'établies d'après les données mêmes de l'expérience des inondations précédentes, ces digues se sont pourtant trouvées insuffisantes pour résister à des débordements nouveaux ; et trop souvent, les populations, pleines de confiance dans les abris qu'elles croyaient éprouvés, ont subi les terribles mécomptes qui viennent de se renouveler dans la vallée de la Loire.

D'ailleurs, c'est en général par submersion que les digues périssent ; résistant bien à la pression latérale du courant, elles cèdent à l'action de l'eau aussitôt qu'elles sont surmontées ; et dès que leur hauteur devient insuffisante, loin de protéger, elles aggravent le mal. On a donc été conduit à relever successivement les digues pour les mettre en rapport avec le niveau croissant des eaux dans les grands débordements. Les dernières inondations, en mettant à nu la constitution intérieure des turcies de la Loire, dans les points où elles ont été rompues, a permis de suivre en plusieurs endroits la marche de ces relèvements successifs, qui avaient conduit à la situation que les générations précédentes nous ont léguée. Éprouvée par la crue de 1790, la plus haute dont on ait conservé le souvenir, cette situation inspirait aux populations une sécurité qui avait résisté pendant un demi-siècle à bien des sinistres, et que les événements de 1846 ont cruellement détruite.

Or, que les débordements soient de nos jours plus fréquents qu'ils ne l'étaient autrefois, cela, après tout, importerait assez peu, si ces débordements restaient contenus dans des limites connues, et si on pouvait, une fois pour toutes, se fixer sur l'amplitude de leur action, et, par conséquent, sur la nature et la disposition définitive des ouvrages destinés à les contenir. Mais ce qui appelle une sérieuse attention, ce qui doit exciter une vive sollicitude, c'est cette énergie croissante d'un fléau qui revient toujours supérieure à lui-même et aux obstacles qu'on lui oppose.

Ce résultat est attribué à diverses causes. On l'explique particulièrement par la disparition successive des forêts qui couvraient notre sol.

Les forêts exercent, en effet, sur le régime des eaux, une double influence. D'abord, elles remplissent une fonction toute météorologique sur la distribution des pluies et sur l'activité de l'évaporation; sous ce rapport, le régime ancien de nos cours d'eau n'a pas été moins altéré par le déboisement presque général des plaines que par celui des montagnes (1). D'un autre côté, les forêts conservent les sources, divisent les eaux de pluie, usent en détail leur vitesse d'écoulement, et diminuent, par cette action toute mécanique, la corrosion et l'appauvrissement du sol, et, par conséquent, la masse des alluvions entraînées des pentes vers les vallées. C'est par là surtout que les défrichements en montagnes ont des conséquences funestes.

D'autres circonstances contribuent d'ailleurs à accélérer dans leur marche les eaux qui coulent sur les versants de nos rivières; ce sont ces innombrables perfectionnements agricoles, qui, par-

(1) Nous trouvons à ce sujet, dans un extrait de la *Statistique des principales rivières de France*, par M. Dausse, une citation qu'il nous paraît utile de rapporter ici; elle est tirée du *Misopogon* de l'empereur Julien, qui avait été, de 355 à 361, gouverneur des Gaules :

« *Ego olim eram in hibernis apud caram Lutetiam* (sic) *enim Galli Parisiorum oppidum appellant, quæ insula est non magna, in fluvio sita, qui eam omni ex parte cingit. Pontes sublicii utrinque ad eam ferunt, ràrôque fluvius minuitur ac crescit ; sed qualis æstate, talis esse solet hyeme. Aquam præbet jucundissam volenti bibere ; nam, cùm insulam habitent, ibi maxime eos aquari necesse est.* »

Telle était la Seine du xve siècle. Pour la Seine de nos jours, épuisée en été, gonflée en hiver, souvent et longtemps troublée, elle nous présente des oscillations dont les hautes eaux excèdent parfois l'étiage de 7, 8 et même 9 mètres.

tout, nivèlent la surface du sol, multiplient les fossés de dessèchement et d'assainissement, convertissent les étangs en prairies,
rectifient les ruisseaux, régularisent et fixent le lit des rivières,
et qui, en un mot, ouvrent, de toutes parts aux eaux des issues
plus nombreuses et plus faciles.

Cette tendance est générale ; elle est progressive ; elle s'attaque à tous les points du territoire. Plus l'écoulement est débar-
rassé de tout ce qui pouvait lui faire obstacle, plus ses moyens
de communication se multiplient, et plus est considérable la
masse d'eau qui arrive dans un temps donné des terrains élevés
aux terrains inférieurs, de la montagne sur laquelle l'orage est
venu s'abattre, au fleuve qui reçoit la crue et la rejette dans
l'Océan. Ainsi se développent les deux éléments qui concourent
à rendre les débordements redoutables : *la masse des eaux et
leur vitesse ;* les deux éléments dont le produit mesure la puissance destructive des inondations.

Cependant, précipitées ainsi vers les vallées principales, les
eaux y rencontrent les obstacles que la civilisation a élevées et
qu'elle tend à multiplier là plus qu'ailleurs. C'est là en effet que
la civilisation a surtout établi son empire : aux grandes vallées,
les terrains fertiles, les riches pâturages, les populations nombreuses, les grandes voies commerciales, et par conséquent les
digues protectrices des habitations et des cultures, les routes, les
canaux, les chemins de fer ; en un mot, toutes ces grandes entreprises, qui restreignent le champ des inondations, et imposent des conditions nouvelles et spéciales au régime des
fleuves.

On s'est vivement préoccupé dans ces derniers temps de cette
situation. L'utilité des digues élevées pour défendre contre l'in-
vasion des eaux les propriétés riveraines a été contestée ; on a
opposé aux désastres que la rupture de ces digues entraîne l'action fécondante d'une submersion lente, arrivant sans courant

sur les terrains qu'elles sont destinées à protéger. C'était mettre
les avantages d'un système en présence des inconvénients de
l'autre. Si les débordements arrivaient toujours à propos, et
précisément aux époques où la submersion peut être sans danger pour les récoltes (1) ; si d'ailleurs ils couvraient sans violence des terrains susceptibles de résister à leur action ; si enfin
ils n'entraînaient avec eux que des limons fécondants, il n'est pas
douteux qu'on ne pût renoncer sur beaucoup de points à la
protection des digues. Mais quand le fond de la vallée est af-
fouillable ; quand le fleuve l'attaque profondément, quand il est
soumis à des divagations qui le portent à changer incessamment
de lit ; quand enfin il traîne avec lui, dans ses crues, des masses
de graviers stériles sous lesquels il ensevelit souvent les récoltes,
on ne peut nier l'utilité et les immenses avantages de l'endiguement. La vallée de la Loire notamment ne serait qu'une vaste
plaine de sable sans les levées qui s'opposent aux mouvements
désordonnés du fleuve, et qui protègent les magnifiques terrains
conquis sur le champ que la nature avait abandonné à ses attaques.

La situation actuelle n'est d'ailleurs que le résultat d'une
théorie ; c'est la puissance des faits qui l'a créée ; c'est la nécessité d'une protection qui a imposé aux populations les sacrifices
de l'endiguement ; le bienfait est réel, et sur presque tous les
points où il n'existe pas d'ouvrages de ce genre, les riverains les
réclament avec instance.

Les levées, convenablement construites, opposent en effet à
l'action des eaux un obstacle efficace, tant qu'elles ne sont pas
surmontées ; mais aussi, nous le répétons, elles ajoutent au dan-

(1) Les crues d'été ont causé souvent de grands dommages dans la vallée
de la Loire. On cite notamment celle de 1709, qui perdit toutes les récoltes
du val d'Orléans. La crue de 1825 et celle de 1835 occasionnèrent aussi des
pertes de récolte très-considérables.

ger, et elles aggravent le mal aussitôt que l'inondation les déborde. Une digue, que le niveau des eaux franchit, est presque immédiatement coupée ; la brèche s'élargit rapidement, et les terrains, jusqu'alors protégés, sont attaqués avec toute la puissance que donne aux eaux la hauteur même à laquelle elles étaient violemment soutenues. Les ruptures de digues ont donc toujours des effets redoutables, et sont suivies de grands désastres. C'est qu'en effet l'endiguement, sur la Loire particulièrement, n'a pas été fait en vue de régulariser le régime du fleuve. Entrepris à des époques différentes, sur des points souvent très-éloignés les uns des autres, et pour un but spécial, il est, en plusieurs endroits, très-mal approprié aux besoins des grandes inondations. L'intervalle qui sépare les digues est très-variable ; le lit abandonné aux crues présente une succession d'élargissements et de rétrécissements qui nuisent à la régularité du régime ; des coudes brusques brisent la direction des courants, produisent des changements subits de vitesse, et des chocs directs sur les ouvrages défensifs. Il résulte de là de grandes inégalités dans la hauteur des eaux et dans les efforts de la crue contre les obstacles destinés à le contenir ; il en résulte par suite des chances nouvelles pour produire la submersion et la rupture des levées, et pour accroître le désordre dans la marche générale de l'inondation.

L'influence des ponts ne saurait non plus être méconnue. Ils sont conçus, en général sur cette donnée, que le débouché qu'ils offrent au passage des eaux soit réduit au plus strict nécessaire ; tout excédant sous ce rapport ne pouvant être obtenu qu'au prix d'une dépense rapidement croissante et de plus grands risques d'exécution. Il est donc dans la nature des choses, toute discussion technique écartée, que l'interposition des ponts apporte au régime des grandes eaux des modifications considérables.

Cependant les progrès du commerce et de l'industrie tendent

à multiplier les ponts, surtout dans les vallées riches et populeuses ; et si on examine à ce point de vue la situation actuelle de la vallée de la Loire ; si on y suit les grands changements qui y ont été opérés, tant par la construction d'un grand nombre de ponts, que par le relief des voies de communication et par toutes les entreprises des particuliers, on trouvera là un ensemble de faits nombreux, considérables, qui ont dû altérer profondément et qui altèrent chaque jour davantage la constitution naturelle de ce grand bassin.

Telle est donc, en résumé, la nature des modifications que le temps a apportées dans la constitution hydrologique du territoire. D'une part, les eaux tombées sur les terrains élevés tendent à arriver en plus grande quantité, avec plus de vitesse et plus chargées des débris du sol, dans les vallées principales ; et d'un autre côté, celles-ci, loin d'offrir des issues plus larges à des eaux plus abondantes, reçoivent chaque jour des besoins mêmes des populations quelque encombrement nouveau, et se hérissent ainsi d'obstacles à la libre évacuation des grandes crues.

A cette situation, le remède semble naturellement indiqué : il consisterait à reconstituer artificiellement ces difficultés que le long travail de la nature avait mises à l'écoulement des eaux sur les pentes rapides, et à coordonner en même temps tous les ouvrages établis dans les grandes vallées, de manière à faciliter, en la régularisant, la marche des inondations.

Mais ce double but, indiqué par la nature même des choses, est-il, *pratiquement parlant*, possible de l'atteindre ? C'est au Gouvernement qu'il appartient d'examiner cette question.

Déjà il vous a manifesté l'intention d'entrer dans cette voie, en vous présentant un projet de loi sur le reboisement des montagnes. A la vérité, ce projet, qui se borne à demander pour l'Administration des moyens d'études et la faculté d'user d'encouragements très-restreints, semble avoir des proportions bien petites pour le but qu'on se propose ; mais du moins pouvons-nous constater que la mesure dont il s'agit aurait pour objet, d'après l'exposé des motifs, de tendre directement à préserver les plaines des inondations désastreuses en prenant le mal à sa source, en divisant les eaux partout où le boisement sera possible, et où la déclivité du terrain imprimerait à ces eaux un cours torrentiel.

D'autres moyens ont été indiqués souvent pour obtenir un effet analogue. L'un de ces moyens consiste à creuser sur le flanc des montages des rigoles établies de niveau, et de telle sorte qu'elles tendent à éloigner les eaux des thalwegs et de tous les plis du terrain, où elles iraient naturellement se réunir. Ces rigoles, tracées à des hauteurs différentes, retiendraient une partie des eaux de pluie ; elles s'opposeraient par leurs gradins à l'accélération de la vitesse de celles qui s'écoulent, et feraient par là obstacle à la corrosion et à l'amaigrissement du sol ; elles y entretiendraient une humidité salutaire, et recevraient les limons qui pourraient être repris pour la culture. L'efficacité d'un tel système ne saurait donc être douteuse. Elle est au surplus éprouvée par des expériences faites en grand, notamment dans le département de la Nièvre. Des rigoles de ce genre sont d'ailleurs le préliminaire nécessaire de tout reboisement sur les terrains en pente ; enfin, quand la nature du sol s'y prête, elles permettent d'établir sur ces terrains des prairies naturelles, qui ont, comme les bois, la propriété de diminuer la vitesse de l'eau, de s'opposer à la marche et à l'accumulation des matières d'alluvion, et de restreindre beaucoup l'énergie de l'évaporation.

Enfin, l'obstacle le plus direct et le plus efficace contre la trop grande accumulation des eaux d'inondation et leur trop brusque irruption dans les grandes vallées, consisterait dans la construction de barrages échelonnés dans les vallons supérieurs, et destinés à emmagasiner ces eaux dans des réservoirs d'où on les ferait écouler ensuite à loisir et sans danger. Ce système a été proposé plusieurs fois pour régulariser la portée des rivières et des fleuves, c'est-à-dire pour rapprocher le débit des portées extrêmes, en augmentant celui de l'étiage et en diminuant celui des grandes crues. L'administration a fait étudier notamment l'emploi des réservoirs échelonnés à la régularisation du régime de l'Yonne.

Les grands réservoirs d'alimentation pour les canaux ne sont aussi qu'une application spéciale du même système, mais avec cette circonstance qu'il y a nécessité pour les canaux de satisfaire à des conditions rigoureuses, qui font de leurs réservoirs des ouvrages beaucoup plus coûteux et d'une exécution plus difficile que ne peuvent l'être les réservoirs destinés à modérer les crues ou à régulariser le régime des rivières.

La Loire présente sous ce rapport une application qu'il nous paraît indispensable de citer : c'est la digue de Pinay, construite en 1711, à 12 kilomètres environ en amont de Roanne. Cet ouvrage colossal, s'appuyant sur les rochers qui resserrent la vallée, et enveloppant les restes d'un ancien pont que la tradition fait remonter aux Romains, réduit en cet endroit le débouché du fleuve à une largeur de 20 mètres ; sa hauteur au-dessus de l'étiage est également de 20 mètres, et c'est par cette espèce de pertuis que la Loire entière est forcée de passer dans ses plus grands débordements.

L'influence de la digue de Pinay est d'autant plus digne d'attention qu'elle a été créée, comme le montre l'arrêt du conseil du 23 juin 1711 (1), dans le but spécial de modérer les crues,

(1) Voici un extrait de cet arrêt :

« Le Roi ayant été informé que les fréquents débordements qui sont survenus à la rivière de Loire, depuis 1706, proviennent moins de l'abondance des eaux et de la fonte des neiges, que de la rupture de plusieurs

et d'opposer à leur brusque irruption un obstacle artificiel, tenant lieu des obstacles naturels qui avaient été imprudemment détruits dans la partie supérieure du fleuve. Eh bien ! la digue de Pinay a heureusement rempli son office au mois d'octobre dernier. Elle a soutenu les eaux jusqu'à une hauteur de 21 mètres 47 centimètres au-dessus de l'étiage ; elle a ainsi arrêté et refoulé dans la plaine du Forez une masse d'eau qui est évaluée à plus de 100 millions de mètres cubes, et la crue avait atteint son maximum de hauteur à Roanne quatre ou cinq heures avant que cet immense réservoir fût complètement rempli. M. l'ingénieur en chef de la Loire, qui nous donne ces détails, ajoute que si la digue de Pinay n'avait pas existé, non-seulement

roches qui ont été détruites par les particuliers qui sont chargés de rendre la partie de cette rivière navigable, depuis Saint-Rambert jusqu'à Roanne (*), Sa Majesté aurait donné ordre au sieur Robert de la Chastre, intendant des levées, de se transporter sur les lieux, avec les sieurs Poictevin et Mathieu, ingénieurs, et de visiter les bords de ladite rivière, les rochers qui en ont été détruits, et examiner si les travaux qui y ont été faits sont les véritables causes des débordements qui sont survenus depuis plusieurs années.....

» Vu ledit procès-verbal du 23 janvier 1714, l'avis dudit sieur Robert, par lequel il paraît évident que les quatre inondations survenues depuis 1687 ont été causées par les ruptures qui ont été faites et enlevées en l'année 1706, pour faciliter la nouvelle navigation établie depuis Saint-Rambert jusqu'à Roanne, et qu'il estime que, pour éviter à l'avenir de pareils débordements, il est indispensablement nécessaire de faire trois digues dans l'intervalle du lit de la rivière où les bateaux ne passent point ; la première aux piles de Pinay, la seconde à l'endroit du château de la Roche, et la troisième aux piles et culées d'un ancien pont qui était construit sur la Loire, au bout du village de Saint-Maurice, et qu'avec le secours de ces digues, les passages étant resserrés, lorsqu'il arrive de grandes crues, les eaux qui s'écoulaient en deux jours auraient peine à passer en quatre ou cinq, le volume des eaux étant diminué de plus de la moitié, ne causera plus de ravages pareils à ceux qui sont survenus depuis trois ans.

» Ouï le rapport du sieur Desmarets, conseiller ordinaire au conseil royal, contrôleur-général des finances, etc..... »

(*) La compagnie La Gardette, qui avait obtenu ce privilége par lettres-patentes de 1702.

la crue serait arrivée beaucoup plus vite à Roanne, mais encore
que le volume d'eau roulé par l'inondation aurait augmenté
d'environ 2,500 mètres cubes par secondes. La durée de l'inondation aurait été plus courte ; mais l'imagination s'effraie de tout
ce que cette circonstance aurait pu ajouter aux désastres déjà si
grands dont la vallée de la Loire a été le théâtre.

D'ailleurs, l'élévation des eaux en amont de la digue de Pinay
n'a produit aucun désordre : bien loin de là, la plaine du Forez
ressentira pendant plusieurs années l'action fécondante des limons que l'eau, graduellement amoncelée par la résistance de la
digue, y a déposés.

Tel a été le rôle de cet ouvrage, qu'une sage prévoyance a
élevé pour être notre sécurité et nous servir d'exemple. Or, il
existe dans les gorges d'où sortent les affluents de nos fleuves
un grand nombre de points où l'expérience de Pinay peut être
renouvelée, économiquement si les points sont bien choisis, utilement pour modérer l'écoulement des eaux, et sans aucun inconvénient, et le plus souvent avec un grand profit pour l'agriculture.

Au lieu de ces digues ouvertes dans toute leur hauteur, on a
proposé aussi de construire des barrages pleins, munis d'une
vanne de fond et d'un déversoir superficiel. Les réservoirs ainsi
formés, pouvant retenir à volonté les eaux d'inondation, permet-
traient de les affecter, dans les temps de sécheresse, aux besoins
de l'agriculture et au maintien d'une utile portée d'étiage pour
les rivières.

Quant aux travaux à faire dans les vallées principales, il serait
difficile de donner une indication, même sommaire, de tout ce
qu'on propose. Les systèmes, en effet, sont ici très-divergents,
ce qui s'explique d'ailleurs par les circonstances très-variables
qu'on rencontre non-seulement d'un bassin à l'autre, mais encore en passant d'un point à un autre du même cours d'eau.

On ne peut donc que rappeler d'une manière générale le but qu'il s'agit d'atteindre : l'utilité de régulariser le lit des grandes eaux, et de faciliter la marche des inondations en leur restituant, sur un grand nombre de points, la faculté d'expansion qui leur manque, et en cherchant à modérer partout la lutte du fleuve contre les obstacles destinés à le contenir. Il est ici d'autant plus urgent de se rendre un compte exact de la situation des choses, que, en ce qui concerne la Loire notamment, les points qui paraissent les plus menacés seraient précisément ceux où la concentration des populations et l'accumulation des richesses doivent rendre les victimes plus nombreuses et les désastres plus déplorables.

À ce sujet, messieurs, l'examen des faits provoque une réflexion qu'il nous est impossible de vous taire. Les dernières inondations ont anéanti un capital de 45 millions : 16 à 17 millions pour les voies publiques de tous les ordres, 28 millions environ en pertes particulières. Que serait-ce donc si, au mois d'octobre, la terre, saisie après les récoltes et avant les semailles, n'avait pas été absolument nue dans dans la vallée de la Loire ? Que serait-ce si, au lieu d'une crue d'automne, nous avions eu à subir, comme en 1709, une crue d'été ? Que serait-ce enfin, si une telle catastrophe, emportant les moissons de la riche vallée de la Loire, était venue ajouter encore aux souffrances et aux difficultés dues à l'insuffisance de nos ressources alimentaires ? Nous pourrions pousser plus loin ces questions, mais qu'il nous suffise, messieurs, d'avoir fait pressentir que le mal réalisé, si grand qu'il soit, n'est encore qu'une indication incomplète du mal que la situation actuelle peut faire craindre. Le gouvernement nous annonce, dans son exposé des motifs, que des études spéciales vont être immédiatement entreprises ; c'est avec empressement que nous en recevons l'assurance. Nous nous félicitons aussi de la résolution prise par le conseil général des ponts-et-chaussées d'arrêter d'avance le programme de ces études. Le service de la Loire est actuellement divisé en cinq sections indépendantes ; nous croyons qu'une pensée unique doit présider à une œuvre telle que celle qu'il s'agit d'entreprendre. D'ailleurs le service actuel de la Loire ne s'étend qu'à la partie navigable de son cours. Or, c'est dans les montagnes où elle prend sa source ; c'est sur le terrain où tombe la pluie qui alimente ses plus redoutables inondations, qu'il faut aller étudier le secret de ses variations et les moyens de maîtriser ses débordements. Nous faisons des vœux pour que les études annoncées soient promptement terminées, et pour que le gouvernement soit bientôt en mesure de soumettre aux chambres des propositions définitives.

Ici, messieurs, vous serez, comme nous, obsédés par le sentiment des embarras de notre situation financière, et par la juste inquiétude d'ajouter de nouvelles charges à celles qui pèsent déjà si lourdement sur le pays. Il était difficile, en effet, que nous fussions surpris dans des circonstances plus inopportunes ; et il est impossible de ne pas se préoccuper plus vivement que jamais de tout ce que les sacrifices à venir pourront ajouter au poids des sacrifices actuels ; sous ce rapport du moins l'avertissement aura toute sa signification, et, nous voulons l'espérer, toutes ses conséquences et toute sa portée.

Que ces grandes catastrophes, revenant à de longs intervalles, soient vite oubliées par les populations qui ont le plus cruellement souffert, on conçoit cette insouciance, qui est presque un bienfait, puisqu'elle affranchit de l'intolérable fardeau d'une anxiété perpétuelle ; mais le gouvernement, mais les pouvoirs publics, ne sauraient s'abandonner à cette insoucieuse sécurité. Ils n'ont accompli que la moindre partie de leur tâche, quand ils se sont bornés à réparer seulement le mal causé par un premier désastre. Il leur faut prévoir, car ils ont l'obligation de prévenir ; et dans ce qu'a été le fléau qui a frappé hier, ils sont tenus de voir ce qu'il aurait pu être, ce qu'il sera peut-être demain ; il leur faut enfin embrasser ses chances de retour et les moyens de les conjurer.

FIN.

TABLE.

NOTES.

FIN DE LA TABLE.

COULOMMIERS. — IMPRIMERIE DE A. MOUSSIN.